中国茶品鉴
速查全书

黄敏 主编

U0279289

北京联合出版公司
Beijing United Publishing Co.,Ltd.

图书在版编目（CIP）数据

中国茶品鉴速查全书 / 黄敏主编 . — 北京：北京联合出版公司，2014.1（2023.11 重印）

ISBN 978-7-5502-2557-2

Ⅰ . ①中… Ⅱ . ①黄… Ⅲ . ①茶叶 – 品鉴 – 中国 Ⅳ . ① TS272.5

中国版本图书馆 CIP 数据核字（2014）第 001115 号

中国茶品鉴速查全书

主　　编：黄　敏

责任编辑：安　庆

封面设计：韩　立

内文排版：李丹丹

北京联合出版公司出版

（北京市西城区德外大街 83 号楼 9 层　100088）

德富泰（唐山）印务有限公司印刷　新华书店经销

字数 300 千字　720 毫米 × 1020 毫米　1/16　20 印张

2014 年 1 月第 1 版　2023 年 11 月第 3 次印刷

ISBN 978-7-5502-2557-2

定价：68.00 元

前言

"茶者，南方之嘉木也。"——陆羽（唐）

"茶圣"陆羽用简洁、诚恳而又饱含自负的八个字给予了茶最清晰、最深刻的概括与赞赏。几千年来，茶在世人的眼中，因品性而多姿，因蕴香而馥郁，因气润而清雅，因内敛而神秘……不论是远古人在寻觅食物的过程中的发现，还是烹煮食物时随风飘入锅中的巧合，茶叶与人的相识、相知、相伴过程，更像是一场旷世奇缘的爱恋，跌宕起伏、历久弥新。

中国，是茶之古国，是茶及茶文化的发源地，是世界上最早种茶、制茶、饮茶的国家。

茶及茶文化是华夏民族代代相传的"万病之药"与图腾崇拜载体，更是人们重要的基础生活元素与精神慰藉。中国的饮茶历史悠久，"茶之为饮，发乎神农氏，闻乎鲁周公"。深受世人喜爱与推崇的茶，有着"健康守护者"的美誉，其所含丰富的营养成分能为人体提供各类所需的营养。

我国对茶的研究有着悠久的历史，不仅为人类孕育了茶业的科学技术，也留下了很多记录着大量茶史、茶事、茶人、茶叶生产技术、茶具等内容的书籍和文献，为后世对于茶的考察、研究与茶业发展做出了卓越的贡献。其中，唐朝陆羽所著的《茶经》是世界上第一部关于茶的科学专著。"茶圣"陆羽根据对中国各大茶区茶业的多年亲身考察与研究，详细评述了中国茶叶的历史、产地、功效、栽培、采制、烹煮、饮用、器具等内容。全书共7000多字，分上、中、下三卷，所论包括：一之源、二之具、三之造、四之器、五之煮、六之饮、七之事、八之出、九之就、十之图，共十大部分。《茶经》被认为是中国乃至世界最早、最完备的茶叶专著，有着"茶叶百科全书"的美誉。

古人常将"茶"字暗示分解为"人在草木中"，既合情理，又寓意境。中国茶道所讲求的清、静、和、美与中国传统文化完美契合，无处不流露出浓郁的东方文化神韵。如今，茶与咖啡、可可并称为当今世界的三大饮料，茶更以其深厚的内涵、健康的功效以及后两者

难以企及的受众群体成为世界上最具亲和力、影响力的健康饮品。本书共设九章，集科学性、知识性、趣味性、实用性于一体，结合精彩多样、灵动悦目的图文详尽描述了茶的起源、历史、典籍、人物、史实、品类、茶艺、茶道、茶俗、茶食、茶文化，以及与茶饮生活密切相关的选茶、论水、择器、评赏等诸多内容，涉及茶的科普知识、历史文化、社会人文、品鉴收藏、行业才艺、旅游风情、保健养生等方方面面，力求将茶的内涵与魅力全方位、直观、详尽地展现在读者面前，为广大茶友和茶业工作者提供充实、细致、实用、清晰的茶学指导与参考，在了解、熟习、体验茶学及茶文化的博大精深的同时，更能获得舒畅、愉悦的视觉享受。在编写本书过程中，由于时间仓促，编者水平有限，疏漏之处实属难免，还请广大读者海涵、斧正。

目录

第一章
茶叶的起源和历史

第二章
茶典与茶人茶事

第三章
茶叶的种类

第四章
茶的艺术

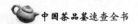

第五章
茶道

第六章
饮茶的方法

第七章
煮茶的器具

第八章
绚丽多彩的茶文化

第九章
茶与民俗

中国
"十大名茶"

　　"茶之古国"中国，是世界上茶和茶文化的发源地，辽阔多样的茶产区、丰富多彩的茶品种以及底蕴深厚的历史沉积，让这片充满着独特魅力与人文气息的土地诞生出无数令世界为之惊叹的名茶神话。

　　关于中国"十大名茶"的名分，一直众说纷纭，其中1959年全国"十大名茶"的评选结果为多数人所认同，它们是：西湖龙井、洞庭碧螺春、黄山毛峰、庐山云雾、六安瓜片、君山银针、信阳毛尖、武夷岩茶、安溪铁观音、祁门红茶。此外，云南普洱茶、歙县茉莉花茶、太平猴魁、峨眉竹叶青、蒙顶甘露、都匀毛尖、惠明茶、冻顶乌龙茶等也都饮誉大江南北，成为众多茶人津津乐道的品评对象。

西湖龙井

西湖龙井，是指产于中国杭州西湖龙井一带的一种炒青绿茶，以「色绿、香郁、味甘、形美」而闻名于世，是中国最著名的绿茶之一。历史上西湖龙井按产地不同分为狮、龙、云、虎、梅五个种类，其中以狮峰龙井为最佳，有「龙井之巅」的美誉。

绿茶皇后

● 评茶论道

根据茶叶采摘时节不同，西湖龙井又可分为明前茶和雨前茶。随着级别的下降，外形色泽嫩绿、青绿、墨绿依次不同，茶身由小到大，茶条由光滑至粗糙，香味由嫩爽转向浓粗，叶底由嫩芽转向对夹叶，色泽嫩黄、青绿、黄褐各异。

- 分类：绿茶
- 产地：浙江省杭州西湖

汤色嫩绿（黄）明亮，滋味清爽或浓醇。

叶底芽叶匀整，嫩绿明亮。

外形扁平光滑，苗锋尖削，芽长于叶，色泽嫩绿，体表无茸毛。

● 储藏

保持干燥、密封，避免阳光直射，杜绝挤压，是储藏西湖龙井的最基本要求。

洞庭碧螺春

洞庭碧螺春始于明代，产于江苏苏州太湖的洞庭山碧螺峰上，原名「吓煞人香」，俗称「佛动心」，后因康熙皇帝南巡时大加赞赏而御赐更名「碧螺春」，该茶「形美、色艳、香浓、味醇」，风格独具，驰名中外。

茶中仙子

● 评茶论道

碧螺春茶通常由春分始采，至谷雨结束，清晨采摘一芽一叶的茶叶，中午筛拣，下午至晚上炒制，目前大多仍采用手工方法炒制，杀青、炒揉、搓团焙干，三个工序在同一锅内一气呵成。

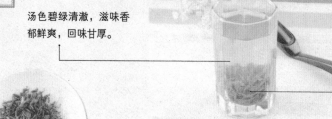

汤色碧绿清澈，滋味香郁鲜爽，回味甘厚。

- 分类：绿茶
- 产地：江苏省苏州太湖洞庭山

叶底嫩绿柔匀。

条索纤细，卷曲成螺，满被茸毛，色泽碧绿。

● 储藏

保持干燥、密封，宜在10℃以下的环境冷藏。

黄山毛峰

黄山毛峰产于安徽黄山，以茶形「白毫披身，芽尖似峰」而得名，其特点为「香高、味醇、汤清、色润」，堪称我国众多毛峰之中的贵族，独特的品质风味与悠久的历史底蕴让黄山毛峰现已成为我国著名的外交礼品用茶。

茶中精品

☕ 评茶论道

黄山毛峰于清明至谷雨前采制，以一芽一叶初展为标准，以晴天采制的品质为佳，经采摘、摊放、挑拣、杀青、烘焙而成，条索细扁，形似"雀舌"，白毫显露，色似象牙，带有金黄色鱼叶，俗称"茶笋"或"金片"。

汤色清澈明亮，滋味鲜浓、醇厚，回味甘甜。

🌟 分类：绿茶
🌿 产地：安徽省歙县

叶底嫩黄肥壮，匀亮成朵。

外形细嫩扁曲，多毫有锋，色泽油润光滑。

📦 储藏

保持干燥，密封、避光、低温储藏。

庐山云雾

庐山云雾，俗称「攒林茶」，古称「闻林茶」，始产于汉代，已有一千多年的栽种历史，被「茶圣」陆羽誉为「中华第一茶」。庐山云雾茶汤幽香如兰，饮后回甘香绵，素有「六绝」之名，在国内外茶品市场上倾慕者甚众。

茶中上品

☕ 评茶论道

庐山云雾的产地北临长江，南近鄱阳湖，气候温和，常年的云雾缭绕为茶树生长提供了良好的自然条件。通常在清明前后，以一芽一叶为采摘标准，经采摘、摊晾、杀青、抖散、揉捻等九道工序制成。

汤色明亮、香味持久、醇厚味甘。

🌟 分类：绿茶
🌿 产地：江西省庐山

外形条索粗壮、饱满秀丽。

叶嫩匀整。

茶芽隐露、青翠多毫。

📦 储藏

保持干燥，密封、避光、低温储藏。

六安瓜片

六安瓜片，又称片茶，因其产地古时隶属六安府而得名，其中产于金寨齐云山一带的茶叶，为瓜片中的极品，冲泡后雾气蒸腾，有『齐山云雾』的美称。古人还多用此茶做中药，常饮有清心目、消疲劳、通七窍的作用。

神茶

评茶论道

六安瓜片的产地云雾缭绕，气候温和，由秦汉至明清时期，已有2000多年的贡茶历史。一般用80℃的水冲泡，待茶汤凉至适口时，品尝茶汤滋味，宜小口品啜，缓慢吞咽，可从茶汤中品出嫩茶香气，沁人心脾。

分类：绿茶

产地：安徽省六安、金寨、霍山三县

外形平展，茶芽肥壮，叶缘微翘。

汤色清澈晶亮，滋味鲜醇，回味甘美。

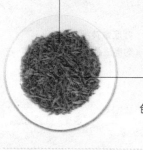

色泽翠绿。

叶底嫩绿、明亮、柔匀。

储藏

保持干燥，密封、低温储藏。

君山银针

之中的珍品。底，极具观赏性，乃黄茶继而三起三落，簇立杯之时根根银针悬空竖立。冲泡茶，素称『贡尖』。茶剑，白毛茸然，纳为贡茶』两种，『尖茶』如茶』，分为『尖茶』『茸代，清朝时被列为『贡君山银针，始于唐

黄茶之冠

评茶论道

君山银针，采摘茶叶的时间限于清明前后，采摘标准为春茶的首轮嫩芽，叶片的长短、宽窄、厚薄均是以毫米计算，500克银针茶，约需105 000个茶芽，经繁复的8道工序共78个小时方可制成。

分类：黄茶

产地：湖南省岳阳洞庭湖君山

汤色橙黄，滋味甘醇，香气高爽。

苗壮坚实，白毫显露。

茶芽内面呈金黄色，有"金镶玉"之说。

叶底嫩黄、匀亮。

储藏

保持干燥，密封、避光、低温储藏。

信阳毛尖

信阳毛尖，又称「豫毛峰」，因条索紧直锋尖，茸毛显露，故而得名。河南信阳早在唐代即是我国的八大产茶区之一，信阳毛尖采制极为考究，以其「细、圆、光、直、多白毫、香高、味浓、汤绿」的特色为历代文人名家所倾慕。

绿茶之王

评茶论道

信阳毛尖的采茶期分为谷雨前后、芒种前后和立秋前后三季。其中，谷雨前后采摘的少量茶叶被称为"跑山尖""雨前毛尖"，是毛尖珍品。特级品展开呈一芽一叶初展，汤色嫩绿、黄绿或明亮，味道清香扑鼻。

汤色嫩绿鲜亮，香气鲜嫩高爽。

细秀匀直，显峰苗。

色泽翠绿，白毫遍布。

叶底嫩绿明亮、细嫩匀齐。

🌀 分类：绿茶
🏠 产地：河南省信阳市

储藏

保持干燥，密封、低温储藏。

武夷岩茶

大红袍，出产于福建武夷山九龙窠的高岩峭壁上，是武夷岩茶中品质最优的一种乌龙茶。传说因高中状元的驸马回武夷山天心寺谢恩，将红袍披于岩壁上的茶树而得名。该茶「活、甘、清、香」，极具武夷岩茶岩韵的品质特征。

茶之状元

评茶论道

大红袍产区九龙窠日照短，多反射光，昼夜温差大，岩顶终年有细泉浸润。现仅存大红袍母茶树6株，均为千年古茶树，其叶质较厚，芽头微微泛红。其制作工艺也被列入非物质文化遗产名录，堪称国宝级名茶。

香气馥郁持久，醇厚回甘。

汤色橙黄明亮。

外形条索紧结，色泽绿褐鲜润，叶片红绿相间或者镶有红边。

🌀 分类：乌龙茶
🏠 产地：福建省武夷山区

储藏

保持干燥，密封、避光、低温冷藏，杜绝外力挤压。

安溪铁观音

铁观音，介于绿茶和红茶之间，属半发酵茶，色泽乌黑油润，砂绿明显，整体形状似「蜻蜓头、螺旋体、青蛙腿」，茶条卷曲，肥壮圆结，沉重匀整。

七泡而仍有余香，俗称有「音韵」，因叶似观音，沉重如铁而被乾隆赐名「铁观音」。

七泡余香

☕ 评茶论道

铁观音分"红心铁观音"和"青心铁观音"两种。纯种铁观音树为灌木型，茶叶呈椭圆形，叶厚肉多，叶片平坦，产量不高。一年分四季采制，品质以秋茶为最好，春茶次之。秋茶香气特高，俗称秋香，但汤味较薄。

叶底肥厚柔润。

⊙ 分类：乌龙茶
⊙ 产地：福建省安溪县

茶条卷曲，肥壮圆结，沉重匀整。

汤色金黄似琥珀，有天然兰花香气或椰香，滋味醇厚甘鲜，回甘悠久。

🫖 储藏

保持干燥，密封、低温储藏。

祁门红茶

祁门红茶，简称祁红，所采茶树为「祁门种」，以「香高、味醇、形美、色艳」四绝闻名于世，是世界三大高香名茶之一。清饮，可品其清香，调饮，亦香气不减。在国际上有「王子香」「群芳最」的美名。

群芳最

☕ 评茶论道

祁门红茶在春夏两季采摘，精拣鲜嫩茶芽的一芽二叶，经萎凋、揉捻、发酵、烘焙、精加工等工序制成。茶形条索紧秀，色泽乌润，俗称"宝光"，香气似花似果似蜜，俗称"祁门香"，是英国女王及其皇室青睐的茶品。

色泽乌润。

⊙ 分类：红茶
⊙ 产地：安徽省祁门县

汤色红艳明亮，滋味甘鲜醇厚，内质清芳，带有蜜糖果香或兰花香，香气持久，叶底鲜红明亮。

条索紧细匀整，锋苗秀丽。

🫖 储藏

保持干燥，密封、低温储藏。

健康茶饮图鉴

双花祛痘茶

枸杞红枣丽颜茶

洛神花玉肤茶

去黑眼圈美目茶

普洱山楂纤体茶

柠檬清香美白茶

参须黄芪抗斑茶

咖啡乌龙小脸茶

黑芝麻乌发茶

丰胸通草汤

迷迭香瘦腿茶

益母玫瑰丰胸茶

丹参泽泻瘦腰茶

淮山丰胸美肤茶

去水肿薏仁豆奶茶

大黄强效瘦身绿茶

芒果清齿绿茶

黄柏苍耳消炎茶

花生衣红枣补血茶

地黄山药明目茶

杜仲护心绿茶

天花粉冬瓜茶

绿豆清毒茶

紫罗兰止咳散瘀茶

乌梅山楂去脂茶

甘枣顺心茶

橄竹乌梅亮嗓茶

参味苏梗止咳茶

银杏麻黄平喘茶

雪梨止咳茶

夏枯草降脂茶

香蜂花草消胀茶

茴香薄荷消胀茶

莲子冰糖止泻茶

荷叶山楂清香消化茶

茉莉银花舒胃止吐茶

焦米党参护胃茶

木瓜养胃茶

柠檬食盐抗炎茶

茵陈车前护肝利胆茶

龙胆平肝清热茶

夏枯草丝瓜保肝茶

柴胡丹参消脂茶

白菊花利尿龙井茶

玫香薄荷通便茶

川芎乌龙活血止痛茶　　二花调经茶　　蜂蜜润肠茶

蜂蜜芦荟畅便茶　　红花通经止痛茶　　益母草红糖调经茶

莲子益肾茶　　莲花甘草清腺茶　　金银花栀子清热茶

米醋止泻茶　　竹叶清火茶　　六味地黄滋肝茶

莲心苦丁更年清心茶　　莲子冰糖益精茶　　橄榄润咽绿茶

银花青果润喉茶

杏仁润喉止咳绿茶

白芍甘草排毒茶

玫瑰调经茶

杷叶回乳茶

大黄公英护乳消炎茶

山楂益母缓痛茶

灵芝沙参缓咳茶

桑葚红花活经茶

苏梗安胎茶

肉桂养颜开胃奶茶

桂花清怡减压茶

玫瑰参花舒活茶

茉莉荷叶清凉茶

莲子心金盏茶

薰衣草舒眠茶

薄荷清凉解暑茶

茯苓枣仁宁心茶

银耳太子参宁神茶

骨碎补活肌茶

菊花抗晕乌龙茶

桑菊银花清热茶

莲子百合甜梦茶

二子延年健骨茶

参须枸杞缓压茶

葱芷去痛茶

黄芪三宝护颈茶

桑瓜大枣祛湿茶

人参玫瑰益寿茶

豆麦增忆茶

茶类图鉴

绿茶

GREEN TEA

■ 特征：汤清叶绿

● 分类：蒸青、炒青、烘青和晒青

绿茶，又称不发酵茶，是历史上最早的茶类，古代人类采集野生茶树芽叶晒干收藏，可以看作是绿茶加工的发始，距今至少有3000多年。由于干茶的色泽和冲泡后的茶汤、叶底均以绿色为主调，因此称为绿茶。

茶之识

绿茶在加工制作时利用高温湿热来破坏鲜叶中酶的活性，迅速阻止了茶叶中多酚类成分的氧化，从而有效保留了茶鲜叶中的天然物质，茶多酚、咖啡碱保留了鲜叶的85%以上，叶绿素保留50%左右。

绿茶汤色清雅，滋味收敛性强。

茶之效

绿茶可抑菌消炎、降血脂、防辐射、抗癌。

茶之产

绿茶以适宜制茶的新梢芽叶为原料，经过杀青、揉捻、干燥等典型工艺制成。绿茶为我国生产最早、产量最大的茶类，产区分布于各产茶区，浙江、安徽、江西三省产量最高，质量最优，是我国绿茶生产的主要基地。

品饮之道

❶ 洗净茶具

茶具可以是瓷杯子，也可以是透明玻璃杯子，透明的杯子更便于欣赏绿茶的外形和质量。

❷ 赏茶

在品茶前，要先观察茶的色泽和形状，感受名茶的优美外形和工艺特色。

❸ 投茶

投茶有上投法、中投法和下投法3种，根据不同的茶选用不同的投法。如龙井、碧螺春适合上投法。

❹ 泡茶

一般用80~90℃的水冲泡茶。茶汤颜色逐渐变化，茶烟缓缓飘散，茶芽会在杯子中渐渐舒展、上下起伏，这称为"茶舞"。

❺ 品茶

在品茶时，适合小口慢慢吞咽，让茶汤在口中和舌头充分接触，要鼻舌并用，品出茶香。

西湖龙井

外形扁平光滑，苗锋尖削，色泽嫩绿。

碧螺春

条索纤细，卷曲成螺，满披茸毛，色泽碧绿。

黄山毛峰

外形细嫩扁曲，多毫有锋，色泽油润光滑。

庐山云雾

外形饱满秀丽，茶芽隐露，色泽碧嫩光滑。

信阳毛尖

外形细秀匀直，白毫遍布，色泽翠绿。

峨眉毛峰

条索紧卷，银芽秀丽，白毫显露，嫩绿油润。

上饶白眉

外形壮实，条索匀直，白毫显露，色泽绿润。

安吉白片

外形扁平挺直，白毫显露，色泽翠绿。

太平猴魁

叶芽挺直肥实，色泽苍绿，全身毫白。

六安瓜片

外形平展，茶芽肥壮，叶缘微翘，色泽翠绿。

蒙顶茶

外形紧卷多毫，嫩绿色润。

休宁松萝

条索紧卷匀壮，色泽绿润。

红茶

BLACK TEA

红茶的发源地在我国的福建省武夷山茶区，当地茶农称其为"正山小种"，属于全发酵茶类。自17世纪起，西方商人用茶船将红茶从我国运往世界各地，世界上红茶品种众多，但多数红茶品种都是由我国红茶发展而来。

分类：功夫红茶、小种红茶、红碎茶等。

特征：汤红叶赤

🍵 茶之识

红茶是在绿茶的基础上经过发酵制成，即以适宜的茶树新芽为原料，经过杀青、揉捻、发酵、干燥等工艺而制成，制成的红茶其鲜叶中的茶多酚减少90%以上，新生出茶黄素、茶红素以及香气物质等成分。

红茶的干茶与茶汤都以红色为主色调，香甜味醇。

🍵 茶之效

红茶可清热解毒、养胃利尿、提神解疲、抗衰老。

🍵 茶之产

红茶是我国第二大出产茶类，出口量占我国茶叶总产量的50%左右。世界四大名红茶分别为色有"宝光"、香气浓郁的祁门红茶，麦香浓烈、清透鲜亮的阿萨姆红茶，汤色橙黄、气味芬芳的大吉岭红茶以及汤色橙红、滋味醇厚的锡兰高地红茶。

⎯ 品饮之道 ⎯

① 准备茶具

以选用白瓷杯最好，以便观察茶的颜色；将泡茶用的水壶、杯子等茶具用水清洗干净。

② 投茶

如用杯子，放入3克左右的红茶即可；如用茶壶，则参照茶和水1:50的比例。

③ 冲泡

需用沸水，冲水约至八分满，冲泡3分钟左右即可。

④ 闻香观色

泡好后，先闻一下它的香气，然后观察茶汤的颜色。

⑤ 品茶

待茶汤冷热适口时，慢慢小口饮用，用心品味。红茶和绿茶一样，一般在冲泡2~3次后，就要废弃重新投茶叶；如果是红碎茶，则只适合冲泡一次。

⑥ 调饮

在红茶汤中加入调料一同饮用，常见调料有糖、牛奶、柠檬片、蜂蜜等。调料品选择与量的把握可根据个人口味自行调配。

祁门功夫茶

条索紧细匀整，锋苗秀丽，
色泽乌润。

汤色红艳明亮，滋味甘鲜
醇厚。

小种红茶

条索肥实，色泽乌润。

汤色红浓，滋味醇厚。

滇红功夫茶

条索紧直肥壮，乌黑油润，
金毫显露。

汤色红浓透明，滋味浓厚
鲜爽。

闽红功夫茶

条索紧结，肥壮多毫，色泽乌润。

汤色红浓，香高鲜甜。

宜红功夫茶

条索紧结秀丽，色泽乌润，
金毫显露。

汤色红亮，滋味鲜爽醇甜。

功夫茶，起源于我国的宋代，所指茶品采制精良，是需花费一定的技术、时间和精力制出的高品质茶叶。品饮时常讲究品鉴欣赏，可用瓷壶或紫砂壶冲泡，然后倒入白瓷杯中饮用，以便于利用白瓷质地，较好衬托其红艳的汤色。

乌龙茶

OOLONG TEA

乌龙茶，又名青茶，是中国茶类中具有鲜明特色的品种，由宋代贡茶龙凤饼演变而来，创制于清朝雍正年间，以其创始人苏龙（绰号乌龙）而得名。其色如琥珀，香气清雅，滋味甘鲜，淋漓尽致地展现出中国茶文化的韵味。

特征： 味醇香回甘，绿叶红镶边

分类： 福建、广东、台湾产区茶

茶之识

乌龙茶属于半发酵茶类，其发酵程度介于绿茶和红茶之间，结合了绿茶和红茶的制法，基本工艺过程是晒青、晾青、摇青、杀青、揉捻、干燥，使其既具有绿茶的清香和花香，又具有红茶醇厚的滋味。

乌龙茶香气清雅、滋味醇厚甘鲜。

茶之效

乌龙茶可去油消脂、健美减肥、防癌、抗衰老。

茶之产

乌龙茶的主要产地在福建的闽北、闽南及广东和台湾。名品有铁观音、黄金桂、武夷大红袍、武夷肉桂、冻顶乌龙、闽北水仙、奇兰、本山、毛蟹、梅占、大叶乌龙、凤凰单枞、凤凰水仙、岭头单枞、台湾乌龙等。

品饮之道

① 准备茶具

准备好茶壶、茶杯、茶船等泡茶工具，并清洗干净。以沸水冲刷壶盖，既可以提高茶壶的温度，又可以起到清洗茶壶的作用。

② 投茶

投茶量要按照茶和水1:30的比例，投在茶壶中。

③ 冲泡

将沸水冲入茶壶中，到壶满即可，用壶盖将泡沫刮去。冲水时要用高冲，可以使茶叶迅速流动，茶味出得快；将盖子盖上，用开水浇茶壶。

④ 斟茶

茶在泡过大约2分钟后，均匀地将茶低斟在各茶杯中。斟茶时注意要低斟，这样可以避免茶香散发影响味道。斟过之后，将壶中剩余的茶水在各杯中点斟。

⑤ 品茶

小口慢饮，可以体会出其"香、清、甘、活"的特点。"一杯苦，二杯甜，三杯味无穷"，这是乌龙茶品饮时独有的味道。

大红袍

绿叶红镶边：将萎凋后的乌龙茶叶片之间碰撞、摩擦，损伤叶缘细胞，促进酶氧化，再静置恢复，如此反复促使叶缘轻度氧化而泛起红色，以此促进茶香、滋味的呈现。

条索紧结，色泽绿褐鲜润。

冻顶乌龙

汤色橙黄明亮，香气馥郁。

半球状外形，色泽墨绿油润。

汤色金黄，茶香清雅，口味甘冽。

凤凰单枞

茶条肥大，色泽呈鳝鱼皮色，油润有光。

汤色橙黄清澈，滋味醇爽回甘。

铁观音

茶条卷曲圆结，乌黑油润，砂绿明显。

盖碗，是一种配有盖子和底托的茶具，口开阔、杯略浅、底圆窄，利于冲水、察形观色和冲水时茶叶滚动而释放茶味；碗盖可保温聚香，更便于品饮时赶开茶汤表层的浮叶；底托则可避免手持时过于烫手，盖碗是品饮乌龙茶的良伴之一。

汤色金黄，滋味醇厚甘鲜。

黄茶

YELLOW TEA

黄茶是我国的特产茶类，属发酵茶类，历史上最早的黄茶出自茶芽天然显现出黄色的茶树品种。后来，人们在炒青绿茶的过程中发现，由于杀青、揉捻后干燥不足或不及时，叶色会发生变黄的现象，黄茶的制法也就由此而来。

特征：黄叶黄汤

分类：黄芽茶、黄小茶和黄大茶

茶之识

制造黄茶的杀青、揉捻、干燥等工序与绿茶制法相似，关键差别就在于闷黄的工序。将杀青和揉捻后的茶叶用纸包好，或堆积后以湿布盖之，促使茶坯在水热作用下进行非酶性的自动氧化，形成黄色。

"黄叶黄汤"是黄茶最显著的特点。

茶之效

黄茶可杀菌消炎、调节脾胃、防癌抗癌。

茶之产

按采摘芽叶范围与老嫩程度的差别，黄茶可分为黄芽茶、黄小茶和黄大茶三类。其具体采摘新梢芽叶时也都有着不同的要求：除黄大茶要求有一芽四五叶新梢外，其余的黄茶都有对芽叶要求"细嫩、新鲜、匀齐、纯净"的共同点。

品饮之道

❶ 准备茶具

用瓷杯子和玻璃杯子都可以，玻璃杯子最好，可以欣赏茶叶冲泡时的形态变化。清洗干净后要将杯子中的水珠擦干，这样就可以避免茶叶因为吸水而降低茶叶的竖立率。

❷ 赏茶

观察茶叶的形状和色泽。

❸ 投茶

将3克左右黄茶投入准备好的杯子中。

❹ 泡茶

泡茶的开水要在70℃，在投好茶的杯子中先快后慢地注入开水，大约到1/2处，待茶叶完全浸透，再注入八分的水即可。待茶叶迅速下沉时，加上盖子，约5分钟后，将盖子去掉。泡茶时，可观赏到茶在水中沉浮、茶的姿态不断变化、气泡的发生等。如茶叶在经过数次浮动后，最后个个竖立，称为"三起三落"，这是黄茶独有的特色。

❺ 品茶

在品饮时，要慢慢啜饮，才能体味其茶香。

花茶

SCENTED TEA

花茶，又称熏花茶、香花茶、香片，是中国特有的香型茶。花茶始于南宋，已有千余年的历史，最早出现在福州，既有茶叶的爽口浓醇之味，又兼具鲜花的芬芳馥郁之气，深得偏好重口味的北方人喜爱。

特征： 茶味与鲜花的馥郁之气合而为一

分类： 按窨花种类各有不同

茶之识

花茶窨制是利用茶叶善于吸收异味的特点，将有香味的鲜花和新茶一起闷，待茶将香味吸收后再把干花筛除，花茶乃成。最常见的花茶是茉莉花茶，普通花茶都是用绿茶作为茶坯，也有用红茶或乌龙茶制作的。

花茶「引花香，益茶味」，香味浓郁。

茶之效

花茶可平肝润肺、理气解郁、养颜排毒。

茶之产

明代顾元庆在《茶谱》一书中详细记载了窨制花茶的方法："诸花开时，摘其半含半放之香气全者，量茶叶多少，摘花为茶。花多则太香，而脱茶韵；花少则不香，而不尽美。"

品饮之道

1. **准备茶具**

   品饮花茶一般用带盖的瓷杯或盖碗。

2. **赏茶**

   欣赏花茶的外形，花茶中有干花，外形值得一赏。

3. **投茶**

   将3克左右的花茶投入茶杯中。

4. **冲泡**

   外形漂亮、高档的花茶，用85℃左右的水冲泡，最好用透明的玻璃杯，以便于欣赏；中低档花茶，适宜用瓷杯，100℃的沸水。加上盖子，可以观察茶在水中的变幻、漂浮，茶叶会在水中慢慢展开，茶汤也会慢慢变色。

5. **品茶**

   在茶泡制3分钟后即可饮用。花茶将茶香与花香巧妙地结合在一起，无论是视觉还是嗅觉都会给人以美的享受。在饮用前，先闻香，将盖子揭开，花茶的芳香立刻逸出，香味宜人，神清气爽。品饮时将茶汤在口中停留片刻，以充分品尝、感受其香味。

白茶

WHITE TEA

白茶为中国六大茶类之一，因其成品茶多为芽头，满披白毫，如银似雪而得名。白茶早在唐朝即有记载，相传原产地为福建福鼎县太姥山。白茶有着较强的健康养生功效，为海外人士所认知的不可多得的茶中珍品。

特征：毫色银白

分类：叶茶、芽茶

茶之识

白茶属于轻微发酵茶，是我国茶类中的特殊珍品，其制法既不破坏酶的活性，又不促进氧化作用，因此具有外形芽毫完整、满身披毫、毫香清鲜、汤色黄绿清澈、滋味清淡回甘的品质特点。

白茶汤色黄绿清澈、滋味鲜爽微甜。

茶之效

白茶可解毒降压、防暑退热、抗氧化。

茶之产

白茶为福建的特产，主要产区在福鼎、政和、松溪、建阳等地。基本工艺是萎凋、烘焙（或阴干）、拣剔、复火等工序。白茶因茶树品种、鲜叶采摘的标准不同，可分为叶茶(如白牡丹、新白茶、贡眉、寿眉)和芽茶(如白毫银针)两类。

品饮之道

❶ 准备茶具

在选择茶具时，最好用直筒形的透明玻璃杯，使人清晰地看到杯中白茶的形状、色泽、冲泡时的姿态和变化等。

❷ 赏茶

在冲泡之前，要先欣赏一下茶叶的形状和颜色，白茶的颜色为白色。赏茶时，白茶白毫银针外形宛如一根根银针，给人以美感。

❸ 投茶

白茶的投茶量2克左右即可。

❹ 泡茶

一般用70℃的开水，先在杯子中注入少量的水，大约淹没茶叶即可，待茶叶浸润大约10秒后，用高冲法注入开水。

❺ 品茶

待茶泡大约3分钟后即可饮用。因为白茶没有经过揉捻，所以茶汁很难浸出，滋味比较淡，茶汤也比较清，茶香相较其他茶叶没有那么浓烈，要慢慢、细细品味才能体会其中的茶香。

普洱茶

PU'ER TEA

普洱茶,是采用绿茶或黑茶经蒸压而成的各种云南紧压茶的总称。由于云南常年适宜的气温及高地土壤养分丰富,故使得普洱茶的营养价值颇高,被国内外消费者当作养生滋补的珍品。

茶之识

普洱茶选用优良的云南大叶种的鲜叶制成,外形条索粗壮肥大,色泽乌润或褐红。产普洱茶的植株又名野茶树,在云南南部和海南均有分布,自古以来即在云南省普洱县一带集散,因而得名。

特征：越陈越香

分类：依据制法、外形、储存的不同而各异

普洱茶滋味醇厚回甘,具有独特的陈香味儿。

茶之效

普洱茶可解油去腻、消脂减肥、降压防癌。

茶之产

普洱茶历史悠久,明清时期曾盛极一时,传统制作工艺分采茶、杀青、揉捻、干燥、筛选、制形等工序。从加工程序上,可分为直接再加工为成品的生普和经过人工速成发酵后再加工而成的熟普两类,其中熟普具有药理作用,因而有"品老茶、喝熟茶、存生茶"的说法。

品饮之道

① 选择茶具

一般来说,泡普洱茶要用腹大的陶壶或紫砂壶,由于普洱茶浓度高,这样可以避免茶泡得过浓。

② 投茶

在冲泡时,茶叶的分量约占壶身的1/5。

③ 冲泡

普洱茶的茶味不易浸泡出来,所以必须用滚烫的开水冲泡。开水冲入后随即倒出来,湿润浸泡即可;第二泡时,冲入滚烫的开水,浸泡15秒即倒出茶汤来品尝;为综合茶性,可将第二、三泡的茶汤混着喝。第四次以后,每增加一泡浸泡时间增加15秒钟,以此类推。

④ 品饮

普洱茶是一种以味道带动香气的茶,香气藏在味道里,感觉较沉。由于普洱茶的浓度高,具有耐泡的特性,因而一般普洱茶都可以续冲10次以上。

第一章

茶叶的
起源和历史

　　在世界的东方，神奇而又神秘的中国有着悠久而灿烂的文化，这片热土曾孕育了改变人类文明进程的伟大发明，更以瓷器、丝绸、茶叶吸引着全世界的目光。古人说，知史而明智，本章从茶的起源与"茶"字演化入手，逐步揭示茶叶种植、采制、烹饮、文化的历史以及历代贡茶产品与茶区分布的情况，能让人们更充分、更清晰地认识它的过去与现在。

001 为什么说中国是茶树的原产地？

中国是世界上最早种茶、制茶、饮茶的国家，茶树的栽培已经有几千年的历史。在云南的普洱县有一棵"茶树王"，树干高 13 米，经考证已有 1700 年的历史。近年，在云南思茅镇人们又发现两株树龄为 2700 年左右的野生"茶树王"，需要两人才能合抱。在这片森林中，直径在 30 厘米以上的野生茶树有很多。

茶树原产于中国，一直是一个不争的事实。但是在近几年，有些国外学者在印度也发现了高大的野生茶树，就贸然认为茶树原产于印度。中国和印度都是世界文明古国，虽然两国都有野生大茶树存在，但有一点是肯定的：我国已经有文献记载"茶"的时间，比印度发现野生大茶树的年龄要早了 1000 多年。当印度人还不知道茶的作用，甚至不知道有茶树这种植物时，我国的茶文化已有数千年的历史了。无论是从茶树的历史，还是分布情况，或是地质变迁，又或是气候变化等等，都只能说明一个事实：中国是茶树的原产地，是茶树的故乡。

树高叶茂

基部粗壮

图说

在冰川时期，我国西南滇、贵、川温湿的土壤与气候条件致使少量野生茶树在极端气候下存活下来，并至今保持着最原始的特征和特性。

002 "茶"字有什么由来？

大体而言，在唐代之前人们大多把茶称为"荼"，期间也用过其他字形，直到中唐以后，"茶"字才成为官方的统一称谓。

最早的时候，人们用"荼"字作为茶的称谓。但是，"荼"字有多种含义，易发生误解；而且，荼是形声字，草字头说明它是草本植物，不合乎茶是木本植物的身份。到了西汉的《尔雅》一书中，开始尝试着借用"槚"字来代表茶树。但槚的原义是指楸、梓之类树木，用来指茶树也会引起误解。所以，在"槚，苦荼"的基础上，又造出一个"搽"字，读茶的音，用来代替原先的槚、荼字。到了陈隋之际，出现了"茶"字，改变了原来的字形和读音，多在民间流行使用。直到唐代陆羽《茶经》之后，"茶"字才逐渐流传开来，运用于正式场合。

青翠的草

自在的人

韧涩的木

图说

古人常将"茶"字暗示分解为"人在草木中"，既合情理，又寓意境。

003 茶有哪些雅号别称?

在唐代以前,"茶"字还没有出现。《诗经》中有"荼"字,《尔雅》称茶为"槚",《方言》称"蔎"(shè),《晏子春秋》称"茗",《凡将篇》称"荈"(chuǎn),《尚书·顾命篇》称"诧"。

另外,古时的茶是一物多名,在陆羽的《茶经》问世之前,茶还有一些雅号别称,如:水厄、酪奴、不夜侯、清友、玉川子、涤烦子等。后来,随着各种名茶的出现,往往以名茶的名字来代称"茶"字,如"龙井""乌龙""大红袍""雨前"等。

士大夫将拜访王蒙戏称"水厄",厄有灾难之意。

晋代司徒长史王蒙嗜茶,常请客人陪饮。

图说

水厄,出自《世说新语》。

茶有提神醒目之功,因而封其为侯。

苏易简把茶水当成清雅质朴的好友。

图说
清友,源自宋代苏易简的《文房四谱》。

图说
不夜侯,源于晋代张华的《博物志》。

004 茶的字形演变和流传是怎样的?

在中唐之前,茶的称谓大多为"荼",也有称"槚"的,还有称"茗""荈"的。最初,茶被归于野外的苦菜——"荼"(tú)类,没有单独的名称,如《诗经》中"谁谓荼苦,其甘如荠";由于茶是木本植物,在《尔雅·释木》之中,为其正名"槚(jiǎ),即茶";后来,《魏王花木志》中说:"茶,叶似栀子,可煮为饮。其老叶谓之荈,嫩叶谓之茗。"直到唐代陆羽第一次在《茶经》中统一使用了"茶"字之后,才渐渐流行开来。

如今世界各国的茶名读音,大多是从中国直接或间接引入的。这些读音可分为两大体系,一种是采取普通话的语音:"CHA";一种是采取福建厦门的地方语"退"音——"TEY"。

茶字的演变

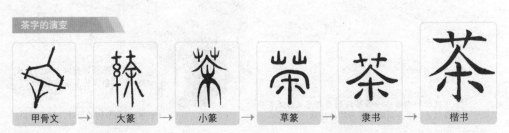

甲骨文 → 大篆 → 小篆 → 草篆 → 隶书 → 楷书

005 中国茶树的栽培历史是怎样的?

中国关于茶最早的记载是《神农本草经》:"神农尝百草,日遇七十二毒,得茶而解之。"陆羽的《茶经》中也说到:"茶之为饮,发乎神农氏。"由此可见,是神农氏发现了茶。

根据晋·常璩《华阳国志·巴志》,商末时候,巴国已把茶作为贡品献给周武王了。在《华阳国志》一书中,介绍了巴蜀地区人工栽培的茶园。魏晋南北朝时期,茶产渐多,茶叶商品化,人们开始注重精工采制以提高质量,上等茶成为当时的贡品。魏晋时期佛教的兴盛也为茶的传播起到推动作用,为了更好地坐禅,僧人常饮茶以提神。有些名茶就是佛教和道教圣地最初种植的,如四川蒙顶、庐山云雾、黄山毛峰、龙井茶等。

▶图说

中国历史上关于茶最早的记载是《神农本草经》,传说是神农氏发现了茶,认为茶有解毒的神奇功效。

茶叶生产在唐宋达到一个高峰,茶叶产地遍布长江、珠江流域和中原地区,各地对茶季、采茶、蒸压、制造、品质鉴评等已有深入研究,品茶成为文人雅士的日常活动,宋代还曾风行"斗茶"。元明清时期是茶叶生产大发展的时期,人们做茶技术更高明,元代还出现了机械制茶技术,被视为珍品的茗茶也出现。明代是茶史上制茶发展最快、成就最大的朝代。朱元璋在茶业上立诏置贡奉龙团,对制茶技艺的发展起了一定的促进作用,也为现代制茶工艺的发展奠定了良好基础,今天泡茶而非煮茶的传统就是明代茶叶制作技术的成果。至清代,无论是茶叶种植面积还是制茶工业,规模都较前代扩大。

006 魏晋时期怎样采摘茶叶制作茶饼?

魏晋南北朝时,饮茶之风已逐步形成。这一时期,南方已普遍种植茶树。《华阳国志·巴志》中说:其地产茶,用来纳贡。在《蜀志》记载:什邡县,山出好茶。当时的饮茶方式,《广志》中是这样说的:"茶,丛生。直煮饮为茗茶;茱萸、檄子之属,膏煎之,或以茱萸煮脯,冒汁为之曰茶。有赤色者,亦米和膏煎,曰无酒茶。"

浇以少量米汤固化制型。

把茶饼在火上微烤至变色,将茶饼捣成细末。

采摘茶树的老叶,制成茶饼。

▶图说

魏晋时期三峡一带茶饼制作与煎煮方式仍保留着以茶为粥或以茶为药的特征。

007 唐代怎样蒸青茶饼?

唐代以前,制茶多用晒或烘的方式制成茶饼。但是,这种初步加工的茶饼,仍有很浓的青涩之味。经过反复的实践,唐代出现了完善的"蒸青法"。

蒸青是利用蒸气来破坏鲜叶中的酶活性,形成的干茶具有色泽深绿、茶汤浅绿、茶底青绿的"三绿"特征,香气带着一股青气,是一种具有真色、真香、真味的天然风味茶。

陆羽在《茶经·三之造》一篇中,详细记载了这种制茶工艺:"晴,采之,蒸之,捣之,拍之,焙之,穿之,封之,茶之干矣。"在2 4月间的晴天,在向阳的茶林中摘取鲜嫩茶叶。将这些茶的鲜叶用蒸的方法,使鲜叶萎凋脱水,然后捣碎成末,以模具拍压成团饼之形,再烘焙干燥,之后在饼茶上穿孔,以绳索穿起来,加以封存。

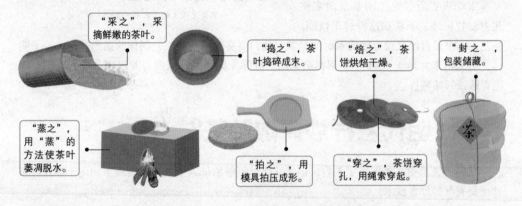

"采之",采摘鲜嫩的茶叶。

"捣之",茶叶捣碎成末。

"焙之",茶饼烘焙干燥。

"封之",包装储藏。

"蒸之",用"蒸"的方法使茶叶萎凋脱水。

"拍之",用模具拍压成形。

"穿之",茶饼穿孔,用绳索穿起。

008 宋代怎样制作龙凤团茶?

由于宋朝皇室饮茶之风较唐代更盛,极大地刺激了贡茶的发展。真宗时,丁谓至福建任转运使,精心监造御茶,进贡龙凤团茶。庆历中,蔡襄任转运使,创制小龙团茶,其品精绝,二十饼重一斤,每饼值金二两!神宗时,福建转运使贾青又创制密云龙茶,云纹更加精细,由于皇亲国戚们乞赐不断,皇帝甚至下令不许再造。龙凤团茶的制造工艺,据宋代赵汝励《北苑别录》记述,有六道工序:蒸茶、榨茶、研茶、造茶、过黄、烘茶。茶芽采回后,先浸泡在水中,挑选匀整芽叶进行蒸青,蒸后冷水清洗,然后小榨去水,大榨去茶汁,去汁后置瓦盆内兑水研细,再入龙凤模压饼、烘干。

图说

"龙凤团茶"是北宋的贡茶,因茶饼上印有龙凤形的纹饰而得名,由于制作耗时费工、成本惊人,后逐渐消亡。图为"龙凤团茶"模影。

009 元代怎样制作蒸青散叶茶?

蒸青团茶的工艺,保持了茶的绿色,提高了茶叶的质量,但是水浸和榨汁的做法,损失了部分茶的真味和茶香,而且难以除去苦味。为了改善这些缺点,到了宋代,蒸茶时逐渐采取蒸后不揉不压,直接烘干的做法,将蒸青团茶改造为蒸青散茶,这样,就保证了茶的香味。

据陆羽《茶经》记载,唐代已有散茶。到了宋代,饼茶、龙凤团茶和散茶同时并存。《宋史·食货志》中说:"茶有两类,曰片茶,曰散茶",片茶即饼茶。

> **工序步骤**
>
> (1)采摘完毕后,用笼稍微蒸一下,生熟适当即可;
> (2)蒸好之后,用箥箕薄摊,趁湿揉之。

"后入焙,匀布火,烘令干,勿使焦。"
——取自元代王祯《农书·卷十·百谷谱》

宋朝灭亡后,龙凤团茶走向末路。北方游牧民族,不喜欢这种过于精细的茶艺;而平民百姓又没有能力和时间品赏,他们更喜欢的是新工艺制作的条形散茶。到了明代,明太祖朱元璋于1391年下诏罢造龙团,废除龙凤团茶。从此,龙凤团茶成为绝唱,而蒸青散茶开始盛行。

010 明代怎样炒青散叶茶?

蒸青工艺虽更好地保留了茶香,但香味仍然不够浓郁,于是后来出现了利用干热发挥茶叶优良香气的炒青技术。

炒青散叶茶,在唐代时就已有了。唐代诗人刘禹锡在《西山兰若试茶歌》中说,"山僧后檐茶数丛……斯须炒成满室香",又有"自摘至煎俄顷余"的句子,说明了茶的嫩叶经过炒制后满室生香,又说明了炒制时间,这是至今为止关于炒茶最早的文字记载。

茶叶转为暗黄绿色;叶面、梗皮有皱纹;青涩之味变为热香之味和特殊清香。

图说

炒青的具体步骤是高温杀青、揉捻、复炒、烘焙至干。

011 清代制茶工艺有什么特点?

清代的制茶工艺进一步提高,综合前代多种制茶工艺,继承发展出六大茶类,即绿茶、黄茶、黑茶、白茶、红茶、青茶。

绿茶的基本工序是杀青、揉捻、干燥。但是,若绿茶炒制工艺掌握不当,如杀青后未及时摊晾、及时揉捻,或揉捻后未及时烘干、炒干,堆积过久,造成茶叶变黄,后来发现这种茶叶也别具一格,就采取有意闷黄的做法制成了黄茶。绿茶杀青时叶量过多、火温低,使叶色变为近似黑色的深褐绿色,或以绿毛茶堆积后发酵,茶叶发黑,就形成了黑茶。

宋代时,人们偶然发现:茸毛特多的茶树芽叶经晒或烘干后,芽叶表面满披白色茸毛,茶叶呈白色,因而形成了白茶。红茶起源于明朝。在茶叶制造过程中,人们发现用日晒代替杀青,揉捻后叶色变红而产生了红茶。此外,承接了宋代添加香料或香花的花茶工艺,明清之际的窨花制茶技术也日益完善,有桂花、茉莉、玫瑰、蔷薇、兰蕙、桔花、栀子、木香、梅花九种之多。

012 古代人最初的用茶方式是怎样的?

在原始社会,人类除了采集野果直接充饥外,有时也会挖掘野菜或摘取某些树木的嫩叶来口嚼生食,有时会把这些野菜和嫩叶与稻米一起在陶制的釜鼎(锅)内熬煮成粥。

古人在长期食用茶的过程中,认识到了它的药用功能。《神农本草经》记载:"神农尝百草,日遇七十二毒,得茶而解之。"这是茶叶作为药用的开始,在夏商之前母系氏族社会向父系氏族社会转变时期。

原始人"茶"的发音意为"一切可以用来吃的植物"。

蓝田人复原头像,旧石器时代(距今约115万年),远古人从野生大茶树上采集嫩梢主要用来充饥。

013 汉魏六朝时期如何饮茶?

饮茶历史起源于西汉时的巴蜀之地。从西汉到三国时期,在巴蜀之外,茶是仅供上层社会享用的珍稀之品。

关于汉魏六朝时期饮茶的方式,古籍仅有零星记录,《桐君录》中说:"巴东别有真香茗,煎饮令人不眠"。晋代郭璞在《尔雅》注中说:"树小如栀子,冬生,叶可煮作羹饮。"当时还没有专门的煮茶、饮茶器具,大多是在鼎或釜中煮茶,用吃饭用的碗来饮茶。

据唐代诗人皮日休说,汉魏六朝的饮茶法是"浑而烹之",将茶树生叶煮成浓稠的羹汤饮用。东晋杜育作《荈赋》,其中写道:"水则岷方之注,挹彼清流。器择陶简,出自东隅。酌之以匏,取式公刘。惟兹初成,沫沉华浮。焕如积雪,晔若春敷。"大概意思是:水是岷江的清泉,碗是东隅的陶简,用公刘制作的瓢舀出。茶煮好之时,茶沫沉下,汤华浮上,亮如冬天的积雪,鲜似春日的百花。这里就涉及择水、选器、酌茶等环节。这一时期的饮茶是煮茶法,以茶入锅中熬煮,然后盛到碗内饮用。

冷水中的茶叶。 将冷水逐渐煮至沸腾。

▶图说

煮茶,即将茶叶入冷水中煮至沸腾。

014 唐代的人怎样煎茶?

到了唐代,饮茶风气渐渐普及全国。自陆羽的《茶经》出现后,茶道更是兴盛。当时饮茶之风扩散到民间,都把茶当作家常饮料,甚至出现了茶水铺,"不问道俗,投钱取饮。"唐朝的茶,以团饼为主,也有少量粗茶、散茶和米茶。饮茶方式,除延续汉魏南北朝的煮茶法外,又有泡茶法和煎茶法。

《茶经·六之饮》中"饮有粗茶、散茶、末茶、饼茶者,乃斫、乃熬、乃炀、乃舂,贮于瓶缶之中,以汤沃焉,谓之痷茶。"茶有粗、散、末、饼四类,粗茶要切碎,散茶、末茶入釜炒熬、烤干,饼茶舂捣成茶末。将茶投入瓶缶中,灌以沸水浸泡,称为"痷茶"。

煎茶法是陆羽所创,主要程序有:备器、炙茶、碾罗、择水、取水、候汤、煎茶、酌茶、啜饮。它与汉魏南北朝的煮茶法相比,有两点区别:①煎茶法通常用茶末,而煮茶法用散叶、茶末皆可;②煎茶是一沸投茶,环搅,三沸而止,煮茶法则是冷热水不忌,煮熬而成。

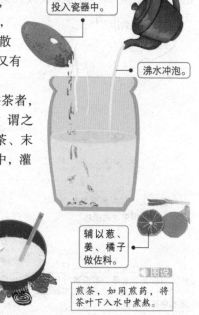

捣压成碎茶末,投入瓷器中。

沸水冲泡。

辅以葱、姜、橘子做佐料。

▶图说

煎茶,如同煎药,将茶叶下入水中煮熬。

015 宋代人怎样点茶?

　　饮茶的习俗在唐代得以普及,在宋代达到鼎盛。此时,茶叶生产空前发展,饮茶之风极为盛行,不但王公贵族经常举行茶宴,皇帝也常以贡茶宴请群臣。在民间,茶也成为百姓生活中的日常必需品之一。

　　宋朝前期,茶以片茶(团、饼)为主;到了后期,散茶取代片茶占据主导地位。在饮茶方式上,除了继承隋唐时期的煎、煮茶法外,又兴起了点茶法。为了评比茶质的优劣和点茶技艺的高低,宋代盛行"斗茶",而点茶法也就是在斗茶时所用的技法。先将饼茶碾碎,置茶盏中待用,以釜烧水,微沸初漾时,先在茶叶碗里注入少量沸水调成糊状,然后再量茶注入沸水,边注边用茶筅搅动,使茶末上浮,产生泡沫。

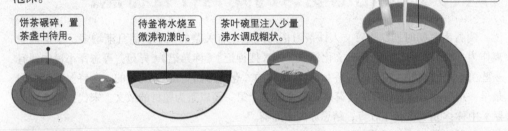

饼茶碾碎,置茶盏中待用。

待釜将水烧至微沸初漾时。

茶叶碗里注入少量沸水调成糊状。

注入适量沸水。

边注边用茶筅搅动。

茶末上浮,产生泡沫。

016 明代人怎样泡茶?

　　泡茶法始于隋唐,但占主流的是煎茶法和煮茶法,泡茶法并不普遍。宋时的点茶法,可以说是一种特殊的泡茶法。点茶与泡茶的最大区别在于:点茶须"调膏击拂",泡茶则不必如此。直到元明之时,泡茶法才得以发展壮大。

　　元代泡茶多用末茶,并且还杂以米面、麦面、酥油等佐料;明代的细茗,则不加佐料,直接投茶入瓯,用沸水冲点,杭州一带称之为"撮泡",这种泡茶方式是后世泡茶的先驱。明代人陈师在《茶考》中记载:"杭俗烹茶,用细茗置茶瓯,以沸汤点之,名为撮泡。"

图说

曾在民间盛行的简单、便捷的茶叶冲泡方法在明代大行其道。

以沸水冲泡。

将茶叶直接投入茶盏中。

017 清代人怎样品茶?

清代时,品茶的方法日益完善,无论是茶叶、茶具,还是茶的冲泡方法,已和现代相似。茶壶茶杯要用开水先洗涤,干布擦干,茶渣先倒掉,再斟。各地由于不同的风俗,选用不同的茶类。如两广多饮红茶,福建多饮乌龙茶,江浙多好绿茶,北方多喜花茶或绿茶,边疆地区多用黑茶或茶砖。

在众多的饮茶方式之中,以功夫茶的泡法最具特点:一壶常配四只左右的茶杯,一壶之茶,一般只能分酾二三次。杯、盏以雪白为上,蓝白次之。采取啜饮的方式:酾不宜早,饮不宜迟,旋注旋饮。

清袁枚《随园食单·武夷茶》条载:"杯小如胡桃,壶小如香橼。上口不忍遽咽,先嗅其香,再试其味,徐徐咀嚼而体贴之。"

018 茶文化的萌芽时期有什么特点?

两晋南北朝时期,随着文人饮茶习俗的兴起,有关茶的文学作品日渐增多,茶渐渐脱离作为一般形态的饮食而走入文化领域。如《搜神记》《神异记》《异苑》等志怪小说中便有一些关于茶的故事。左思的《娇女诗》、张载的《登成都白菟楼》、王微的《杂诗》都属中国最早一批茶诗。西晋杜育的《荈赋》是文学史上第一篇以茶为题材的散文,宋代吴俶在《茶赋》中称:"清文既传于杜育,精思亦闻于陆羽。"

魏晋时期,玄学盛行。玄学名士,大多爱好虚无玄远的清谈,终日流连于青山秀水之间。最初的清谈家多为酒徒,但喝多了会举止失措,有失雅观,而茶则可竟日长饮,心态平和。慢慢地,这些清谈家从好酒转向好茶,饮茶被他们当作一种精神支持。

这一时期,随着佛教传入和道教兴起,茶以其清淡、虚静的本性,受到人们的青睐。在道家看来,饮茶是帮助炼"内丹",升清降浊,轻身换骨,修成长生不老之体的好办法;在佛家看来,茶又是禅定入静的必备之物。茶文化与宗教相结合,无疑提高了茶的地位。尽管此时尚没有完整的茶文化体系,但茶已经脱离普通饮食的范畴,具有显著的社会和文化功能。

茶的天然韵味以及冲饮过程中所能给人的恬淡、幽远意境,与文人名士修养心性、体味不凡的追求不谋而合。

019 为什么说唐代是茶文化的形成时期?

隋唐时,茶叶多加工成饼茶。饮用时,加调味品烹煮汤饮。随着茶事的兴旺和贡茶的出现,加速了茶叶栽培和加工技术的发展,涌现出了许多名茶,品饮之法也有较大改进。为改善茶叶苦涩味,开始加入薄荷、盐、红枣调味。此外,开始使用专门的烹茶器具,饮茶的方式也发生了显著变化,由之前的粗放式转为细煎慢品式。

唐代的饮茶习俗蔚然成风,对茶和水的选择、烹煮方式以及饮茶环境越来越讲究。皇宫、寺院以及文人雅士之间盛行茶宴,茶宴的气氛庄重,环境雅致,礼节严格,且必用贡茶

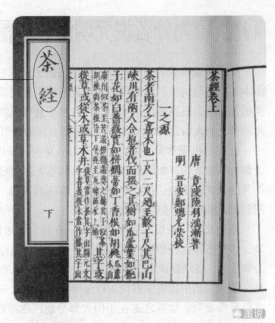

《茶经》将诸家精华及诗人的气质和艺术思想渗透其中，探讨饮茶艺术、茶道精神。

或高级茶叶，取水于名泉、清泉，选用名贵茶具。盛唐茶文化的形成，与当时佛教的发展、科举制度、诗风大盛、贡茶的兴起、禁酒等等均有关联。公元780年，陆羽著成《茶经》，阐述了茶学、茶艺、茶道思想。这一时期由于茶人辈出，使饮茶之道对水、茶、茶具、煎茶的追求达到一个极尽高雅、奢华的地步，以至于到了唐朝后期和宋代，茶文化中出现了一股奢靡之风。

从《茶经》开始，茶文化呈现出全新的局面，它是唐代茶文化形成的标志。

020 为什么说宋代是茶文化的兴盛时期？

到了宋代，茶文化继续发展深化，形成了特有的文化品位。宋太祖赵匡胤本身就喜爱饮茶，在宫中设立茶事机关，宫廷用茶已分等级。至于下层社会，平民百姓搬家时邻居要"献茶"；有客人来，要敬"元宝茶"，订婚时要"下茶"，结婚时要"定茶"。

在学术领域，由于茶业的南移，贡茶以建安北苑为最，茶学研究者倾向于研究建茶。在宋代茶叶著作中，著名的有叶清臣的《述煮茶小品》、蔡襄的《茶录》、宋子安的《东溪试茶录》、沈括的《本朝茶法》、赵佶的《大观茶论》等。

宋代是历史上茶饮活动最活跃的时代，由于南北饮茶文化的融合，开始出现茶馆文化，茶馆在南宋时称为茶肆，当时临安城的茶饮买卖昼夜不绝。此外，宋代的茶饮活动从贡茶开始，又衍生出"绣茶""斗茶""分茶"等娱乐方式。

"斗茶"是一种茶叶品质的比较方法，最早是用于贡茶的选送和市场价格的竞争，因此"斗茶"也被称为"茗战"。

021 为什么说元明清时期是茶文化的持续发展时期?

宋人让茶事成为一项兴旺的事业,但也让茶艺走向了繁复、琐碎、奢侈,失却了茶文化原本的朴实与清淡,过于精细的茶艺淹没了唐代茶文化的精神。自元代以后,茶文化进入了曲折发展期。直到明代中叶,汉人有感于前代民族兴亡,加之开国之艰难,在茶文化中呈现出简约化和人与自然的契合,以茶显露自己的苦节。

此时已出现蒸青、炒青、烘青等各茶类,茶的饮用已改成"撮泡法",明代不少文人雅士留有传世之作,如唐伯虎的《烹茶画卷》《品茶图》等。茶叶种类增多,泡茶的技艺有别,茶具的款式、质地、花纹千姿百态。晚明到清初,精细的茶文化再次出现,制茶、烹饮虽未回到宋人的繁琐,但茶风趋向纤弱。

明清之际,茶馆发展极为迅速,有的全镇居民只有数千家,而茶馆可以达到百余家之多。店堂布置古朴雅致,喝茶的除了文人雅士之外,还有商人、手工业者等,茶馆中兼营点心和饮食,还增设说书、演唱节目,等于是民间的娱乐场所。

清末至新中国成立前的100多年,资本主义入侵,战争频繁,社会动乱,传统的中国茶文化日渐衰微,饮茶之道在中国大部分地区逐渐趋于简化,但这并非是中国茶文化的终结。从总趋势看,中国的茶文化是在向下层延伸,这更丰富了它的内容,也更增强了它的生命力。在清末民初的社会中,城市乡镇的茶馆茶肆林立,大碗茶比比皆是,盛暑季节道路上的茶亭及乐善好施的大茶缸处处可见。"客来敬茶"已成为普通人家的礼仪美德。

022 为什么说当代是茶文化的再现辉煌时期?

虽然中华茶文化古已有之,但是它们在当代的复兴,被研究却是始于20世纪80年代。台湾地区是现代茶艺、茶道的最早复兴之地。大陆方面,新中国成立后,茶叶产量发展很快。物质基础的丰富为茶文化的发展提供了坚实的基础。

从20世纪90年代起,一批茶文化研究者创作了一批专业著作,对当代茶文化的建立作出了积极贡献,如:黄志根的《中国茶文化》、陈文华的《长江流域茶文化》、姚国坤的《茶文化概论》、余悦的《中国茶文化丛书》,对茶文化学科各个方面进行系统的专题研究。这些成果,为茶文化学科的确立奠定了基础。

随着茶文化的兴起,各地茶文化组织、茶文化活动越来越多,有些著名茶叶产区所组织的茶艺活动逐渐形成规模化、品牌化、产业化,更加促进了茶文化在社会的普及与流行。

中国茶文化发展到今天,已不再是一种简单的饮食文化,而是一种历史悠久的民族精神特质,讲究天、地、山、水、人的合而为一。

023 什么是贡茶?

贡茶起源于西周,当时巴蜀作战有功,册封为诸侯,向周王纳贡时其中即有茶叶。中国古代宁波盛产贡茶,以慈溪县区域为主,其他省、府几乎难与它匹敌。直到清朝灭亡,贡茶制度才随之消亡。

华夏文明数千年,贡茶制度对于中国的茶叶生产和茶文化有着巨大的影响。贡茶是封建社会的君王对地方有效统治的一种维系象征,也是封建礼制的需要,它是封建社会商品经济不发达的产物。

贡茶的历史评价褒贬参半,首先,贡茶是对茶农的残酷剥削与压迫,它实际上是一种变相的税制,让茶农们深受其害,对茶叶生产极为不利;另外,由于贡茶对品质的苛求和求新的欲望,客观上也促进了制茶技术的改进与提高。

图说 随着贡茶制度的发展与完善,皇室常在名茶产区专门设立贡茶院、御茶园,由官府直接管理,监造精品贡茶。

表面常附有皇家的印记或封蜡。

包装严谨、精致。

图说 贡茶,就是古时专门作为贡品进献皇室供帝王享用的茶叶。

024 贡茶的起源是什么?

据史料记载,贡茶可追溯到公元前一千多年的西周。据晋代的《华阳国志·巴志》中记载:"周武王伐纣,实得巴蜀之师。"大约在公元前1025年,周武王姬发率周军及诸侯伐灭殷商的纣王后,便将其一位宗亲封在巴地。巴蜀作战有功,册封为诸侯。

这是一个疆域不小的邦国,它东起鱼复(今四川奉节东白帝城),西达僰道(今四川宜宾市西南安边场),北接汉中(今陕西秦岭以南地区),南至黔涪(相当今四川涪陵地区)。巴王作为诸侯,要向周武王纳贡。贡品有:五谷六畜、桑蚕麻纻、鱼盐铜铁、丹漆茶蜜、灵龟巨犀、山鸡白鸡、黄润鲜粉。贡单后又加注:"其果实之珍者,树有荔支,蔓有辛蒟,园有芳蒻香茗。"香茗,即茶园里的珍品茶叶。

图说 当时的茶叶不仅作为食用品,也是庆典祭祀时的礼品。

025 唐代的贡茶情况是怎样的?

唐代是我国茶叶发展的重要历史时期,佛教的发展推动了饮茶习俗的传播。安史之乱后,经济重心南移,江南茶叶种植发展迅速,手工制茶作坊相继出现,茶叶初步商业化,形成区域化和专业化的特征,为贡茶制度的形成奠定了基础。

唐代贡茶制度有两种形式:

(1)选择优质的产茶区,令其定额纳贡。当时名茶亦有排名:雅州蒙顶茶为第一,称"仙茶";常州阳羡茶、湖州紫笋茶同列第二;荆州团黄茶名列第三。

(2)选择生态环境好、产量集中、交通便利的茶区,由朝廷直接设立贡茶院,专门制作贡茶。如:湖州长兴顾渚山,东临太湖,土壤肥沃,水陆运输方便,所产"顾渚扑人鼻孔,齿颊都异,久而不忘",广德年间,与常州阳羡茶同列贡品。大历五年(770年)在此建构规模宏大的贡茶院,是历史上第一个国营茶叶厂。

● 图说

三彩驿使骑马俑(唐)。

026 宋代的贡茶情况是怎样的?

到了宋代,贡茶制度沿袭唐代。此时,顾渚贡茶院日渐衰落,而福建凤凰山的北苑龙焙则取而代之,成为名声显赫的茶院。宋太宗太平兴国初年,朝廷特颁置龙凤模,派贡茶特使到北苑造团茶,以区别朝廷团茶和民间团茶。片茶压以银模,饰以龙凤花纹,栩栩如生,精湛绝伦。从此,宋代贡茶的制作走上更加精致、尊贵、华丽的发展路线。

宋代的贡茶在当时人的心中已不仅仅是一种精制茶叶,而是尊贵的象征。北苑生产的龙凤团饼茶,采制技术精益求精,年年花样翻新,名品达数十种之多,生产规模之大,历史罕见。仁宗年间,蔡襄创造了小龙团;哲宗年间,改制瑞云翔龙。

宋代的贡茶和茶文化在中国历史上享有盛名,不仅促进了名茶的发展、饮茶的普及,还使斗茶之风盛行,出现了无数优秀的茶文化作品,也促使了茶叶对外贸易的兴起。

宋代贡茶的价值高昂,"龙茶一饼,值黄金二两;凤茶一饼,值黄金一两。"欧阳修当了二十多年官,才蒙圣上赐高级贡茶一饼二两。

027 元代的贡茶情况是怎样的?

元代的贡茶与唐宋相比,在数量、质量及贡茶制度上,都呈平淡之势。这主要是因为元代统治者的民族性、生活习惯以及茶类的变化等原因,使唐宋形成的贡茶规模遭到冲击。

宋亡之后,一度兴盛的建安之御焙贡茶也衰落了。元朝保留了一些宋室的御茶园和官方制茶工场,并于大德三年(1299)在武夷山四曲溪设置焙局,又称为御茶园。御茶园建有仁风门、拜发殿、神清堂及思敬、焙芳、宜菽、燕宾、浮光等诸亭,附近还设有更衣台等建筑。焙工数以千计,大造贡茶。

御茶园创建之初,贡茶每年进献约数十斤,逐渐增至约数百斤,而要求数量越来越大,以至于每年焙制数千饼龙团茶。据董天工《武夷山志》载,元顺帝至正末年(公元1367年),贡茶额达990斤。元朝的贡茶虽然沿袭宋制以蒸青团饼茶、团茶为主,但在民间已多改饮叶茶、末茶。

028 明代的贡茶情况是怎样的?

明代初期,贡焙仍沿用元代旧制,贡焙制有所削弱,仅在福建武夷山置小型御茶园,定额纳贡制仍然实施。

明太祖朱元璋,出身贫寒,深知茶农疾苦,看到进贡的龙凤团饼茶,有感于茶农的不堪重负和团饼贡茶的昂贵和繁琐,因此专门下诏改革,此后明代贡茶正式革除团饼,采用散茶。

但是,明代贡茶征收中,各地官吏层层加码,数量大大超过预额,给茶农造成极大的负担。根据《明史·食货志》载,明太祖时,建宁贡茶1600余斤;到隆庆初,增到2300斤。官吏们更是趁督造贡茶之机,贪污纳贿,无恶不作,整得农民倾家荡产。天下产茶之地,岁贡都有定额,有茶必贡,无可减免。明神宗万历年间,昔富阳鲥鱼与茶并贡,百姓苦不堪言。

● 图说

朱元璋诏令:"诏建宁岁贡上供茶,罢造龙团……天下茶额惟建宁为上,其品有四:探春、先春、次春、紫笋,置茶户五百,免其徭役。"

029 清代的贡茶情况是怎样的?

清代,茶业进入鼎盛时期,形成了著名的茶区和茶叶市场。如建瓯茶厂竟有上千家,每家少则数十人,多则百余人,从事制茶业的人员越来越多。据江西《铅山县志》记载:"河口镇乾隆时期制茶工人二三万之众,有茶行48家"。

在出口的农产品之中,茶叶所占比重很大。清代前期,贡茶仍旧沿用前朝产茶州定额纳贡的制度。到了中叶,由于商品经济的发展和资本主义因素的增长,贡茶制度逐渐消亡。清宫除常例用御茶之外,朝廷举行大型茶宴与每岁新正举行的茶宴,在康熙后期与乾隆年间曾盛极一时。

清代历朝皇室所消耗的贡茶数量是相当惊人的,全国七十多个府县,每年向宫廷所进的贡茶即达13900多斤。这些贡茶,有些是由皇帝亲自选定的。如洞庭碧螺春茶,是康熙第三次南巡时御赐茶名;西湖龙井,是乾隆下江南时,封为御茶;其他还有君山毛尖、遣定云雾茶、福建西天山芽茶、安徽敬亭绿雪、四川蒙顶甘露等。

> 皇室所用茶具不论材质、工艺,在历朝历代都极具特色与观赏性。

🔍图说

掐丝珐琅缠枝莲茶具,清朝(1644~1911)茶具。清宫内院初期以调饮(奶茶)为主,后期才逐渐改为清饮。

030 中国的茶区分布是怎样的?

中国茶区分布辽阔,从地理上看,东起东经122度的台湾省东部海岸,西至东经95度的西藏自治区易贡,南自北纬18度的海南岛榆林,北到北纬37度的山东省荣成市,东西跨经度27度,南北跨纬度19度。茶区地跨中热带、边缘热带、南亚热带、中亚热带、北亚热带和暖温带。在垂直分布上,茶树最高种植在海拔2600米的高地上,而最低仅距海平面几十米或百米。

茶区囊括了浙江、湖南、湖北、安徽、四川、福建、云南、广东、广西、贵州、江苏、江西、陕西、河南、台湾、山东、西藏、甘肃、海南等21个省(区、市)的上千个县市。

在不同地区,生长着不同类型、不同品种的茶树,决定着茶叶的品质及其适制性和适应性。

031 茶区划分有什么意义?

划分茶业区域,是为了更好地开发和利用自然资源,更合理地调整生产布局,因地制宜地指导茶业的生产和规划。因此,科学的茶区划分,是种植业规划的重要部分,也是顺利发展茶叶生产的一项重要基础工作,对于茶叶的研究工作也非常有利。

由于我国茶区辽阔,品种丰富,产地地形复杂,茶区划分采取三个级别:即一级茶区,系全国性划分,用以宏观指导;二级茶区,系由各产茶省(区)划分,进行省区内生产指导;三级茶区,系由各地县划分,具体指挥茶叶生产。

032 现代中国的茶区是怎样划分的?

按照一级茶区的划分,中国茶区可分为四大块:即江北茶区、江南茶区、西南茶区和华南茶区。

江北茶区:南起长江,北至秦岭、淮河,西起大巴山,东至山东半岛,包括甘南、陕西、鄂北、豫南、皖北、苏北、鲁东南等地,是我国最北的茶区。茶区多为黄棕土,酸碱度略高,气温偏低,茶树新梢生长期短,冻害严重。因昼夜温度差异大,茶树自然品质形成好,适制绿茶,香高味浓。

江南茶区:长江以南,大樟溪、雁石溪、梅江、连江以北,包括粤北、桂北、闽中北、湘、浙、赣、鄂皖南、苏南等地。江南茶区大多是低丘山地区,多为红壤,酸碱度适中。有自然植被的土壤,土层肥沃,气候温和,降水充足。茶区资源丰富,历史名茶甚多,如西湖龙井、君山银针、洞庭碧螺春、黄山毛峰等等,享誉国内外。

西南茶区:米仑山、大巴山以南,红水河、南盘江、盈江以北,神农架、巫山、方斗山、武陵山以西,大渡河以东的地区,包括黔、川、滇中北和藏东南。茶区地形复杂,多为盆地、高原。各地气候差异较大,但总体水热条件良好。整个茶区冬季较温暖,降水较丰富,适宜茶树生长。

华南茶区:位于大樟溪、雁石溪、梅江、连江、浔江、红水河、南盘江、无量山、保山、盈江以南,包括闽中南、台、粤中南、海南、桂南、滇南。茶区水热资源丰富,土壤肥沃,多为赤红壤。茶区高温多湿,四季常青,茶树资源极其丰富。

茶 区	位 置	土壤/地形	气 候	茶 产
江北茶区	甘南、陕西、鄂北、豫南、皖北、鲁东南等地	酸碱度略高的黄棕土,地形复杂	气温低、雨量少,昼夜温差大	品质优良,适制绿茶,香高味浓
西南茶区	黔、川、滇中北和藏东南	地形复杂,多为盆地、高原	气候条件各异、水热条件好	适宜茶树生长
华南茶区	闽中南、台、粤中南、海南、桂南、滇南	土壤肥沃,多为赤红壤	高温多湿,四季常青	茶树资源极其丰富
江南茶区	粤北、桂北、闽中北、湘、浙、赣等地	低丘山地,土壤酸碱度适中	四季分明,气候温和、降水充足	茶区资源丰富,历史名茶甚多

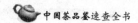

我国不同省份名茶分布

省　份	名　茶
浙江省	西湖龙井、顾渚紫笋、安吉白片、余杭径山茶、缙云惠明茶、普陀山云雾茶等
江苏省	洞庭碧螺春、南京雨花茶、宜兴阳羡雪芽等
江西省	庐山云雾茶、上饶白眉、婺源茗眉等
安徽省	黄山毛峰、歙县老竹大方、修宁松萝、六安瓜片、太平猴魁、宣城敬亭绿雪、祁门功夫红茶等
陕西省	西乡午子仙毫等
河南省	信阳毛尖等
湖北省	恩施玉露、当阳仙人掌茶等
湖南省	岳阳君山银针等
四川省	蒙顶甘露、峨眉山竹叶青等
云南省	滇红功夫、云南沱茶、七子饼茶等
贵州省	都匀毛尖等
广西壮族自治区	南山白毛茶、广西红碎茶、苍梧六堡茶等
广东省	凤凰单枞、广东大叶青茶等
福建省	南安石亭绿、白毫银针、白牡丹、安溪铁观音、安溪黄金桂、武夷岩茶、闽北水仙、闽北肉桂、崇安大红袍、崇安铁罗汉、崇安白鸡冠、崇安水金龟等
台湾省	冻顶乌龙、文山包种茶等

第二章

茶典与
茶人茶事

人创造着历史，开创着未来。在历史的长河中，层出不穷的茶人如漫天闪烁的星光为后世所欣赏、所敬仰，他们以勤奋与坚持、才智与博爱勾勒出人与世界、人与自然、人与茶之间彼此相知相惜的和谐与美好。本章将带你翻阅史上众多的茶典、文献，侧面了解华夏数千年的茶业典籍与学说，以及茶人们评茶鉴水、以茶为业、以茶为友的动人传奇。

033 什么是茶典？

　　我国对茶的研究有着悠久的历史，不仅为人类提供了有关茶种植生产的科学技术，也留下了很多记录茶业的书籍和文献。

　　在我国的茶业历史上，有很多专门研究茶业的专门人员，也有许多爱茶人，他们所留下的书籍和文献中记录了大量关于茶史、茶事、茶人、茶叶生产技术、茶具等的内容，而这些书籍和文献就被后人统称为茶典。我国著名的茶典有：《茶经》《十六汤品》《茶录》《大观茶论》《茶具图赞》《茶谱》《茶解》等。

多数人的生活都较为清苦。

以茶为友。

图说

不少古人将自己有关茶的经历和见闻记录下来，做成专门论述茶业的书籍和文献。

034 为什么说《茶经》是世界上第一部茶叶专著？

　　《茶经》是唐代茶文化家陆羽经过对中国各大茶区茶叶种植、采制、品质、烹煮、饮用及茶史、茶事、茶俗的多年研究，总结而成的一套关于茶的精深著作。全书共7000多字，分上、中、下三卷，所论一之源、二之具、三之造、四之器、五之煮、六之饮、七之事、八之出、九之就、十之图，共十大部分。书中对中国茶叶的历史、产地、功效、栽培、采制、烹煮、饮用、器具等都做了详细叙述。在此之前，中国还没有这么完备的茶叶专著，因此，《茶经》是中国古代第一部，同时也是最完备的一部茶叶专著。

　　一之源，讲茶的起源、性状；二之具，讲采茶制茶的工具；三之造，讲茶的品种及采制方法；四之器，讲煮茶、饮茶的器具；五之煮，讲煮茶方法及论水；六之饮，讲饮茶风俗及历史；七之事，讲茶事、产地、功效等；八之出，讲唐代重要茶区的分布及各地茶叶的优劣；九之就，讲根据实际情况采茶、制茶用具的灵活应用；十之图，讲教人用绢素写茶经。

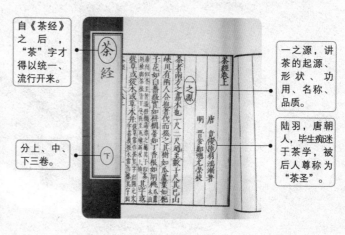

自《茶经》之后，"茶"字才得以统一、流行开来。

分上、中、下三卷。

一之源，讲茶的起源、形状、功用、名称、品质。

陆羽，唐朝人，毕生痴迷于茶学，被后人尊称为"茶圣"。

035 为什么说《煎茶水记》是我国第一部鉴水专著?

《煎茶水记》是唐代张又新的著作,此书根据陆羽的《茶经》的五之煮,加以发挥,重点阐述了对水品的分析。此书全文仅仅九百余字,前半部分列举了刘伯刍所品的七水,后半部分列举了陆羽所品的二十水。

此书中将刘伯刍所说的七水加以扩大,品评为:庐山康王谷之水帘水第一、无锡惠山寺石泉水第二、蕲州兰溪之石下水第三、峡州扇子山下之石水第四、苏州虎丘寺石泉水第五、庐山招贤寺下方桥之潭水第六、扬子江之南零水第七、洪州西山之西东瀑布水第八、唐州桐柏县之淮之源第九、庐山龙池山之顾水第十、丹阳观音寺水第十一、扬州大明寺水第十二、汉江金州上游之之中零水第十三、归州玉虚洞下之香溪水第十四、商州武关西之洛水第十五、吴淞江水第十六、天台山西南峰之千丈瀑布水第十七、郴州之圆泉水第十八、桐庐之严陵滩水第十九、雪水第二十。

书中对煮茶的水论述十分详尽,并补充了《茶经》中对水的论述,为后人对煮茶水的鉴别、研究提供了根据。

▲图说

张又新,唐朝人,一生颠沛,尤嗜饮茶,对煮茶用水颇有心得。其所著《煎茶水记》是我国第一部专门评述煮茶用水的鉴水专著。

036 为什么说《十六汤品》是最早的宜茶汤品专著?

《十六汤品》是苏廙所著,苏廙约为晚唐五代或五代宋初人,是著名的候汤家、点茶家。

《十六汤品》全书只有一卷,书中认为汤决定了茶的优劣,书中将陆羽《茶经》中茶的煮法那章扩大,将汤分为十六种。书中将口沸程度分为三种,注法缓急分为三种,茶器种类分为五种,据薪炭燃料分为五种,总计十六汤品。

《十六汤品》是茶书中的冷门书,在固型茶被淘汰后,汤的神秘性也被破除,人们对汤的研究就不多了,但是《十六汤品》是最早的宜茶汤品,为随后汤品研究提供了依据,对茶道的贡献是不可抹杀的。

注汤的缓急。

汤的老嫩程度。

薪材。

煮汤器具。

▲图说

《十六汤品》的出现说明人们已经由宏观茶学逐渐向更细微的微观茶学探寻、过渡。

037 为什么说《茶录》是宋代茶书的代表之一?

《茶录》是宋代蔡襄所著。这部书分上下两篇，共八百多字。上篇论茶，下篇论茶器，侧重于烹制的方法。

《茶录》上篇中，主要叙述了茶的色、香、味，茶的储存以及碾茶、罗茶、候汤、火胁盏、点茶。在论述茶的香时，书中说茶不适合掺杂其他珍果香草，否则会影响茶本身的香味。书中还指出茶叶的香味受到产地、水土、环境等影响。下篇论述茶器中，主要是茶焙、茶笼、砧椎、茶钤、茶碾、茶罗、茶盏、茶匙和汤罐。书中从制茶工具、品茶器具等方面进行论述，都是值得后人借鉴的。

▶图说

《茶录》不仅得到皇帝的鉴赏，还勒石传后世，对当时福建的茶业有很大的推动作用。

038 为什么说《大观茶论》是宋代茶书的代表之一?

《大观茶论》共十二篇，主要是关于茶的各方面的论述。书中针对北宋时蒸青团茶的产地、采制、烹试、品质、斗茶风尚等进行的论述，内容详尽，论述精辟，是宋代茶书的代表作品之一，对宋代的茶品研究有很大的影响。其中，"点茶"一章尤为突出，论述深刻，从这方面我们也可以看出宋代时期我国茶叶的发展已经达到一个较高的水平，对后世研究宋代的茶道提供了宝贵资料。

▶图说

《大观茶论》是宋徽宗赵佶的著作。他虽身为亡国之君，却在书画、茶学上造诣颇深。

039《宣和北苑贡茶录》是一部什么样的论茶之作?

《宣和北苑贡茶录》是宋代熊蕃所著，作者根据自己的所见所闻而撰写此书，该书完成于宋宣和三年到七年，后有清朝汪继壕为此书做按语。

全书正文大约有 1800 多字，图 38 幅，旧注大约1000 字，汪继壕按语约 2000 字。该书详尽记述了建茶沿革和贡茶的种类，并且有图可辨，可以清楚地了解当时贡茶的品种形制，而且注释和汪继壕的按语也是博采群书，便于考证，是研究宋代茶业的重要文献。

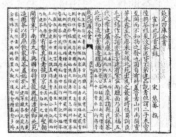

▶图说

书中对当时北苑贡茶采制、品质的介绍全面而详细，对后人的研究意义非凡。

040 为什么说《茶具图赞》是我国第一部茶具专著?

《茶具图赞》是宋朝申安老人的著作，书中主要介绍了十二种宋代的茶具图，并在每幅图的后面都加上了赞语，因此书名为茶具图赞，这也是我国第一部关于茶具的专著，以往的茶书中只是将茶具列为一部分，这部书单单研究茶具，写得很精细。

盒中内藏三只形状各异的杯碗。

盒盖表面浑厚、典雅的花纹。

图说

耀州窑青釉剔花瓷盒（宋代）。

书中的茶具有韦鸿胪、木待制、金法曹、石转运、胡员外、罗枢密、宗从事、漆雕秘阁、陶宝文、汤提点、竺副帅、司职方，分别是现代的茶炉、茶锤、茶压、石磨、茶匙、茶筛、茶刷、茶盘、茶杯、茶壶、刮水器、茶巾。其中茶锤、石磨、茶筛等是宋代制造团茶的专用器具，到明朝时这些器具已经没有了。

041 为什么说《茶谱》是我国明代茶书较有特色的一部?

《茶谱》一书是明代朱权所著，是明代比较有特色的一部茶典，也是研究明代茶业的重要文献。朱权，明太祖朱元璋的十七子，号涵虚子、丹丘先生，谥号宁献王。全书共分十六章节，分别是序、品茶、收茶、点茶、茶炉、茶灶、茶磨、茶碾、茶罗、茶架、茶匙、茶筅、茶瓯、茶瓶、煎汤法、品水。书中记述详尽，内容丰富，涉及茶的很多方面，是一部参考价值很高的书，对后人的研究也有较大的影响。

图说

《茶谱》中首次提出茶乃君子修身养性之物的见解。

042 为什么说《煮泉小品》是品茶用水专著?

《煮泉小品》是明代田艺蘅所著。田艺蘅号上品下山，著有《大明同文集》《田子艺集》《留青日记》等。《煮泉小品》一书撰写于嘉靖三十三年，主要的版本有：宝颜堂秘籍本、茶书全集本、说郛续本、四库全书本。该书共分十个部分，记述考据都很齐全。该书不仅承袭了历代前人的精华，更通过亲身实地考察验证，结合自己的心得重新论述，有着非常高的参考价值。

图说

古人对品茶用水格外讲究，《煮泉小品》是我国茶文化史中的又一个专论水品之作。

043《茶寮记》是一部怎样的品茶专著?

　　《茶寮记》一书仅有大约 500 字，在《四库全书》中存目。主要的刊本有茶书全集本、宝颜堂秘籍本、夷门广牍本、说郛续本、古今图书集成本、丛书集成本。

　　该书在正文前有一篇引言，正文有七则，称为"煎茶七类"。全书分为人品、品泉、烹点、尝茶、茶候、茶侣、茶勋七则。每则都只有寥寥数语，对茶的鉴赏、烹制等内容涉及都不多，只是点到为止，并不能起到实际的作用，也没有进行深入的研究。

● 图说

《茶寮记》作者文笔洒脱，专业性内容点到即止，后人猜测，此书可能只是作者忽起兴致而写，而非研究茶艺。

044 为什么说《茶疏》是明代具有代表性的茶书之一?

　　《茶疏》是明代许次纾所著，许次纾极其喜欢品茶，喜好茶的鉴赏，又得到吴兴姚、绍宪的指导，对茶理的研究很深。此书在《四库全书总目提要》中有存目，全书共约 4700 字，书中分 39 则，主要涉及茶品、采制、储藏、烹点等多个方面，在烹茶、品鉴方面也有着较为详细的评述，是明代具有代表性的茶书之一，是后人研究明代茶史的重要依据。《茶疏》对于明代初始的炒青技术有着最早的记录。

● 图说

明代炒青绿茶加工揉捻工艺以冷揉为主，可保持色泽与香气。

045 为什么说《阳羡茗壶系》是我国历史上第一部关于宜兴紫砂壶的专著?

　　《阳羡茗壶系》是明代著名学者周高起所著，其喜欢饮茶，对宜兴紫砂有着很深的研究。他将自己所见和以往传说的关于紫砂的工艺、制作家和相关事迹记录了下来，汇集成籍。该书分为"创始、正始、名家、雅流、神品、别派"等章节，论述了紫砂壶制作工艺的发展历程，各个制壶名家的生平、风格、流传器具等，是明代著名的研究紫砂壶的著作，也是我国历史上第一本关于紫砂壶的专著。

● 图说

紫砂壶是古今人们品茶论道的首选器具，而江苏宜兴出产的紫砂壶更是其中的极品。

046《茶解》是一部怎样的论茶专著？

《茶解》是明朝人罗廪所著，其自幼生长在茶乡，从小就深受茶文化的熏陶，喜爱茶艺。他生活的年代，政治腐败，社会黑暗，而他对现实不满，于是隐入山中，专心研究茶艺。他开辟了茶园，种植茶树，制造茶叶，鉴赏茶品，过着清心寡欲的生活，经过十年的时间，他以自己的亲身经历，再总结前人的经验，终于写成了《茶解》一书。

《茶解》一书，对茶文化的传播与研究都有着很重要的作用，对后世的影响也很大，是众多茶典中的一部重要著作。

▲图说

《茶解》的出世完全取决于个人脱离尘嚣之外的另一番实践与体悟。

047《茶史》是一部什么样的著作？

《茶史》是清代刘源长所著，是清代著名的关于茶的代表作品。全书共两卷，30个子目，上卷主要罗列茶的渊源、名品、采制、储藏以及历代名人雅士对茶学的论述与评鉴；下卷则主要记述了茶品鉴过程中所需了解的众多常识与古今名家的谏言，如选水、择器、茶事、茶咏等。

书中竭尽其能汇总了大量有关茶学方方面面的内容，对后人的研究起到一定的指导、推动作用，但由于过于繁杂而略显混乱。

书中卷端自称"八十翁"，后人揣测实为暮年借以寄意汇编而成。

048 茶人指什么？

"茶人"一词，历史上最早出现于唐代，单指从事茶叶采制生产的人，后来也将从事茶叶贸易和科研的人统称为茶人。

现代茶人分为三个类型：①专业从事茶叶生产和研究的人。包括种植、采制、检验、生产、流通、科研等人员。②和茶业相关的人。包括茶叶器具的研制、茶叶医疗保健、茶文化宣传、茶艺表演者等。③爱茶的人。包括喜爱饮茶的人、喜爱茶叶的人等。

图说

古往今来的很多茶人，他们或精于茶学，或专于制茶，或单喜爱饮茶，为茶文化的发展提供着源源不断的动力。

049 为什么称陆羽为茶圣?

　　根据陆羽所作的《陆文学自传》,陆羽生于唐代复州竟陵(今湖北天门),因相貌丑陋而成为弃儿,后被当地龙盖寺和尚积公禅师收养。在龙盖寺学文识字、诵经煮茶为其以后的成长打下了良好的基础。由于不愿削发为僧皈依佛门,陆羽12岁时逃出龙盖寺,开始漂泊不定的生涯。后来在竟陵司马崔国辅的支持下,年仅21岁的陆羽开始历时五年考察茶叶的游历。

　　经义阳、襄阳,往南漳,入巫山,一路风餐露宿,陆羽实地考察了茶叶产地32州。每到一处都与当地村叟讨论茶事,详细记录,之后隐居在苕溪,根据自己所获资料和多年论证所得从事对茶的研究。历时十几年,终于完成了世界上第一部关于茶的研究著作《茶经》,此时他已经47岁。

　　在我国古代封建社会,研究经书典籍通常被认为是儒家士人正途,而像茶学、茶艺这类学问通常被认为是难入正统的“杂学”。陆羽的伟大之处就在于他悉心钻研儒家学说,又不拘泥于此,将艺术溶于“茶”中,开中国茶文化之风气,也为中国茶业提供了完整的科学依据。陆羽逝世后,后人尊其为“茶神”“茶圣”。

身着简朴的粗麻衣衫。

常独行于山野或农家,品茶鉴水。

痴迷于茶的气、味、声、韵、境之间。

> **图说**
> 生性淡泊的陆羽不求功名利禄,将毕生精力倾注于茶中,后人称之为“楚狂接舆”。

050 为什么称皎然为诗僧?

　　皎然,字清昼,唐代著名诗僧。皎然博学多识,诗文清新秀丽,其不仅是一个僧人、诗人,还写下很多茶诗。他和陆羽是忘年之交,两人时常一起探讨茶艺,他所提倡的“以茶代酒”风气,对唐代及后世的茶文化有很大的影响。皎然喜爱品茶,也喜欢研究茶,在《顾渚行寄裴方舟》一诗中,详细地记录了茶树的生长环境、采收季节和方法、茶叶的品质等,是研究当时湖州茶事的重要资料。

寄情于茶,诗含茶意。

蕴茶于笔,佳篇迭出。

> **图说**
> 皎然的诗清新脱俗,有着鲜明的艺术风格,对唐代中晚期的咏茶诗歌影响颇深。

051 为什么白居易自称为"别茶人"?

白居易,字乐天,号香山居士,唐代著名的现实主义诗人。白居易一生嗜茶,对茶很偏爱,几乎从早到晚茶不离口。他在诗中不仅提到早茶、中茶、晚茶,还有饭后茶、寝后茶,是个精通茶道、鉴别茶叶的行家。白居易喜欢茶,他用茶来修身养性,交朋会友,以茶抒情,以茶施礼。从他的诗中可以看出,他品尝过很多茶,但是最喜欢的是四川蒙顶茶。

他的别号"别茶人",是在《谢李六郎中寄新蜀茶》一诗中提到的,诗中说:"故情周匝向交亲,新茗分张及病身;红纸一封书后信,绿芽十片火前春;汤添勺水煎鱼眼,末下刀圭搅曲尘;不寄他人先寄我,应缘我是别茶人。"

白居易嗜好诗、酒、茶、琴,曾作《谢李六郎中寄新蜀茶》送友,以表感激之情。

 图说

生于乱世的白居易常以茶来宣泄郁闷,在诗中"从心到百骸,无一不自由""虽被世间笑,终无身外忧",茶所带来的无尽妙处也是他爱茶的原因之一。

052 卢仝与茶有什么关系?

卢仝,唐代诗人,他写的诗浪漫唯美。卢仝喜好品茶,他著的《走笔谢孟谏议寄新茶》诗,传唱千年,脍炙人口,尤其是"七碗茶歌"之吟:"一碗喉吻润,二碗破孤闷。三碗搜枯肠,惟有文字五千卷。四碗发轻汗,平生不平事,尽向毛孔散。五碗肌骨清。六碗通仙灵。七碗吃不得也,唯觉两腋习习清风生。"他的"七碗茶歌"不仅在国内广泛流传,而且在日本也广为传颂,并演变为茶道:"喉吻润、破孤闷、搜枯肠、发轻汗、肌骨清、通仙灵、清风生"。日本人对卢仝十分崇敬,经常把他和"茶圣"陆羽相提并论。

卢仝著有《茶谱》,被世人尊称为"茶仙"。

喝到第七碗茶时,感到两腋生风、飘飘欲仙。

在饮茶的前六个不同阶段,各有不同的感受与功效。

图说

卢仝的"七碗茶歌"对后世影响颇大,许多人在品茶时,都会吟道:"何须魏帝一丸药,且尽卢仝七碗茶。"

053 欧阳修做过哪些与茶有关的作品？

欧阳修的一生，在官场上有四十一年，期间起伏跌宕，但是他始终坚守自己的情操，就像好茶的品格一样。在晚年他曾写道：吾年向老世味薄，所好未衰惟饮茶。从中可以看出，他对官场沉浮的感叹，也表达了自己嗜茶的爱好。

欧阳修写茶的诗并不是很多，但却都很精彩。他还为蔡襄的《茶录》做了序。他喜欢双井茶，因此做了一首《双井茶》的诗，诗中描写了双井茶的特点以及茶和人品的关系。此诗为：西江水清江石老，石上生茶如凤爪。穷腊不寒春气早，双井茅生先百草。白毛囊以红碧纱，十斤茶养一两芽。宝云日铸非不精，争新弃旧世人情。君不见，建溪龙凤团，不改旧时香味色。

欧阳修和北宋诗人梅尧臣有着很深的友谊，经常在一起品著作对，欧阳修做了一首《尝新茶呈圣喻》送给梅尧臣，诗中赞美了建安龙凤团茶，从诗中可以看出，欧阳修认为品茶需要水甘、器洁、天气好，而且客人也要志同道合，这才是品茶的最高境界。

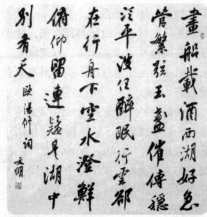

🔴图说

《采桑子·画船载酒西湖好》为欧阳修所作，他是北宋著名政治家、文学家，唐宋八大家之一。

054 蔡襄对茶业有什么贡献？

蔡襄，字君谟，是宋代的著名书法家，被世人评为行书第一，小楷第二，草书第三，和苏轼、黄庭坚、米芾共称为"宋四家"。他是宋代茶史上一个重要的人物，著有《茶录》一书，该书自成一个完整体系，是研究宋代茶史的重要依据。

龙凤茶原本为一斤八饼，蔡襄任福建转运使后，改造为小团，即一斤二十饼，名为"上品龙茶"，这种茶很珍贵，欧阳修曾对它有很详细的叙述，这是蔡襄对茶业的伟大贡献之一。在当时，小龙凤茶是朝廷的珍品，很多朝廷大臣和后宫嫔妃也只能观其形貌，而不能亲口品尝，可见其珍贵性。

《渑水燕谈录》曾评说："一斤二十饼，可谓上品龙茶。仁宗尤所珍惜。"

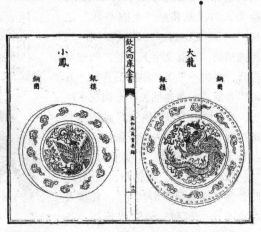

🔴图说

龙凤茶是宋代最著名的茶，有"始于丁谓，成于蔡襄"的说法。

055 东坡居士为什么嗜茶?

在苏轼的日常生活中,茶是必不可少的东西,在一天中无论做什么事都要有茶相伴。在苏轼的诗中有很多关于茶的内容,这些流传下来的佳作脍炙人口,从中也可以看出他对茶的喜爱。

他在《留别金山宝觉圆通二长老》一诗中写道"沐罢巾冠快晚凉,睡余齿颊带茶香",这是说睡前要喝茶;在《越州张中舍寿乐堂》一诗中有"春浓睡足午窗明,想见新茶如泼乳",说的是午睡起来要喝茶;在《次韵僧潜见赠》中提到"簿书鞭扑昼填委,煮茗烧栗宜宵征",这是说在挑灯夜战时要饮茶。当然,在平日的填诗作文时茶更是少不得。

苏轼虽然官运不顺畅,可是因为数次被贬,到过的地方也很多,在这些地方,他总是寻访当地的名茶,品茗作诗。苏轼在徐州当太守时,有次夏日外出,因天气炎热,想喝茶解渴解馋,于是就向路旁的农家讨茶,因此写了《浣溪沙》一词:"酒困路长惟欲睡,日高人渴漫思茶,敲门试问野人家",词中记录的就是当时想茶解渴的情景。

▲图说

饮茶过程中所追求的自然、恬淡意境极符合苏轼的脾性,弥漫的茶香总是能冲淡阴霾,激起万丈的豪情。

056 黄庭坚为什么把茶比作故人?

黄庭坚(1045—1105)是北宋洪州分宁人(今江西修水),中国历史上著名的文学家、书法家,与苏轼、米芾和蔡襄并称书坛上的"宋四家"。除了爱好书法艺术,黄庭坚还嗜茶,年少时就以"分宁一茶客"而名闻乡里。

黄庭坚40岁时,曾作一篇以戒酒戒肉为内容的《发愿文》,文曰:"今日对佛发大誓,愿从今日尽未来也,不复淫欲,饮酒,食肉。设复为之,当堕地狱,为一切众生代受头苦。"此后20年,黄庭坚基本上依自己誓言而行,留下了一段以茶代酒的茶人佳话。

除了饮茶,黄庭坚还是一位弘扬茶文化的诗人,涉及摘茶、碾茶、煎水、烹茶、品赏及咏赞茶功的诗和词比比皆是,现今尚有十首流传于世的茶诗,如赠送给苏东坡的《双井茶送子瞻》。双井茶从此受到朝野大夫和文人的青睐,最后还被列入朝廷贡茶,奉为极品,盛极一时。

黄庭坚书法气势磅礴,被后人所敬仰、效仿。

▲图说

早年嗜酒和茶,后因病而戒酒,唯有借茶以怡情,故称茶为故人。

057 为什么宋徽宗擅长茶艺？

宋徽宗，即赵佶，是宋神宗的十一子。赵佶在位期间，政治腐朽黑暗，可以说他根本就没有治国才能，但是他却是精通音律、书画，对茶艺的研究也很深。他写有《大观茶论》一书，这是中国茶业历史上唯一一本由皇帝撰写的茶典。

他的《大观茶论》，内容丰富，见解独到，从书中可以看出北宋的茶业发达程度和制茶技术的发展状况，是研究宋代茶史的重要资料。《大观茶论》中，还记录了当时的贡茶和斗茶活动，对斗茶的描述很详尽，可以从中看出宋代皇室对斗茶很热衷，这也是宋代茶文化的重要特征。

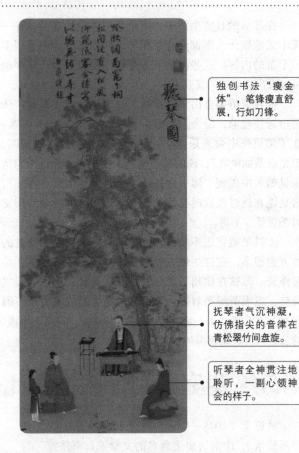

独创书法"瘦金体"，笔锋瘦直舒展，行如刀锋。

抚琴者气沉神凝，仿佛指尖的音律在青松翠竹间盘旋。

听琴者全神贯注地聆听，一副心领神会的样子。

图说

《听琴图》，赵佶，北京故宫博物院藏。宋徽宗沉湎享乐，有着极高的艺术造诣，乐律、书画无所不精，常设茶宴赐待群臣。

058 为什么说陆游嗜茶是生活和创作的需要？

陆游，字务观，号放翁，宋代爱国诗人。他是一位嗜茶诗人，和范成大、杨万里、尤袤并称为"南宋诗词四大家"。他的诗词中有关茶的诗词多达320首，是历史上写茶诗词最多的诗人之一。

陆游生于茶乡，出任茶官，晚年又隐居茶乡，他的一生都和茶息息相关，他的茶诗词，被认为是陆羽《茶经》的序，可见他对茶的喜爱和研究都是很深厚的。在日常生活中，陆游喜欢亲自煮茶，他的诗文中，也有很多记录煮茶心情的诗句，比如"归来何事添幽致，小灶灯前自煮茶"等。

图说

茶韵中的风雅、苦节不仅与陆游脾性相似，更是他创作诗词的源泉。

059 为什么说朱熹现存于世的茶诗颇有意味?

淳熙十年，朱熹在武夷山兴建武夷精舍，开门收徒，传道授业。此处也是他朋友聚会的场所，他和朋友在这里斗茶品茗，吟诗作对，以茶会友，以茶论道。

据说，在武夷山居住时期，朱熹还亲自去茶园采茶，并自得其乐。《茶坂》一诗中说道：携籝北岭西，采撷供名饮。一啜夜心寒，羝跌谢蠹影。还有一首咏武夷茶的《春谷》，内容为：武夷高处是蓬莱，采取灵芽余自栽。地僻芳菲镇长在，谷寒蜂蝶未全来。红裳似欲留人醉，锦幛何妨为客开。咀罢醒心何处所，近山重叠翠成堆。

图说

朱熹，是中国继孔子之后最伟大的儒学思想代表人物，宋代著名理学家、教育家、诗人，更是一位嗜茶爱茶的智者。

060 朱权饮茶有什么新主张?

朱权，明太祖朱元璋的十六子，封宁王，对茶道颇有研究，著有《茶谱》一书。

他在《茶谱》中写道："盖羽多尚奇古，制之为末，以膏为饼。至仁宗时，而立龙团、凤团、月团之名，杂以诸香，饰以金彩，不无夺其真味。然天地生物，各遂其性，莫若叶茶。烹而啜之，以遂其自然之性也。予故取烹茶之法，末茶之具，崇新改易，自成一家。"从这段话中可以看出他对饮茶的独到见解，而从他之后，茶的饮法逐渐变成现今直接用沸水冲泡的简易形式。

他还明确指出了茶的作用：助诗兴、伏睡魔、倍清淡、中利大肠、去积热、化痰下气、解酒消食、除烦去腻等。他认为饮茶的最高境界就是："会泉石之间，或处于松竹之下，或对皓月清风，或坐明窗静牖，乃与客清淡款语，探虚立而参造化，清心神而出神表。"

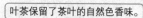

叶茶保留了茶叶的自然色香味。

图说

朱权改革了传统的品饮方式和茶具，提倡从简形式，开创了清饮的风气，形成一套简便新颖的饮茶法。

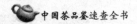
061 为什么郑板桥的作品中与茶有关的内容甚多?

郑板桥,清代著名书画家,精通诗、书、画,号称三绝,是"扬州八怪"之一。书画作品擅以竹兰石为题,将茶情与创作之趣、人生之趣融为一体,雅俗共赏,率真、洒脱,为后人称道。

郑板桥一生爱茶,无论走到哪里,都要品尝当地的好茶,也会留下茶联、茶文、茶诗等做凭。在四川青城山天师洞,有郑板桥所作的一副楹联:"扫来竹叶烹茶叶,劈碎松根煮菜根。"他40多岁时,到仪征江村故地重游,在家书中写道:"此时坐水阁上,烹龙凤茶,烧夹剪香,令友人吹笛,作《梅花落》一弄,真是人间仙境也。"从这些诗作中可以看出他对茶的喜爱。

▶图说

"墨兰数枝宣德纸,苦茗一杯成化窑。"正是郑板桥对恬淡人生情怀不懈追求的真实写照。

062 为什么说曹雪芹的《红楼梦》是我国古代小说的写茶典范?

中国古典文学名著《红楼梦》不愧是一部百科全书,其中涉及的茶事就有260多处,出现"茶"字四五百次,涉及龙井茶、普洱茶、君山银针、六安茶、老君眉等名茶,众多茶俗不仅反映了贡茶在清代上层社会的广泛性,也体现出作者曹雪芹对茶事、茶文化的深刻理解。正所谓一部《红楼梦》,满纸茶叶香。

▶图说

出身名门世家的曹雪芹曾亲历家族在统治阶级的内部斗争中沦落。

063 为什么精通品茗鉴水之道的乾隆每次出行必带玉泉水?

中国历代皇帝中,恐怕很少有人像清代的乾隆那样喜茶好饮,为茶取名字,吟诗,作文,还自创了评鉴饮茶用水的方法。乾隆曾六次南巡至杭州,遍访各地名泉佳茗,对茶叶采制、烹煮都有着独到的心得体验。乾隆曾用自己的方法亲自鉴定各地名泉的水品,通过特制的银斗量水质的轻重来分上下。他认为水质轻的品质最好,并得出结论,北京海淀镇西面的玉泉水为第一,因此乾隆每次出行,必带玉泉水随行。

▶图说

乾隆是中国历代皇帝中的长寿皇帝之一,自称"十全老人"。

第三章

茶叶的种类

　　茶家族的成员众多，产地、原料与工艺制法使她们身姿各异而又韵味迥然，人们很难想象，这些杯中起舞的精灵，不仅有着外在视觉、味觉交织的瑰丽与奇妙，更有着深邃的城府与浓郁的文化内涵。本章将带你遍赏茶家族每一个成员的脾性与特点，结识历史上茶家族的皇室名流与现今生活中的茶之新贵。

064 什么是绿茶？

　　绿茶，又称不发酵茶，是以适宜茶树的新梢为原料，经过杀青、揉捻、干燥等典型工艺制成的茶叶。由于干茶的色泽和冲泡后的茶汤、叶底均以绿色为主调，因此称为绿茶。

　　绿茶是历史上最早的茶类，古代人类采集野生茶树芽叶晒干收藏，可以看作是绿茶加工的发始，距今至少有三千多年。绿茶为我国产量最大的茶类，产区分布于各产茶区。其中以浙江、安徽、江西三省产量最高，质量最优，是我国绿茶生产的主要基地。中国绿茶中，名品最多，如西湖龙井、洞庭碧螺春、黄山毛峰、信阳毛尖等。

嫩绿的叶芽。

汤色清雅。

图说

绿茶较多地保留了鲜叶内的天然物质，茶多酚、咖啡碱保留了鲜叶的85%以上，叶绿素保留了50%左右。

065 什么是炒青绿茶？

　　我国茶叶生产，以绿茶为最早。自唐代我国便采用蒸气杀青的方法制造团茶，到了宋代又进而改为蒸青散茶。到了明代，我国又发明了炒青制法，此后便逐渐淘汰了蒸青。

　　绿茶加工过程是：鲜叶→杀青→揉捻→干燥。干燥的方法有很多，用烘干机或烘笼烘干，有的用锅炒干，有的用滚桶炒干。炒青绿茶，因干燥方式采用"炒干"的方法而得名。

　　由于在干燥过程中受到作用力的不同，成茶形成了长条形、圆珠形、扇平形、针形、螺形等不同的形状，分别称为长炒青、圆炒青、扁炒青等。长炒青形似眉毛，又称为眉茶，条索紧结，色泽绿润，香高持久，滋味浓郁，汤色、叶底黄亮；圆炒青形如颗粒，又称为珠茶，具有圆紧如珠、香高味浓、耐泡等品质特点；扁炒青又称为扁形茶，具有扁平光滑、香鲜味醇的特点。

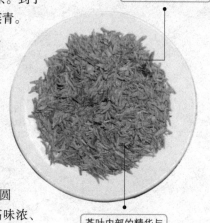

手工揉搓、捻压使其外观呈扁形。

茶叶内部的精华与香气得以保留。

图说

极品西湖龙井，外形上扁平光滑，苗锋尖削，色泽嫩绿，随着茶品级别的下降，外形色泽有着由嫩绿→青绿→墨绿的细微变化。

066 什么是烘青绿茶?

烘青绿茶,因其干燥是采取烘干的方式,因此得名。烘青绿茶,又称为茶坯,主要用于窨制各类花茶,如茉莉花、白兰花、代代花、珠兰花、金银花、槐花等。

烘青绿茶产区分布较广,产量仅次于眉茶。以安徽、浙江、福建三省产量较多,其他产茶省也有少量生产。烘青绿茶除了用于花茶之外,在市场上也有素烘青销售。素烘青的特点是外形完整、稍弯曲,锋苗显露,翠绿鲜嫩;香清味醇,有烘烤之味;其汤色叶底,黄绿清亮。烘青工艺是为提香所为,适宜鲜饮,不宜长期存放。

067 什么是蒸青绿茶?

蒸青绿茶是我国古人最早发明的一种茶类。据陆羽在《茶经》中记载,其制法为:"晴,采之,蒸之,捣之,拍之,焙之,穿之,封之,茶之干矣。"即,将采来的新鲜茶叶,经过蒸青软化后,揉捻、干燥、碾压、造型而成。蒸青绿茶的香气较闷,且带青气,涩味也较重,不如炒青绿茶鲜爽。南宋时期佛家茶仪中所使用的"抹茶",即是蒸青的一种。

068 什么是晒青绿茶?

晒青绿茶是指在制作过程中干燥方式采用日光晒干的绿茶。晒茶的方式起源于三千多年前,由于太阳晒的温度较低,时间较长,因此较多地保留了鲜叶的天然物质,制出的茶叶滋味浓重,且带有一股日晒特有的味道。

条索粗壮肥硕,香味醇厚,耐冲泡。

图说

晒青绿茶是制紧压茶的原料,如砖茶、沱茶等。

069 什么是红茶?

红茶是在绿茶的基础上经过发酵而成,即以适宜的茶树新芽为原料,经过杀青、揉捻、发酵、干燥等工艺而成。制成的红茶其鲜叶中的茶多酚减少 90% 以上,新生出茶黄素、茶红素以及香气物质等成分,因其干茶的色泽和冲泡的茶汤以红色为主调,故名红茶。

红茶的发源地在我国的福建省武夷山茶区。自 17 世纪起,西方商人成立东印度公司,用茶船将红茶从我国运往世界各地,深受不同国度王室贵族的青睐。红茶是我国第二大出产茶类,出口量占我国茶叶总产量的 50% 左右,销往世界 60 多个国家和地区。

尽管世界上的红茶品种众多,产地很广,但多数红茶品种都是由我国红茶发展而来。世界四大红茶分别为祁门红茶、阿萨姆红茶、大吉岭红茶和锡兰高地红茶。

070 什么是白茶?

白茶是中国六大茶类之一,为福建的特产,主要产区在福鼎、政和、松溪、建阳等地。基本工艺是萎凋、烘焙(或阴干)、拣剔、复火等工序。白茶的制法既不破坏酶的活性,又不促进氧化作用,因此具有外形芽毫完整、满身披毫、毫香清鲜、汤色黄绿清澈、滋味清淡回甘的品质特点。它属于轻微发酵茶,是我国茶类中的特殊珍品,因其成品茶多为芽头,满披白毫,如银似雪而得名。

白茶因茶树品种、鲜叶采摘的标准不同,可分为叶茶(如白牡丹、新白茶、贡眉、寿眉)和芽茶(如白毫银针)。其中,白牡丹是采自大白茶树或水仙种的短小芽叶新梢的一芽一二叶制成的。

白毫密披,
色白如银。

外形粗壮,
挺直如针。

图说
白毫银针是采自大白茶树的肥芽制成,制作工艺虽简单,但对细节要求极高。

图说
白毫银针是白茶中最名贵的品种,其香气清新,汤色杏黄,滋味鲜爽。

071 什么是黄茶?

　　人们在炒青绿茶的过程中发现，由于杀青、揉捻后干燥不足或不及时，叶色会发生变黄的现象，黄茶的制法也就由此而来。

　　黄茶属于发酵茶类，其杀青、揉捻、干燥等工序与绿茶制法相似，关键差别就在于闷黄的工序。大致做法是，将杀青和揉捻后的茶叶用纸包好，或堆积后以湿布盖之，促使茶坯在水热作用下进行非酶性的自动氧化，形成黄色。按采摘芽叶范围与老嫩程度的差别，黄茶可分为黄芽茶、黄小茶和黄大茶三类。

"黄叶黄汤"是黄茶显著的特点。

细致匀齐

黄茶在发酵过程中，会产生大量的消化酶，对人体的脾胃功能大有好处。

采摘单芽或一芽一叶加工而成的黄芽茶。

072 什么是乌龙茶?

乌龙茶,又名青茶,属半发酵茶类,基本工艺过程是晒青、晾青、摇青、杀青、揉捻、干燥,以其创始人苏龙(绰号乌龙)而得名。乌龙茶结合了绿茶和红茶的制法,其品质特点是,既具有绿茶的清香和花香,又具有红茶醇厚的滋味。

乌龙茶的主要产地在福建(闽北、闽南)及广东、台湾三个省。名品有铁观音、黄金桂、武夷大红袍、武夷肉桂、冻顶乌龙、闽北水仙、奇兰、本山、毛蟹、梅占、大叶乌龙、凤凰单枞、凤凰水仙、岭头单枞、台湾乌龙等。

香气清雅、滋味醇厚甘鲜。

乌龙茶是中国茶类中具有鲜明特色的品种,由宋代贡茶龙凤饼演变而来,创制于清朝雍正年间。其药理作用表现在分解脂肪、减肥健美等方面。在日本被称为"美容茶""健美茶"。

图说
产自福建安溪的铁观音茶条肥壮卷结、色泽砂绿。

073 什么是黑茶?

作为一种利用菌发酵方式制成的茶叶,黑茶属后发酵茶,基本工艺是杀青、揉捻、渥堆和干燥四道工序。按照产区的不同和工艺上的差别,黑茶可分为湖南黑茶、湖北老青茶、四川边茶和滇桂黑茶。

最早的黑茶是由四川生产的,是绿毛茶经蒸压而成的边销茶,主要运输到西北边区,由于当时交通不便,必须减少茶叶的体积,蒸压成团块。在加工成团块的过程中,要经过二十多天的湿坯堆积,毛茶的色泽由绿变黑。黑茶中以云南的普洱茶最为著名,由它制成的沱茶和砖茶深受蒙藏地区人们的青睐。

图说
黑茶口味浓醇,在我国云南、四川、广西等地广为流行。

由于堆积发酵时间较长,叶片大多呈现暗褐色。

茶叶较为粗老。

074 什么是普洱茶?

普洱茶,是采用绿茶或黑茶经蒸压而成的各种云南紧压茶的总称,包括沱茶、饼茶、方茶、紧茶等。产普洱茶的植株又名野茶树,在云南南部和海南均有分布,自古以来即在云南省普洱县一带集散,因而得名。

普洱茶的分类,从加工程序上,可分为直接加工为成品的生普和经过人工速成发酵后再加工而成的熟普;从形制上,又分散茶和紧压茶两类。由于云南常年适宜的气温及高地土壤养分富裕,故使得普洱茶的营养价值颇高,被国内及海外侨胞当作养生滋补珍品。

滋味醇厚回甘,具有独特的陈香味儿。

图说
普洱茶可暖胃养气、解腻消脂,有着"茶中之茶"的赞誉。

图说
古时普洱茶饼常被制成南瓜形状,作为清朝皇室的贡品运往京城。

075 什么是六堡茶?

六堡茶,是指原产于广西苍梧县六堡乡的黑茶,后发展到广西二十余县,产地制茶历史可追溯到一千五百多年前,清嘉庆年间就已被列为全国名茶。

人们白天摘取茶叶,放于篮篓中,晚上置于锅中炒至极软,等到茶叶内含黏液、略起胶时,即提取出来,趁其未冷,用器搓揉,搓之愈熟,则叶愈收缩而细小,再用微火焙干,待叶色转为黑色即成。六堡茶的品质要陈,存放越久品质越佳,凉置陈化是制作六堡茶过程中的重要环节。为了便于存放,六堡茶通常压制加工成圆柱状,也有的制成块状、砖状,还有散状的。

六堡茶以"红、浓、陈、醇"四绝著称——
红:茶汤色泽红艳明净;
浓:茶黄素、茶红素等有色物质浓厚,色如琥珀;
陈:品质愈陈愈佳;
醇:滋味浓醇甘和,有特殊的槟榔香气。

076 什么是花茶?

花茶,又称熏花茶、香花茶、香片,是中国特有的香型茶。花茶始于南宋,已有千余年的历史,最早出现在福州。它是利用茶叶善于吸收异味的特点,将有香味的鲜花和新茶一起闷,待茶将香味吸收后再把干花筛除,花茶乃成。

明代顾元庆在《茶谱》一书中详细记载了窨制花茶的方法:"诸花开时,摘其半含半放之香气全者,量茶叶多少,摘花为茶。花多则太香,而脱茶韵;花少则不香,而不尽美。"

最常见的花茶是茉莉花茶,根据茶叶中所用的鲜花不同,还有玉兰花茶、桂花茶、珠兰花茶、玳玳花茶等。普通花茶都是用绿茶作为茶坯,也有用红茶或乌龙茶制作的。

077 什么是紧压茶?

紧压茶,是以黑毛茶、老青茶、做庄茶等原料,经过渥堆、蒸、压等典型工艺过程加工而成的砖形或块状的茶叶。

紧压茶生产历史悠久,其蒸压方法与古代蒸青饼茶的制法相似。大约于 11 世纪前后,四川的茶商即将绿毛茶蒸压成饼,运销西北等地。到 19 世纪末期,湖南的黑砖茶、湖北的青砖茶相继问世。紧压茶茶味醇厚,有较强的消食除腻功能,还具有较强的防潮性能,便于长途运输和贮藏。

紧压茶一般都是销往蒙藏地区,这些地区牧民多肉食,日常需大量消耗茶。紧压茶喝时需用水煮较长时间,因此茶汤中鞣酸含量高,非常有利于消化,同时会使人体产生饥饿感,因此,喝茶时通常要加入有营养的物质。蒙古人习惯加入奶,叫奶茶;藏族人习惯加入酥油,为酥油茶。

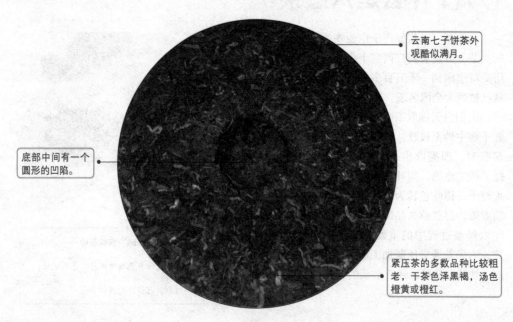

云南七子饼茶外观酷似满月。

底部中间有一个圆形的凹陷。

紧压茶的多数品种比较粗老,干茶色泽黑褐,汤色橙黄或橙红。

078 什么是工艺花茶?

工艺花茶,是采用高山茶树嫩芽和多种天然的干鲜花为原料,经过精心的手工制作而成。其工艺复杂而讲究,外形奇特而繁多,让人在品味茶香的同时,又能欣赏杯中如画的景象,尽享典雅与情趣,且有保健作用。工艺花茶的冲泡特别讲究,要使用高透明度的耐热玻璃壶或玻璃杯。玻璃杯或壶的高度要在 9 厘米以上,直径为 6 ~ 7 厘米,若使用底部为弧形的玻璃容器冲泡更佳。冲泡的开水,要达到沸点,刚烧开的水为佳。

079 什么是砖茶?

砖茶,又称蒸压茶,是紧压茶中很有代表性的一种。它是用各种毛茶经过筛、扇、切、磨等过程,成为半成品,再经过高温汽蒸压成砖形的茶块。砖茶是以优质黑毛茶为原料,其汤如琥珀,独具菌花香,长期饮用砖茶能够帮助消化,促进调节人体新陈代谢,对人体有一定的保健作用。

砖茶的种类很多,有云南产的紧茶、小方砖茶;四川产的康砖茶;湖北产的青砖茶;湖南产的黑砖茶、茯砖茶、花砖茶等。也有用红茶做成的红砖茶,俗称米砖茶。所有的砖茶都是用蒸压的方式成型,但成型方式有所不同。如黑砖、花砖、茯砖、青砖、米砖茶是用机压成型;康砖茶则是用棍锤筑造成型。在茯砖茶的压制技术中,独有汽蒸沤堆工序,还有"发金花"的过程,让金黄色的黄霉菌在上面生长,霉花多者为上品。

●图说

砖茶滋味醇厚,香气纯正,数百年来与奶、肉一起,成为西北各族人民的生活必需品。

080 什么是沱茶?

沱茶是一种制成圆锥窝头状的紧压茶,原产于云南省景谷县,又称"谷茶",通常用黑茶制造。关于沱茶的名字,说法很多。有的说,古时沱茶均销向四川沱江一带,因而得名;也有说法称,沱茶古时称团茶,"沱"音是由"团"音转化而来。

沱茶的历史悠久,早在明代万历年间的《滇略》上已有此茶之记载。清代末叶,云

图说

沱茶从上面看似圆面包,从底下看似厚壁碗,中间下凹,颇具特色。

南茶叶集散市场逐渐转移到交通方便的下关。茶商把团茶改制成碗状的沱茶,经昆明运往重庆、叙府(今宜宾)、成都等地销售,故又称叙府茶。

沱茶的种类,依原料不同可分为绿茶沱茶和黑茶沱茶。绿茶沱茶是以较细嫩的晒青绿毛茶为原料,经蒸压制成;黑茶沱茶是以普洱茶为原料,经蒸压制成。用晒青绿茶压制而成的,又称为"云南沱茶";用普洱散茶压制而成的,又称"云南普洱沱茶"或"普洱沱茶"。云南沱茶,香气馥郁,滋味醇厚,喉味回甘,汤色橙黄明亮;普洱沱茶,外形紧结,色泽褐红,有独特的陈香。

081 什么是萃取茶?

萃取茶,是以成品或半成品茶为原料,用热水萃取茶叶中的可溶物,过滤掉茶渣后取得的茶汁;有的还要经过浓缩、干燥等工序,制成固态或液态茶,统称为萃取茶。萃取茶主要有罐装饮料茶、浓缩茶和速溶茶三种。

罐装饮料茶是用成品茶加一定量的热水提取过滤出茶汤,再加一定量的抗氧化剂(维生素C等),不加糖、香料,然后装罐、封口、灭菌而制成,其浓度约2%,开罐即可饮用。

浓缩茶是用成品茶加一定量的热水提取过滤出茶汤,再进行减压浓缩或反渗透膜浓缩,到一定浓度后装罐灭菌而制成。直接饮用时需加水稀释,也可作罐装饮料茶的原汁。

速溶茶,又称可溶茶,是用成品茶加一定量的热水提取过滤出茶汤,浓缩后加入环糊精,并充入二氧化碳气体,进行喷雾干燥或冷冻干燥后,制成粉末状或颗粒状的速溶茶。加入热水或冷水即可冲饮,十分方便。

082 什么是香料茶?

香料茶，就是指在茶叶中加入天然香料而成的再加工茶。香料茶是从西方传来的，是西方人喜爱的一种茶饮。香料一般用肉桂粉，也可以用小豆蔻、丁香、豆蔻等。

香料茶所选用的茶叶一般用斯里兰卡 BP 茶、锡兰茶、阿萨姆 CTC 茶等，这些茶叶的叶片细小，很适合做香料茶。

肉桂依形状的不同分为条状和粉末状，选择肉桂时，以粉末状为佳，肉桂粉的香气和味道相对来说比较浓，适合煮茶用，而肉桂条则适合做冰肉桂茶。

图说
各种香料是西方人饮食中的常见之物，其中肉桂以具有浓烈而独特香气的越南肉桂为最佳。

肉桂又称玉桂，味甜辛辣，性温，可散寒止痛，补火助阳，暖脾胃，通血脉，杀虫止痢。

083 什么是果味茶?

果味茶，就是指用新鲜水果烘干而成的茶。这种茶依然保有水果的甜蜜风味，喝起来酸中带甜，口味独特。有些果味茶会加入一些烘干的花草茶，做成花果茶。

红莓果、蓝莓果往往会加入一些玫瑰和紫罗兰做成花果茶，苹果、柠檬会单独制作果味茶。果味茶可以根据自己的口味自由搭配，喜欢酸味的，可以多加一些柠檬，喜欢甜味的可以多加一些苹果等，同时也可以在茶中加入白砂糖、蜂蜜等佐料。

图说
苹果营养丰富、滋味甜美，深受人们的喜爱。

图说
将切好的带皮苹果配以少许肉桂，投入清水中煮沸后，加入红茶包即可饮用。

084 什么是保健茶？

保健茶是从西方流行开来的，但西方的保健茶是以草药为原料，不含茶叶成分，只是借用"茶"的名称而已。中国保健茶则不同，是以绿茶、红茶或乌龙茶为主要原料，配以确有疗效的单味或复方中药制成；也有用中药煎汁喷在茶叶上干燥而成；或者药液茶液浓缩后干燥而成。

传统的保健茶主要有三种：①单味茶，即用一味茶或一味药物经冲泡或煎煮后饮用，如绿茶、红茶、乌龙茶、独参茶、枸杞茶等；②茶加药，是既有茶成分又有药物成分的保健茶，经冲泡或煎煮后饮用，如午时茶、川芎茶调散等；③药代茶，是指将药物煎煮或冲泡后代茶饮用，并不含茶成分。

以茶为主。

配有适量中药。

● 图说

保健茶，是一种有保健治疗作用的饮料，既有茶味，又有轻微药味。

085 什么是含茶饮料？

含茶饮料，又叫茶饮料，是用水浸泡茶叶，经抽提、过滤、澄清等工艺制成的茶汤或在茶汤中加入水、糖液、酸味剂、食用香精、果汁或植（谷）物抽提液等调制加工而成的饮品。

从成分上看，茶饮料可分为茶汤饮料、果汁茶饮料、果味茶饮料和其他茶饮料几类。其中茶汤饮料指将茶汤（或浓缩液）直接灌装到容器中的饮品；果汁茶饮料指在茶汤中加入水、原果汁（或浓缩果汁）、糖液、酸味剂等调制而成的饮品，成品中原果汁含量不低于 5.0%（M/V）；果味茶饮料指在茶汤中加入水、食用香精、糖液、酸味剂等调制而成的饮品；其他茶饮料指在茶汤中加入植（谷）物抽提液、糖液、酸味剂等调制而成的制品。

从消费习惯来说，人们往往把茶饮料分为绿茶、红茶、乌龙茶、花茶等几类。从产品的物态来看，茶饮料又可分为液态茶饮料和速溶固体茶饮料两种。在液态的茶饮料中又有加气（一般为二氧化碳）和不加气之分。

混入茶汤、糖等。

冰块使茶温迅速降低。

● 图说

冰茶饮料冰凉、舒爽，在较为炎热的地区尤为盛行。

086 什么是名茶?

名茶,顾名思义,是指在国内甚至国际上有相当知名度的茶叶。名茶的成名原因各有不同,有的是因为优良的茶树品种或精湛的制茶工艺,有的则是因为特殊的文化风格或历代文人的诗词烘托。

现代的名茶,可分为四个方面:①饮用者共同喜爱,认为其与众不同。②历史上的贡茶,流传至今。③国际博览会上的获奖茶叶。④新制名茶全国评比受到好评的。

历史上流传至今的贡茶,有西湖龙井、洞庭碧螺春等;曾经消失在历史中,现在又恢复身份的名茶,有徽州松萝茶、蒙山甘露茶等;近现代新创、受到广泛喜爱的名茶,有婺源茗眉、高桥银峰等。

● 图说

名茶通常具有脍炙人口的品质、独具特色的韵味、闻名海内外的声名或是有着悠久的历史文化底蕴。

087 什么是历史名茶?

中国有数千年的饮茶历史,当茶成为一种日常所需的商品之后,特别是当茶叶成为贡品之后,全国各地的优秀茶种也被渐渐发掘出来。在各个历史朝代不断涌现出一些珍品茶叶,经过时间的沉淀,它们便成了闻名于世的历史名茶。

历史名茶,不但有着卓绝的品质和口味,往往还有着相关的文化背景。比如:产于杭州西湖的西湖龙井,历史上曾分为"狮、龙、云、虎"四个品类,其历史可追溯到唐代,而北宋时龙井茶区已初具规模,苏东坡曾有"白云峰下两旗新,腻绿长鲜谷雨春"的诗句。

武夷岩茶具有绿茶之清香,红茶之甘醇,虽未经窨花,却有浓郁的花香。

产于闽北名山武夷山的武夷岩茶,茶树生长在岩缝之中,是中国乌龙茶中之极品。18世纪传入欧洲后,备受喜爱,曾有"百病之药"的美誉。而据史料记载,唐代民间就已将其作为馈赠佳品;宋、元时被列为"贡品"茶叶;元时还在武夷山设立了"御茶园"。

西湖龙井以"色绿、香郁、味醇、形美"四绝著称于世。

总之,中国的历史名茶不仅有着悠久的文化背景,更是经过时间考验的茶中珍品。

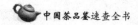
088 唐代的名茶有哪些?

据唐代陆羽的《茶经》和其他历史资料，唐代的名茶共有下列50余种，大多是蒸青团饼茶，少量是散茶。

▶图说

蒸青制法使茶色泽深绿、茶汤浅绿、茶底青绿，唐朝人更注重追求茶所固有的天然青涩之美。

茶 名	产 地	茶 名	产 地
顾渚紫笋 （顾渚茶、紫笋茶）	湖州（浙江长兴）	阳羡茶、紫笋茶 （义兴紫笋）	常州（江苏宜兴）
寿州黄芽（霍山黄芽）	寿州（安徽霍山）	靳门团黄	湖北靳春
蒙顶石花（蒙顶茶）	剑南（四川蒙山顶）	神泉小团	东川（云南东川）
方山露芽（方山生芽）	福州	仙茗	越州泉岭（浙江余姚）
香雨（其香、香山）	夔州（四川奉节）	邕湖含膏	岳州（湖南岳阳）
东白	婺州（浙江东白山）	鸠坑茶	睦州桐庐（浙江淳安）
西山白露	洪州（南昌西山）	仙崖石花	彭州（四川彭县）
绵州松岭	绵州（四川绵阳）	仙人掌茶	荆州（湖北当阳）
夷陵茶	峡州（湖北夷陵）	紫阳茶	陕西紫阳
义阳茶	义阳郡（河南信阳）	六安茶、小岘春	寿州盛唐（安徽六安）
黄冈茶	黄州黄冈（湖北麻城）	天柱茶	寿州霍山（安徽霍山）
雅山茶	宣州宣城（安徽宣城）	天目山茶	杭州天目山
径山茶	杭州（浙江余姚）	歙州茶	歙州（江西婺源）
衡山茶	湖南省衡山	赵坡茶	汉州广汉（四川绵竹）
界桥茶	袁州（江西宜春）	剡溪茶	越州剡县（浙江嵊县）
蜀冈茶	扬州江都	庐山茶	江州庐山（江西庐山）
唐茶	福州	柏岩茶（半岩茶）	福州鼓山
九华英	剑阁以东蜀中地区	昌明茶、兽目茶	四川绵阳

089 宋代的名茶有哪些？

　　宋代茶文化兴盛，根据《宋史·食货志》、《大观茶论》等古籍记载，仅宫殿贡茶就有贡新、试新、白茶、云叶、雪英等40多种；而地方名茶，则达90多种。

　　宋代的茶叶以蒸青团饼茶为主，上至帝王，下至百姓，盛行斗茶。

茶　名	产　地	茶　名	产　地
建安茶（北苑茶）	建州	临江玉津	江西清江
顾渚紫笋	湖州（浙江长兴）	哀州金片（金观音）	江西宜春
日铸茶（日注茶）	浙江绍兴	青凤髓	建安（福建建瓯）
阳羡茶	常州义兴（江苏宜兴）	纳溪梅岭	泸州（四川泸县）
巴东真香	湖北巴东	五果茶	云南昆明
龙芽	安徽六安	普洱茶	云南西双版纳
方山露芽	福州	鸠坑茶	浙江淳安
径山茶	浙江余杭	西庵茶	浙江富阳
天台茶	浙江天台	石笕岭茶	浙江诸暨
天尊岩贡茶	浙江分水（桐庐）	瑞龙茶	浙江绍兴
谢源茶	歙州婺源（江西婺源）	雅安露芽、蒙顶茶	蒙山（四川雅安）
虎丘茶（白云茶）	苏州虎丘山	峨眉白芽茶（雪芽）	四川峨眉山
洞庭山茶	江苏苏州	武克茶	福建武夷山
灵山茶	浙江宁波鄞县	卧龙山茶	越州（浙江绍兴）
沙坪茶	四川青城	修仁茶	修仁（广西荔浦）
邓州茶	四川耶县	龙井茶	浙江杭州
宝云茶	浙江杭州	仙人掌茶	湖北当阳
白云茶（龙湫茗）	浙江雁荡山	紫阳茶	陕西紫阳
月兔茶	四川涪州	信阳茶	河南信阳
花坞茶	越州兰亭（浙江绍兴）	黄岭山茶	浙江临安

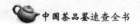

090 元代的名茶有哪些?

　　元代名茶在数量、质量上日趋平淡,根据元代马端临的《文献通考》和其他古文资料,元代的名茶共有 40 多种。

　　元代的茶经济、茶文化都有着较为显著的过渡特征,味香自然、取用方便的散茶开始逐步取代饼茶、团茶的优势地位。

茶　名	产　地	茶　名	产　地
绿英、金片	袁州(江西宜春)	龙井茶	浙江杭州
东首、浅山、薄侧	光州(河南潢川)	武夷茶	福建武夷山
大石枕	江陵(湖北江陵)	阳羡茶	江苏宜兴
双上绿芽、小大方	澧州(湖南澧县)	清口	归州(湖北秭归)
雨前、雨后、杨梅、草子、岳麓	荆湖(湖北武昌至湖南长沙一带)	头金、骨金、次骨、末骨、粗骨	建州(福建建瓯)和剑州(福建南平)
早春、华英、来泉、胜金	歙州(安徽歙县)	独行、灵草、绿芽、片金、金茗	潭州(湖南长沙)

091 明代的名茶有哪些?

　　到了明代,开始废除团茶,昌兴散茶,因此蒸青团茶数量渐少,而蒸青和炒青的散芽茶渐多。根据《茶谱》《茶笺》《茶疏》等古籍记载,明代的名茶共有 50 多种。

茶　名	产　地	茶　名	产　地
蒙顶石花、玉叶长春	剑南(四川蒙山)	顾渚紫笋	湖州(浙江长兴)
碧涧、明月	峡州(湖北宜昌)	火井、思安	邓州(四川邓县)
薄片	渠江(四川达县)	真香	巴东(四川奉节)
柏岩	福州(福建闽侯)	白露	洪州(江西南昌)
阳羡茶	常州(江苏宜兴)	举岩	婺州(浙江金华)
阳坡	了山(安徽宣城)	罗芥	浙江长兴
骑火	龙安(四川龙安)	武夷岩茶	福建武夷山
都儒、高株	黔阳(四川泸州)	云南普洱	云南西双版纳
麦颗、乌嘴	蜀州(四川雅安)	黄山云雾	安徽歙县、黄山
云脚	袁州(江西宜春)	新安松萝	安徽休宁松萝山
绿花、紫英	湖州(浙江吴兴)	余姚瀑布茶	浙江余姚
白芽	洪州(江西南昌)	石埭茶	安徽石台

092 清代的名茶有哪些？

清代继承并发扬了前代茶文化的特色，各类绿茶、乌龙茶、白茶、黄茶、黑茶、红茶中的领军品种异军突起，传承或诞生出不少至今仍弥久不衰的传统名茶，共有 40 多种。

茶 名	产 地	茶 名	产 地	茶 名	产 地
武夷岩茶	福建武夷山	黄山毛峰	安徽黄山	青城山茶	四川灌县
徽州松萝	安徽休宁松萝山	西湖龙井	浙江杭州	蒙顶茶	四川雅安
普洱茶	云南	闽红	福建	峨眉白芽茶	四川峨眉山
祁门红茶	安徽祁门	庐山云雾	江西庐山	务川高树茶	贵州铜仁
婺源绿茶	江西婺源	君山银针	岳阳君山	贵定云雾茶	贵州贵定
洞庭碧螺春	苏州太湖	安溪铁观音	福建安溪	湄潭眉尖茶	贵州湄潭
石亭豆绿	福建南安	苍梧六堡茶	广西苍梧	严州苞茶	浙江建德
敬亭绿雪	安徽宣城	屯溪绿茶	安徽休宁	莫干黄芽	浙江余杭
涌溪火青	安徽泾县	桂平西山茶	广西桂平	富田岩顶	浙江富阳
六安瓜片	安徽六安	南山白毛茶	广西横县	九曲红梅	浙江杭州
太平猴魁	安徽太平	思施玉露	湖北恩施	温州黄汤	浙江平阳
信阳毛尖	河南信阳	天尖	湖南安化	泉岗辉白	浙江嵊县
紫阳毛尖	陕西紫阳	白毫银针	福建政和	鹿苑茶	湖北远安
舒城兰花	安徽舒城	凤凰水仙	广东潮安		
老竹大方	安徽歙县	闽北水仙	福建建阳		

图说

青花压手杯（清康熙）
以十二月份的当令花卉为题，十二件一套。

093 中国十大名茶是哪些茶？

中国的"十大名茶"版本很多，众说纷纭，以 1959 年全国"十大名茶"评选为例，分别是：西湖龙井、洞庭碧螺春、黄山毛峰、庐山云雾、六安瓜片、君山银针、信阳毛尖、武夷岩茶、安溪铁观音、祁门红茶。

其他知名的茶叶也经常上榜各种"十大名茶"的评比榜单，例如，在 1988 年中国首届食品博览会上，还有 1999 年昆明世博会上获奖的名茶除去以上十种之外，还有湖南蒙洱茶、云南普洱茶、冻顶乌龙、歙县茉莉花茶、四川峨眉竹叶青、蒙顶甘露、都匀毛尖、太平猴魁、屯溪绿茶、雨花茶、滇红、金奖惠明茶。

茶 名	类别	产 地
西湖龙井	绿茶	浙江省杭州西湖
洞庭碧螺春	绿茶	江苏省苏州太湖洞庭山
黄山毛峰	绿茶	安徽省歙县
庐山云雾	绿茶	江西省庐山
六安瓜片	绿茶	安徽省六安、金寨、霍山三县
君山银针	黄茶	湖南省岳阳洞庭湖君山
信阳毛尖	绿茶	河南省信阳市
武夷岩茶	乌龙茶	福建省武夷山区
安溪铁观音	乌龙茶	福建省安溪县
祁门红茶	红茶	安徽省祁门县及其周边

094 西湖龙井有什么特点?

西湖龙井,是指产于中国杭州西湖龙井一带的一种炒青绿茶,以"色绿、香郁、味甘、形美"而闻名于世,是中国最著名的绿茶之一。

龙井茶有不同的级别,随着级别的下降,外形色泽嫩绿、青绿、墨绿依次不同,茶身由小到大,茶条由光滑至粗糙,香味由嫩爽转向浓粗,叶底由嫩芽转向对夹叶,色泽嫩黄、青绿、黄褐各异。

在历史上,西湖龙井按产地分为狮、龙、云、虎、梅五个种类:狮,为龙井村狮子峰一带,此处出产的茶又称为狮峰龙井,是西湖龙井中的上品,香气纯,颜色为"糙米色";龙为龙井一带,其中翁家山所产可以媲美狮峰龙井;云为云栖一带,是西湖龙井产量最大的地区;虎为虎跑一带;梅为梅家坞。现在统称为西湖龙井茶。其中,以狮峰龙井为最佳。

根据茶叶采摘时节不同,西湖龙井又可分为明前茶和雨前茶。在气温较冷的年份,会推迟到清明节前后采摘,这类茶被称为清明茶。

嫩芽像莲子的心,也被称为莲心。

▲图说
雨前茶是清明之后、谷雨之前采的嫩芽,也叫二春茶,是西湖龙井的上品。

▲图说
明前茶是指由清明之前采摘的嫩芽炒制的,它是西湖龙井的最上品。

一芽一叶形似旗枪,或一芽两叶形似雀舌。

▲图说
保持干燥、密封、避免阳光直射、杜绝挤压是储藏西湖龙井的最基本要求。

▲图说
西湖龙井汤色嫩绿(黄)明亮;清香或嫩果香;滋味清爽或浓醇;叶底嫩绿、完整。

095 黄山毛峰有什么特点?

黄山毛峰产于安徽黄山,是中国著名的历史名茶,其色、香、味、形俱佳,品质风味独特。1955 年被中国茶叶公司评为全国"十大名茶",1986 年被中国外交部定为"礼品茶"。

黄山毛峰特级茶,在清明至谷雨前采制,以一芽一叶初展为标准,当地称"麻雀嘴稍开"。鲜叶采回后即摊开,并进行拣剔,去除老、茎、杂。毛峰以晴天采制的品质为佳,并要当天杀青、烘焙,将鲜叶制成毛茶(现采现制),然后妥善保存。

特级黄山毛峰的品质特点为"香高、味醇、汤清、色润",条索细扁,形似"雀舌",白毫显露,色似象牙,带有金黄色鱼叶(俗称"茶笋"或"金片",有别于其他毛峰);芽肥壮、匀齐、多毫。冲泡后,清香高长,汤色清澈,滋味鲜浓、醇厚,回味甘甜;汤色清澈明亮;叶底嫩黄肥壮,匀亮成朵。

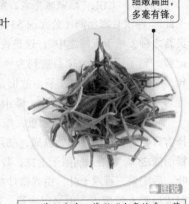

细嫩扁曲,多毫有锋。

图说
黄山毛峰以茶形"白毫披身,芽尖似峰"而得名。

096 碧螺春有什么特点?

洞庭碧螺春,产于江苏苏州太湖的洞庭山碧螺峰上,属于绿茶。碧螺春茶"形美、色艳、香浓、味醇",风格独具,驰名中外。

洞庭山位于碧水荡漾、烟波浩渺的太湖之滨,气候温和,空气清新,云雾弥漫,有着得天独厚的种茶环境,加之采摘精细,做工考究,形成了别具特色的品质特点。碧螺春冲泡后,味鲜生津,清香芬芳,汤绿水澈,叶底细匀嫩。

碧螺春茶从春分开采,至谷雨结束,采摘的茶叶为一芽一叶,一般是清晨采摘,中午前后拣剔质量不好的茶片,下午至晚上炒茶。目前大多仍采用手工方法炒制,杀青、炒揉、搓团焙干,三个工序在同一锅内一气呵成。

碧螺春茶始于明代,原名"吓煞人香",俗称"佛动心"。康熙皇帝南巡至太湖洞庭山,抚臣朱荦购买朱家所产"吓煞人香"茶献上,康熙备加赞赏,但闻其名不雅,遂御赐名"碧螺春",此后地方官年年采办碧螺春进贡。如今,碧螺春属全国十大名茶之一。1954 年,周总理曾携带 1 千克"东山西坞村碧螺春"茶叶赴日内瓦参加国际会议。

条索纤细,卷曲成螺。

图说
碧螺春为人民大会堂指定用茶,常用来招待外宾。

097 蒙顶茶有什么特点?

蒙顶茶,产于横跨四川省名山、雅安两县的蒙山,相传种植于两千年之前,是中国最古老的名茶,被尊为"茶中故旧"。

《尚书》上说:"蔡蒙旅平者,蒙山也,在雅州,凡蜀茶尽出于此。"西汉甘露年间(公元前53年),名山县人吴理真"携灵茗之种,植于五峰之中",这是我国人工种茶最早的文字记载。到了唐代,蒙顶茶被列为"贡茶"。白居易曾有诗句,"琴里知闻唯渌水,茶中故旧是蒙山。"明代陈绛的诗句流传最广,"扬子江心水,蒙山顶上茶。"

古时采制蒙顶茶极为隆重,地方官在清明节之前选择吉日,焚香沐浴,率领僚属,朝拜"仙茶",然后"亲督而摘之"。贡茶采摘限于七株,数量甚微,最初采六百叶,后定采三百六十叶,由寺僧炒制。炒茶时寺僧诵经,制成后贮入银瓶内,再盛以木箱,用黄缣丹印封之,送至京城供皇家祭祀之用,此谓"正贡"茶。

如今,蒙顶茶是蒙山所产各类名茶的统称,以生产甘露为多,称为蒙顶甘露。

蒙顶茶外形紧卷多毫,嫩绿油润。

■图说
蒙顶茶香气馥郁,芬芳鲜嫩;汤色碧清微黄,清澈明亮,有"仙茶"之称,被奉为皇室祭祀用茶。

098 顾渚紫笋有什么特点?

顾渚紫笋,原产于浙江省长兴县水口乡的顾渚山,现在多分布于浙江北部茶区。因其鲜茶芽叶颜色呈微紫色,嫩叶背卷,如同笋壳一般,因此取名紫笋。

顾渚紫笋,早在唐广德年间就以龙团茶进贡,曾被唐代"茶圣"陆羽评为"茶中第一";因其品质优良,曾被选为祭祀宗庙用茶,第一批茶必须在清明之前送至长安,以便祭祀所用,因此这一批贡茶又被称为"急程茶"。到了明洪武八年,顾渚紫笋不再成为贡品,被改制成条形散茶。清代初年,紫笋茶逐渐消亡;直到改革开放后,才得以重现往昔光彩。

紫笋茶的采摘时节,是在每年清明至谷雨期间;采摘标准为一芽一叶或一芽二叶初展。然后,经过摊青、杀青、理条、摊晾、初烘、复烘等工序制成。

成茶冲泡之后,茶汤清澈明亮,色泽翠绿带紫,味道甘鲜清爽,隐隐有兰花香气,沁人心腑,有"青翠芳馨,嗅之醉人,啜之赏心"之赞。

茶芽挺、嫩叶稍长,色泽翠绿,银毫明显。

■图说
极品紫笋,茶叶相抱似笋;上等紫笋,形似兰花。

099 桂平西山茶有什么特点？

桂平西山茶，全国名茶之一，因产于广西省桂平市西山而得其名。西山临近浔江，有乳泉流经茶园，气候温暖湿润，非常适宜茶树的生长。作为绿茶中的名品，桂平西山茶最早现于唐代，到明代时已闻名于江南各地。《当州府志》中说："西山茶，色清绿而味芬芳，不减龙井。"

西山茶要勤采嫩摘，每年从二月底开采，直至十一月，可采茶二十多次；采摘标准为一芽一叶或一芽二叶初展，长度不超过4厘米。芽叶的大小、长短、色泽要均匀一致，保持芽叶的完整和新鲜。

西山茶采用手工炒制，在洁净光滑的铁锅内，采用抖、翻、滚、甩、拉、捺等多种手法。炒制时按原料的老嫩、含水程度、锅温高低的不同而运用不同的手法。

西山成茶冲泡之后，幽香持久，滋味醇厚，回甘鲜爽；汤色碧绿清澈，叶底嫩绿明亮，而且经饮耐泡，若用西山乳泉之水烹饮，效果最佳，饮后心清神爽，口齿留香。

黛绿银尖，茸毫盖锋梢。

● 图说
西山茶条索紧结，纤细匀整，呈龙卷状。

100 南京雨花茶有什么特点？

南京雨花茶因产于南京市郊的雨花台一带而得名。这里属于海拔60米左右的低丘陵区，年均气温15.5℃，无霜期225天，年降水量在900～1000毫米。梅山附近出产的茶，因与梅树间种，吸取梅花之清香，为雨花茶中的上品。

雨花茶创制于1958年，目前还不属于历史名茶。但是，此茶以其优良品质多次荣获省市奖项，被列为全国名茶之一。由于它是绿茶炒青中的珍品，且属于针状春茶，因此与安化松针、恩施玉露一起，被称为"中国三针"。

雨花茶的采摘期极短，通常为清明之前10天左右。采摘标准精细，要求嫩度均匀，长度一致，具体为：半开展的一芽一叶嫩叶，长2.5～3厘米。极品雨花茶全程为手工炒制，经过杀青（高温杀青，嫩叶老杀，老叶嫩杀）、揉捻、整形、干燥后，再涂乌桕油加以手炒，每锅只可炒250克茶。

沸水冲泡后，芽芽直立，上下沉浮，香气清雅，滋味醇厚，回味甘甜，汤色碧绿清澈，叶底嫩匀明亮。

锋苗挺秀，色呈墨绿，形似松针。

● 图说
南京雨花茶的特点是紧、直、绿、匀。

101 太平猴魁有什么特点?

太平猴魁,产于安徽黄山区新明乡猴坑一带的猴村、猴岗、颜家三合村。产地低温多湿,土质肥沃,云雾笼罩,因此茶质优良。据说,"猴魁"原是野生茶,是飞鸟衔来茶子撒播在石缝之中,于是逐渐繁衍生长成林。由于野茶树在黄山东北的山麓之上,四壁陡峭,人所难攀,村民们驯养猴子上峰顶采回茶叶,并经手工精制成猴魁。

太平猴魁茶叶,始创于1900年,属于绿茶类的尖茶,被誉为中国的"尖茶之冠"。1955年,太平猴魁被评为中国十大名茶之一。2004年,在国际茶博会上获得"绿茶茶王"称号。2007年3月,曾作为国礼赠送俄罗斯总统普京。

通常在谷雨前开园采摘,立夏前停采,采摘期为15天左右。分批采摘开面为一芽三四叶,从第二叶茎部折断,一芽二叶(第二叶开面)俗称"尖头",为制猴魁的上好原料。采摘天气一般选择在晴天或阴天午前(雾退之前),午后拣尖。经过杀青、毛烘、足供、复焙四道工序制成。成茶分为三个品级:上品为猴魁,次之为魁尖,再次为尖茶。

该茶冲泡后,汤色清绿透明,滋味鲜爽醇厚,回味甘甜,即使放茶叶过量,也不会出现苦涩之味。

> 叶芽挺直肥实,色泽苍绿,全身毫白。

🔵图说

> 猴魁尖茶的外形奇特,两头尖而不翘,不弯曲、不松散。

102 庐山云雾有什么特点?

庐山云雾,俗称"攒林茶",古称"闻林茶",产于江西庐山,是绿茶类名茶。庐山北临长江,南近鄱阳湖,气候温和,每年近200天云雾缭绕,这种气候为茶树生长提供了良好的条件。

庐山云雾,始产于汉代,已有一千多年的栽种历史。据《庐山志》记载:"东汉时……各寺于白云深处劈岩削谷,栽种茶树,焙制茶叶,名云雾茶。"北宋时,庐山云雾茶曾列为"贡茶"。明代时,庐山云雾开始大面积种植。清代李绂的《六过庐记》中说:"山中皆种茶,循茶径而直下清溪。"1959年,朱德在庐山品尝此茶后,作诗一首:"庐山云雾茶,味浓性泼辣,若得长时饮,延年益寿法。"

采摘云雾茶在清明前后,随着海拔增高,采摘时间相应延迟,采摘标准为一芽一叶。采回茶片后,薄摊于阴凉通风处,保持鲜叶纯净,经过杀青、抖散、揉捻等九道工序制成。

庐山云雾茶汤幽香如兰,饮后回甘香绵,其色如沱茶,却比沱茶清淡,经久耐泡,为绿茶之精品。

> 外形饱满秀丽,茶芽隐露。

🔵图说

> 庐山云雾有"六绝"之名,即"条索粗壮、青翠多毫、汤色明亮、叶嫩匀齐、香高持久、醇厚味甘"。

103 六安瓜片有什么特点？

六安瓜片，又称片茶，是中国十大名茶之一，也是绿茶系列中的一种。主要产于安徽省的六安、金寨、霍山等地，因为在历史上这些地方都属于六安府，故此得名。六安瓜片的产地在大别山北麓，云雾缭绕，气候温和，生态环境优异。产于金寨齐云山一带的茶叶，为瓜片中的极品，冲泡后雾气蒸腾，有"齐山云雾"的美称。

六安产茶，始于秦汉，到明清时期，已经有300多年的贡茶历史。曹雪芹在《红楼梦》中曾有80多处提及。六安瓜片采自当地特有品种，经扳片、剔去嫩芽及茶梗，并将嫩叶、老叶分开炒制，通过加工制成瓜子形的片状茶叶。

六安瓜片冲泡后，香气清高，滋味鲜醇，回味甘美，汤色清澈晶亮，叶底嫩绿。一般用80℃的水冲泡，也是因为春茶的叶比较嫩的缘故。待茶汤凉至适口，品尝茶汤滋味，宜小口品啜，缓慢吞咽，可从茶汤中品出嫩茶香气，顿觉沁人心脾。历史上还多用此茶做中药，饮用此茶有清心目、消疲劳、通七窍的作用。

外形平展，茶芽肥壮，叶缘微翘。

▶图说

六安瓜片是中国绿茶中唯一去梗去芽的片茶。

104 惠明茶有什么特点？

惠明茶，产于浙江景宁畲族自治县红垦区赤木山的惠明村，古称"白茶"，又称景宁惠明，是浙江的传统名茶。惠明茶主要产于海拔600米左右的赤木山区，山上树木葱茏，云山雾海，经久不散，以酸性沙质黄壤土和香灰土为主，土质肥沃，雨量充沛，茶树生长环境得天独厚。

该茶生产始于唐代。《景宁县志》称：唐咸通二年，寺僧惠明和尚在寺周围辟地种茶，茶因僧名。清乾隆五十四年（1789年），惠明茶被列为贡品。

当地茶农把山上的茶树分为大叶茶、竹叶茶、多芽茶、白芽茶和白茶等品种。其中，大叶茶叶片宽大，多芽茶（叶腋间的潜伏芽齐发并长）叶质厚实，都是惠明茶的最佳原料。惠明茶的采摘标准以一芽二叶初展为主，采回后进行筛分，使芽叶大小、长短一致。加工工艺分为摊青、杀青、揉条、辉锅四道工序。

该茶冲泡后，汤色嫩绿，清澈明亮，滋味鲜爽醇和，带有持久的兰花香；叶底单芽细嫩完整、嫩绿明亮。

全芽披毫，翠绿光润。

▶图说

惠明茶外形细紧，颗粒饱满。

105 平水珠茶有什么特点？

平水珠茶，是浙江独有的传统名茶，出产于浙江会稽山平水茶区。茶区被会稽山、四明山、天台山所环抱，云雾缭绕，溪流纵横，土地肥沃，气候温和，非常适宜茶树生长。平水是浙江绍兴东南的一个著名集镇，早在唐代，这里已是有名的茶酒集散地，各县所产珠茶，均集中在这里进行精制加工，然后转运出口。

该茶以沸水冲泡后，粒粒珠茶释放展开，别有趣味；香高味浓，经久耐泡。

平水珠茶是中国最早出口的茶品之一，17世纪即有少量输出海外。18世纪初期，珠茶以"熙春""贡熙"的茶名风靡欧洲，被誉为"绿色珍珠"。

外形圆实，呈颗粒状。

● 图说

珠茶是由绍兴茶农创制的一种炒青绿茶，因其形如珍珠而得名。

106 恩施玉露有什么特点？

恩施玉露，产于湖北恩施东郊的五峰山。这里气候温和，雨量充沛，朝夕云雾缭绕，非常适合茶树的生长。据传，清朝康熙年间，恩施芭蕉黄连溪一蓝姓茶商，所制茶叶外形紧圆挺直，色绿如玉，取名玉绿。1936年，湖北民生公司茶官杨润之改锅炒杀青为蒸青，使玉绿在外观上更加油润翠绿，毫白如玉，故改名为玉露。

恩施玉露一直沿用唐代的蒸气杀青方法，是我国保留下来的为数不多的蒸青绿茶。其采制要求非常严格，采用一芽一叶、大小均匀、节短叶密、芽长叶小、色泽浓绿的鲜叶为原料。该茶冲泡后，茶汤清澈明亮，香气清鲜，滋味甘醇，叶底色绿如玉。茶绿、汤绿、叶底绿，这"三绿"为其显著特征。

外形条索紧细。

匀齐挺直，状如松针。

107 英山云雾茶有什么特点？

英山云雾茶，产于身处大别山腹地的湖北省黄冈市英山县，那里重峦叠嶂，地势较高，气候湿润，自古即是出产品质上佳的名茶的重镇。相传，远在唐朝时该地即为宫廷内院进贡各种名品茶叶，而位于此处偏北的雷家店就是英山云雾茶的发源地。

英山云雾茶茶汤色泽嫩绿、清香馥郁、滋味甘爽，深受品茶爱好者的喜爱，在国内有着极高的评价。

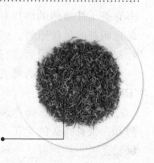

条索紧细、匀整，翠绿油润。

108 竹叶青茶有什么特点?

竹叶青茶,产于"佛教四大名山"之一的峨眉山。四川峨眉山地处蜀地,那里群山险峻、云海连绵,独特的地理条件与人文传承,造就了峨眉竹叶青茶的极佳品质——在精植细作的僧人手下孕育而成的清醇、淡雅的隐士风格。

竹叶青茶属于扁平形的炒青绿茶,早在唐朝即有了极佳的口碑。唐朝李善在《文选注》中就曾有过提及,"峨眉多药草,茶尤好,异于天下。今黑水寺后绝顶产一种茶,味佳,而色二年白,一年绿,间出有常。"自唐以后历代众多文人墨客接踵而来,多有赞誉。1964年,对茶钟爱有加的陈毅元帅路过四川峨眉山时,在品尝之后对此茶赞不绝口,后见其杯中汤清叶绿宛如青嫩的竹叶,故取名"竹叶青"。

竹叶青茶至今依然保持着当初僧人栽植、采制的严格要求,所取之叶非嫩不用,通常在清明节前3~5天的时候采收,标准为一芽一叶或一芽两叶。该茶汤色黄绿清亮,叶底嫩绿如新,茶香清雅,口味甘爽。

色泽嫩绿油润。

竹叶青茶外形扁平挺直。

109 径山茶有什么特点?

余杭径山茶,又名径山毛峰,产于浙江省余杭县西北天目山东北峰的径山,属绿茶类名茶。

径山产茶历史悠久,始栽于唐,闻名于宋。宋朝的翰林学士叶清臣在他的《文集》中说:"钱塘、径山产茶,质优异"。清代《余杭县志》载:"径山寺僧采谷雨茗,用小缶贮之以馈人,开山祖法钦师曾植茶树数株,采以供佛,逾年蔓延山谷,其味鲜芳特异,即今径山茶是也。"

余杭径山寺始建于唐代,在南宋时为佛教禅院"五山十刹"之首,是日本佛教临济宗之源。"径山茶宴"闻名遐迩,相传日本"茶道"也源于此处。

茶区属热带季风气候区,温和湿润,雨量充沛,日照充足,无霜期244天,土质肥沃,对茶树生长十分有利。径山茶鲜叶的采摘,是在谷雨前后,采摘标准为一芽一叶或一芽二叶,经过摊放、杀青、摊晾、轻揉、解块、初烘、摊晾、低温烘干等工序制成。该茶冲泡后,香气清幽,滋味鲜醇,茶汤呈鲜明绿色,叶底嫩匀明亮,经饮耐泡,口感清醇回甘。

色泽翠绿。

成茶外形纤细,毫毛显露。

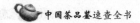
110 休宁松萝有什么特点?

松萝茶,属绿茶类历史名茶,产于安徽休宁城北的松萝山,山高882米,与琅源山、金佛山、天保山相连,山势险峻,蜿蜒数里,风景秀丽。茶园多分布在该山海拔600～700米之间,气候温和,雨量充沛,常年云雾弥漫,土壤肥沃,土层深厚。所长茶树称为"松萝种",树势较大,叶片肥厚,茸毛显露,是加工松萝茶的上好原料。

松萝茶历史悠久,唐时松萝山有松萝庵。明代袁宏道曾有"徽有送松萝茶者,味在龙井之上,天池之下"的记述。清代冒襄在《岕茶汇抄》上说:"计可与罗岕敌者,唯松萝耳。"

松萝茶采摘于谷雨前后,采摘标准为一芽一叶或一芽二叶初展。采回的鲜叶均匀摊放在竹匾或竹垫上,并将不符合标准的茶叶剔除。待青气散失,叶质变软,便可炒制,要求当天的鲜叶当天制作完。

该茶冲泡后,香气清爽,滋味浓厚,带有橄榄香味;汤色绿明,叶底绿嫩。饮后令人心旷神怡,古人有"松萝香气盖龙井"之赞辞。松萝茶区别于其他名茶的显著特点为"三重":色重、香重、味重。

> 条索紧卷匀壮,色泽绿润。

图说

松萝茶不仅香高味浓,而且能够治病,对高血压、顽疮有良好效果,还可化食通便。

111 老竹大方有什么特点?

老竹大方,产于安徽歙县东北的昱岭关附近,属于绿茶类。相传,宋元年间,在歙县老竹岭上有庙僧大方。他在岭上自种自制茶叶,供香客饮用,大方茶就以此得名,扬名乡里。大方茶,以老竹铺和福泉山所产的"顶谷大方"最优。

顶谷大方茶在谷雨前采摘,采摘标准为一芽二叶初展;普通大方茶,则于谷雨至立夏采摘,以一芽二三叶为主。鲜叶加工前要进行选剔和摊放,经过杀青、揉捻、做坯、辉锅等工序制成毛茶。

该茶冲泡后,滋味醇厚爽口,香气高长,有板栗香气;汤色黄绿明净,叶底嫩匀柔软,芽叶肥壮。普通的大方茶,因色泽深绿、褐润,似铸铁之色,其形又如竹叶状,故称为"铁色大方"或"竹叶大方"。

由于大方茶自然品质好,吸香能力强,还可窨成花茶"花大方",如珠兰大方、茉莉大方。花大方,茶香调和性好,花香鲜浓,茶味醇厚。不窨花的又称为"素大方",在市场上也颇受欢迎,日本称其为"健美茶"。

> 条索硕壮挺直。

> 外形扁平,翠绿微黄

112 敬亭绿雪有什么特点?

敬亭绿雪产于安徽宣州北边的敬亭山，该山即李白所说的"相看两不厌，只有敬亭山"，有江南诗山之称。

敬亭绿雪于清明之际采摘，标准为一芽一叶初展，长3厘米，芽尖和叶尖平齐，形似雀，大小匀齐。经过杀青、做形、干燥等工序制成。该茶冲泡后，汤清色碧，白毫翻滚；嫩香持久，回味甘醇。敬亭绿雪分为"特级、一级、二级、三级"四个等级。由于生长小环境的不同，干茶茶香有所差异，有板栗香型、兰花香型或金银花香型。饮评者有诗赞誉："形似雀舌露白毫，翠绿匀嫩香气高，滋味醇和沁肺腑，沸泉明瓷雪花飘。"

敬亭绿雪属绿茶类，曾是历史名茶。大约创制于明代，而于清末失传。《宣城县志》上记载，"明、清之间，每年进贡300斤"。明代王樨登有诗句："灵源洞口采旗枪，五马来乘谷雨尝。从此端明茶谱上，又添新品绿雪香。"清康熙年间的宣城诗人施润章有诗赞之："馥馥如花乳，湛湛如云液……枝枝经手摘，贵真不贵多。"

形如雀舌，挺直饱润。

白毫显露，色泽翠绿。

113 仙人掌茶有什么特点?

仙人掌茶，又名玉泉仙人掌，产于湖北省当阳市玉泉山麓玉泉寺一带，为扁形蒸青绿茶。据传，该茶是唐代玉泉寺中孕禅师所始创，自采自制春茶，用珍珠泉水泡制，饮之清芬，舌有余甘。唐肃宗年间，中孕禅师在江南遇见李白，以此茶相赠。李白品茗后，取名为"仙人掌茶"。

该茶冲泡之后，芽叶舒展，嫩绿纯净，似朵朵莲花挺立水中，汤色嫩绿，清澈明亮；清香雅淡，沁人肺腑，滋味鲜醇爽口。初啜清淡，回味甘甜，继之醇厚鲜爽，清香弥留于口齿之间，令人回味。

仙人掌茶品级分为特级、一级和二级。特级茶的鲜叶要求一芽一叶，芽长于叶，多白毫，芽叶长度为2.5～3厘米。加工分为蒸气杀青、炒青做形、烘干定型三道工序。

明代李时珍《本草纲目》中，有"楚之茶，则有荆州之仙人掌"的记载。明代黄一正《事物甘珠》，把"仙人掌茶"列在全国名茶中。

114 信阳毛尖有什么特点?

信阳毛尖,又称"豫毛峰",产于河南信阳的大别山区,因条索紧直锋尖,茸毛显露,故取名"信阳毛尖"。

唐代茶圣陆羽所著的《茶经》,把信阳列为全国八大产茶区之一;宋代大文学家苏轼尝遍名茶而挥毫赞道:"淮南茶,信阳第一。"信阳茶区属高纬度茶区,产地海拔多在 500 米以上,群峦叠翠,溪流纵横,云雾弥漫,滋润了肥壮柔嫩的茶芽,为信阳毛尖提供了优良的原料。

信阳毛尖的采茶期分为三季:谷雨前后采春茶,芒种前后采夏茶,立秋前后采秋茶。谷雨前后采摘的少量茶叶被称为"跑山尖""雨前毛尖",是毛尖珍品。特级毛尖采取一芽一叶初展,一级毛尖以一芽一叶为主,二三级毛尖以一芽二叶为主,四五级毛尖以一芽三叶及对夹叶为主,不采蒂梗,不采鱼叶。特优珍品茶,采摘更是讲究,只采芽苞。盛装鲜叶的容器采用透气的光滑竹篮,采完后送回荫凉室内摊放几小时,趁鲜分批、分级炒制,当天鲜叶当天炒完。

信阳毛尖外形细秀匀直,显峰苗。

白毫遍布,色泽翠绿。

115 安吉白片有什么特点?

安吉白片,又称玉蕊茶,产于浙江省安吉县的山河乡,是当地著名的绿茶。茶园地处高山深谷,晨夕之际,云雾弥漫,昼夜温差大,土层深厚肥沃,具有得天独厚的茶树生长环境。

白片茶在谷雨前后开采,采摘标准为芽苞和一芽一叶初展,芽叶长度小于 2.5 厘米。采回的芽叶经过筛青、簸青、拣青、摊青"四青"处理后,再进行炒制,主要工艺分杀青、清风、压片、干燥四道工序。

安吉白片的特异之处在于,春天时的幼嫩芽呈白色,以一茶二叶为最白,成叶后夏秋的新梢则变成绿色。民间俗称"仙草茶",当地山民视春茶为"圣灵",常采来治病。

该茶冲泡后,香高持久,滋味鲜爽甘甜;汤色清澈明亮,芽叶朵朵可辨。

唐代陆羽在《茶经》中曾说,"永嘉县东三百里有白茶山";宋代《大观茶论》中说:"白茶,与常茶不同,其条敷阐,其叶莹薄。崖林之间,偶然生出……芽英不多,尤难蒸培。"

安吉白片外形扁平挺直,一叶包一芽,形似兰花。

白毫显露,色泽翠绿。

116 上饶白眉有什么特点?

上饶白眉,是江西省上饶县创制的特种绿茶,它满披白毫,外观雪白,外形恰如寿星的白眉毛,因此得名。由于鲜叶嫩度不同,白眉茶分为银毫、毛尖、翠峰三个等级,各具风格,总称上饶白眉。

其鲜叶采自大面白茶树,采摘标准为一芽一叶初展,一芽一叶开展,一芽二叶初展,分别加工成白眉银毫、白眉毛尖、白眉翠峰。采下茶叶及时放入小竹篾盘里,置于室内通风摊放,等青气散发,透出清香,即可炒制。加工工艺为杀青、揉捻、理条、烘干四道工序。

该茶冲泡后香气清高,滋味鲜浓,叶底嫩绿。尤其是银毫,为一芽一叶初展加工,近似银针,外形雪白;沏泡后,香气清高,具有浓厚熟栗香,味美回甜,朵朵茶芽如雀舌,在杯中雀跃,令人赞叹。

白眉茶外形壮实,条索匀直。

白毫特多,色泽绿润。

117 开化龙顶有什么特点?

开化龙顶,是浙江新开发的优质名茶之一,产于开化县齐溪乡的大龙山、苏庄乡的石耳山、溪口乡的白云山等地。茶区地势高峻,海拔均在 1000 米以上,溪水环绕,气候温和,"兰花遍地开,云雾常年润",为茶树提供了优良的生长环境。

清明至谷雨前,选用长叶形、发芽早、色深绿、多茸毛、叶质柔厚的鲜叶,以一芽二叶初展为标准,经摊放、杀青、揉捻、烘干等工序制成。

成茶以沸水冲泡后,芽尖竖立,如幽兰绽开,香气清高持久,具花香,滋味鲜爽浓醇、汤色微黄透绿、清澈明亮,叶底成朵明亮,味爽清新,齿留遗香,冲泡三次,仍有韵味。开化龙顶最淡,三四泡后滋味杳然。极品迎霜,滋味最悠长,六七泡快出水依然能够芽头饱满挺立,味道层次明显,开头凛冽,中间浓厚,其次甜润,最终绵长。

该茶从 1957 年开始研制,一度中断,至 1979 年始恢复生产。茶叶科技人员在龙顶潭周围的茶园里,采取一芽一叶为原料,精心研制出一种品质优异的好茶,以开化和龙顶而取名为开化龙顶。因其香气清幽、滋味醇爽,成为浙江名茶中的新秀,1985 年获全国名茶称号。

外形紧直挺秀,白毫毕露。

🍵图说

开化龙顶属于高山云雾茶,芽叶成朵,形似青龙盘白云。

118 南糯白毫茶有什么特点？

南糯白毫，是产于云南西双版纳州勐海县南糯山的一种绿茶。它创制于 1981 年，因产于世界"茶树王"所在地——南糯山而得其名。

南糯山的原始森林，终年云雾飘渺。这里气候宜人，年均气温 18～21℃；雨量充沛，年均降雨量 1500 毫米左右；土壤肥沃，"腐殖质"层厚达 50 厘米左右，有"海绵地"之称。得天独厚的自然环境，及矿物质含量丰富的土壤，非常适宜于茶树的生长。因此，南糯山的茶叶质地优良，成茶独具风味。尤其南糯白毫，是采自云南的大叶种，芽叶肥嫩，叶质柔软，茸毫特多。

南糯白毫茶条索紧结，壮实匀整。

南糯白毫，是烘青型绿茶。一般只采春茶，清明时节开采；采摘标准为一芽二叶，主要工艺为摊青、杀青、揉捻和烘干等四道工序。该茶冲泡后，香气馥郁清纯，滋味浓厚醇爽；汤色黄绿明亮，叶底嫩匀成朵；经饮耐泡；饮后口颊留芳，生津回甘。

有锋苗，白毫密布。

南糯白毫于 1981 年被评为省名茶之一，1982 年被评为全国名茶，被茶界专家认为是大叶种绿茶中的优秀名品，1988 年获中国首届食品博览会金奖。

119 江华毛尖茶有什么特点？

江华毛尖，产于湖南江华瑶族自治县。该县位于南岭北麓、潇水上游，是湖南省的最南端。茶区集中在顺牛牯岭、岭东的大圩开源冲、两岔河一带，海拔多在 1000～1500 米，苍峰入云，森林繁茂，溪流交错，云雾缭绕。茶区气候温和，冬无严寒，夏无酷暑，土壤多为紫沙土，疏松深厚，富含有机质。

江华毛尖茶条索肥厚，紧结卷曲。

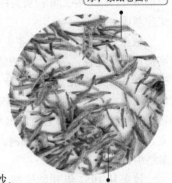

当地人把茶树分为两类，一类为苦茶，另一类为甜茶。江华毛尖是用甜茶树的芽叶制成，品质别具一格，可止渴生津，山区瑶胞常用来化解烦闷，医治"积热、久泻"和"心脾不适"。

江华毛尖的加工工艺可分为：杀青、摊凉、揉捻、复炒、摊凉、复揉、整形和足干八道工序。由于采用了重揉、全炒的工序，对叶组织的破坏较多，在第一次冲泡时，水浸出物大量浸出，高达浸出物总量的 55%，因此茶水滋味异常浓烈。

茸毛呈银珠形点缀在茶条之上。翠绿秀丽，色泽光润。

该茶冲泡之后，香气清高芬芳，汤色晶莹，滋味浓醇甘爽，叶底嫩绿。江华毛尖历史悠久，据说早在五代时，已被列为贡品。1986 年，江华毛尖获得了"湖南省名优茶奖"称号，成为国内知名的茶叶。

120 青城雪芽茶有什么特点?

青城雪芽,产于四川灌县西南的青城山区。青城山海拔2000多米,这里峰峦重叠,云雾隐现,古木参天,古称"天下第五山"。产区夏无酷暑,冬无严寒,雾雨蒙蒙,年均气温 15.2℃,年降水量 1225.2 毫米,日照 190 天;土层深厚,为酸性黄棕紫泥,土质肥沃。

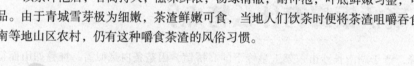

青城雪芽茶外形秀丽,形直微曲。

白毫显露。

青城山产茶历史悠久,陆羽《茶经》中已有记载;五代毛文锡《茶谱》中也说:"青城,其横源、雀舌、鸟嘴、麦颗,盖取其嫩芽所造。"宋代时,更是设置茶场,并形成一套制茶工艺。"青城雪芽"是建国后吸取传统制茶技术创制的新茶品种,色、香、味、形俱佳,1982 年被评为四川省优质产品。

雪芽鲜叶的采摘期为清明前后数日,采摘标准为一芽一叶。采摘要求:芽叶全长为 3.5 厘米左右,鲜嫩匀整,无杂叶、病虫叶、对夹叶、变形叶、单片叶。采摘后,经过杀青、摊凉、揉捻、二炒、摊凉、复揉、三炒、烘焙、鉴评、拣选、复火等工序而制成雪芽。

该茶冲泡后,香高持久,滋味鲜浓,汤绿清澈,耐冲泡,叶底鲜嫩匀整,可谓茶中之珍品。由于青城雪芽极为细嫩,茶渣鲜嫩可食,当地人们饮茶时便将茶渣咀嚼吞食。今天的湖南等地山区农村,仍有这种嚼食茶渣的风俗习惯。

121 井冈翠绿茶有什么特点?

井冈翠绿,产于海拔千米的江西井冈山,因色泽翠绿,故取此名。井冈山四季云雾飘绕,溪水环山而流,土壤疏松肥沃,雨量充沛,空气湿度大,日照光度短,所产的茶叶叶片肥壮,柔软细嫩,叶质不易老硬。

井冈翠绿的鲜叶,多采自谷雨前后。采摘标准为一芽一叶至一芽二叶初展。鲜叶采后,要先摊放一阵,再经过杀青、初揉、再炒、复揉、搓条、搓团、提毫、烘焙八道工序制成。

该茶冲泡后,色泽翠绿,香气鲜嫩,汤色清澈明亮,滋味清醇鲜爽,叶底完整嫩绿。初冲泡时,芽尖冲向水面,悬空竖立,然后徐徐下沉杯底,三起三落,犹如天女散花,群兰吐艳。品饮后,只觉神清气爽,满口清香。

井冈翠绿是江西省井冈山垦殖场茨坪茶厂经过十余年的努力创造而成的。1962 年朱德重上井冈山时,就曾在这里赏兰品茶。1982 年被评为江西省八大名茶之一;1988 年被评为江西省新创名茶第一名。

122 安化松针有什么特点？

安化松针，产于湖南省安化县，因其外形挺直、细秀、翠绿，状似松树针叶，因而得名。它是中国特种绿茶中针形绿茶的代表。安化是湘中大山区，处于雪峰山脉北段，属亚热带季风气候区，温暖湿润，土质肥沃，雨量充沛，溪河遍布，是非常适于茶树生长的气候带。

安化产茶的历史悠久，素有"茶乡"之称。宋代之时，安化境内的芙蓉山和云台山上已遍植茶树，"山崖水畔，不种自生"。明代万历年间，安化所产黑茶"天尖""贡尖"被定为官茶；自此之后，安化黑茶成为茶马交易的主体茶。元末明初，安化开始生产绿茶，后来称为"四保贡茶"。清道光年间，安化的"芙蓉青茶"和"云台云雾"，曾被列为贡品。

安化是红茶之乡、黑茶之乡、砖茶之乡和针形茶诞生之地，在国内茶业具有重要地位。但到了近代，茶叶采制方法业已失传。1959年，安化茶叶试验场派出人分赴芙蓉山和云台山，挖掘名茶遗产，吸收国内外名茶采制特点，经历四年创制出绿茶珍品"安化松针"。

该茶冲泡之后，香气浓厚，滋味甜醇；茶汤清澈碧绿，叶底匀嫩；可耐冲泡。

安化松针外形挺直秀丽，状如松针。

翠绿匀整，白毫显露。

123 高桥银峰有什么特点？

高桥银峰，产于湖南长沙市东郊玉皇峰下的高桥镇，因茶条白毫似雪、堆叠如山而得其名。玉皇山下，湘江东岸，河湖掩映，土层深厚，雨量充沛，气候温和，历来就是名茶之乡。

高桥银峰为特种炒青绿茶，具有形美、香鲜、汤清、味醇的特色。冲泡之后，香气鲜嫩清醇，滋味纯浓回甘，汤色晶莹明亮，叶底嫩匀明净。1978年，高桥银峰获湖南省科学大会奖，后又多次获湖南省名茶和中国名茶称号。

采摘一般以每年3月中旬前后为采制期。鲜叶标准为一芽一叶初展，长2.5厘米，细嫩完整，采于早生的白毫。芽叶采回后，薄摊于洁净篾盘中，置于通风阴凉处，散失部分水分后方可付制。采用先炒后烘的工艺，保持了白毫和芽叶的完整，叶色、汤色均鲜绿明亮。

由于高桥银峰对鲜叶原料的采摘要求甚高，时间局限性大，加工时刻意求精，所以每年茶叶产量屈指可数。初创时年产不过10余千克，现在也不超过100千克，极为珍贵。

条索紧细卷曲，色泽翠绿匀整。

▶图说

高桥银峰满身白毫如云，堆叠起来似银色山峰一般。

124 午子仙毫有什么特点?

午子仙毫，产于陕西省西乡县南的午子山。茶园地处陕西南部，汉中地区东部，北阻秦岭，南塞巴山，汉水流经此间。冬无严寒，夏无酷暑，雨量充沛。茶园分布在海拔600～1000米处，土壤呈微酸性，茶区内林木茂盛，空气清新，土质肥沃，非常适宜茶树生长。

西乡茶叶始于秦汉，兴于盛唐，在明初是朝廷"以茶易马"的主要集散地之一。午子仙毫创于1985年，是西乡县茶叶科技人员研制开发的国家级名优绿茶。1986年获全国名茶称号，1991年获杭州国际茶文化节"中国文化名茶"奖，同年获全国名茶品质认证，是陕西省政府外事礼品专用茶，人称"茶中皇后"。

午子仙毫为半烘炒条形绿茶，鲜叶要求严格，于清明前至谷雨后10天采摘，以一芽一二叶初展为标准。鲜叶经摊放、杀青、清风揉捻、初干做形、烘焙、拣剔等七道工序加工而成。

该茶冲泡之后，清香持久，滋味醇厚，爽口回甘，汤色清澈鲜明，叶底嫩绿匀亮。冲泡午子仙毫，应选用透明玻璃杯，水温75～80℃，过热会将茶烫熟，失去原有的色、香、味。

125 日铸雪芽茶有什么特点?

日铸雪芽，又称日铸茶、日注茶，又有"兰雪"之名，属炒青绿茶，产于浙江绍兴东南会稽山日铸岭。由于茶芽细而尖，遍生雪白茸毛，故名。茶区所在地，古木交荫，野竹丛生，云雾缭绕，土质肥沃，年均气温16.5℃，年均降水量1418毫米。

日铸岭产茶历史悠久，唐代茶圣陆羽曾评日铸茶为珍贵仙茗。日铸雪芽在北宋时被列为贡品，将日铸岭作为专供御茶产地，称为"御茶湾"。欧阳修在《归田录》中说："草茶盛于两浙，两浙之品，日注为第一"。炒青制法约于北宋时开始，到了明代，日铸茶"兰雪"之名盛行京师。至新中国成立，日铸茶濒临失传。新中国成立后，日铸雪芽被列入中国名茶。

日铸雪芽，由于其萌发期较迟，一般于谷雨后采摘一芽一二叶初展。采回的鲜叶经过拣剔摊放，失水5%左右进行炒制。炒制的主要工艺有杀青、整形理条、干燥三道工序。

日铸茶不宜用开水冲泡，而是以70℃的水浸泡，茶色由乳白渐转青绿，通杯澄碧，滋味鲜醇，汤色澄黄明亮，香气清香持久，经五次冲泡，香味依然存在。

芽身满披白色茸毛，带有兰花芳香，色泽绿翠。

日铸雪芽条索浑圆、紧细略钩曲，形似鹰爪。

126 南安石亭绿有什么特点?

南安石亭绿，又名石亭茶，属炒青绿茶，产于福建南安丰州乡的九日山和莲花峰一带。茶区地处闽南沿海，受沿海季风的影响，气候温和，阴晴相间，光照适当，土质肥沃疏松，为茶树生长提供了良好的自然条件。该茶色泽银灰带绿，冲泡后汤色碧绿，叶底嫩绿，有"三绿"之称。

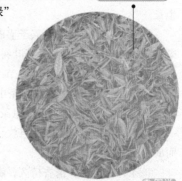

色泽银灰带绿。

采制早，登市早，是石亭茶的生产特点。每年清明前开园采摘，谷雨前新茶登市。石亭绿的鲜叶采摘标准介于乌龙茶和绿茶之间，即当嫩梢长到即将形成驻芽前，芽头初展呈"鸡舌"状时，采下一芽二叶，要求嫩度匀整一致。

宋末之时，延福寺僧人在莲花峰岩石间发现茶树，加以精心培育，细加采制，制成的茶为僧家供佛和馈赠之珍品。由于茶叶质量优异，又出自佛门，求茶者日众，石亭绿名声更盛。到了清道光年间，莲花峰已从少数僧人种茶，发展到众多农民普遍种茶，并以莲花峰为中心，附近数十座山间均有石亭茶生产。

▲图说

南安石亭绿，香气因季节变化，产生类似兰花、绿豆和杏仁的不同香气，誉为"三香"。

127 紫阳毛尖有什么特点?

紫阳毛尖，产于陕西紫阳县近山峡谷地区。产茶区处于汉江上游、大巴山区，云雾缭绕，冬暖夏凉，土壤多为黄沙土和薄层黄沙土，呈酸性和微酸性，矿物质丰富，土质疏松，通透性良好，是茶树生长的适宜地区。

紫阳毛尖条索圆紧，肥壮匀整。

紫阳毛尖的鲜叶，采自绿茶良种紫阳种和紫阳大叶泡，茶芽肥壮，茸毛特多。加工工艺分为杀青、初揉、炒坯、复揉、初烘、理条、复烘、提毫、足干、焙香十道工序。该茶冲泡后，茶香嫩香持久，汤色嫩绿清亮，滋味鲜醇回甘，叶底肥嫩完整，嫩绿明亮。

品尝紫阳毛尖，至少要过三道水。初品，会觉得茶味较淡，且有些苦涩之味；再品，苦中含香，味极浓郁，入肚之后，爽心清神；三品，茶味愈香，沁人心脾，令人回味无穷。

▲图说

现在的紫阳毛尖加工工艺，变晒青为半烘炒型绿茶，品质得以提高。

唐代时紫阳山南茶叶作为金州"土贡"，成为献给朝廷的山珍；宋、明时期以茶易马，茶农们"昼夜制茶不休，男废耕，女废织"；清朝时，紫阳毛尖被列入全国名茶，兴安知府叶世卓曾写下"自昔岭南春独早，清明已煮紫阳茶"的诗句。

128 遵义毛峰有什么特点?

遵义毛峰，产于贵州省遵义市湄潭县。湄潭县风景秀丽，湄江逶迤而过，溪水蜿蜒，纵横交错，素有"小江南"之称，茶产区在群山环抱之中，山高、雨多、雾重，昼夜温差明显，土壤肥沃，质地疏松，有机质丰富，四周山坡上有桂花、香蕉梨、柚子、紫薇等芳香植物，香气缭绕，有利于优质茶叶的形成。

遵义毛峰茶片紧细圆直，锋苗显露。

每年清明节前后十几天，茶树经过一冬天可塑性物质的积累，生机旺盛，茶芽苗壮成长，芽叶细嫩，密披茸毛。遵义毛峰就是用这些新春茶芽加工而成。毛峰茶炒制技术极为精巧，要点是"三保一高"，即保证色泽翠绿、茸毫显露不离体、锋苗挺秀完整，一高就是香高持久。具体的工艺分杀青、揉捻、干燥三道工序。

该茶冲泡后，嫩香持久，汤色碧绿明净，滋味清醇爽口。遵义毛峰为绿茶类新创名茶，是为了纪念"遵义会议"而创制。自1974年问世以来，曾连年获奖。目前遵义毛峰已进入全国名茶行列，深受海内外人士的赞誉。

满披白毫，白毫显露。

129 南山白毛有什么特点?

南山白毛茶，属炒青细嫩绿茶，产于广西横县的南山，因茶叶背面披有白色茸毛而得名。横县种植茶叶历史悠久，以南山白毛茶最为著名，相传为明朝建文帝避难于南山应天寺时亲手所植。

茶园主要分布在南山寺及南山主峰一带，海拔为800~1000米，绿荫浓郁，云雾弥漫，气候温和，雨量充沛，土质疏松。茶树多为中叶种品种，芽壮毫密，叶薄而柔嫩，是制作白毛茶的理想原料。白毛茶的焙制方法非常精细，力求不脱白毛。上品茶只采一叶初展的芽头，特级茶只采一芽一叶。遇有较大的茶茎和叶子尚须撕为2~3片。加工过程，用锅炒杀青、扇风摊晾、双手轻揉、炒揉结合，反复三次，最后在烧炭烘笼上以文火烘干。

色泽绿润，白毫覆被。

南山白毛茶按采摘季节可分为春茶、夏茶和秋茶，其中以春茶最佳。按产地又可分为高山茶和平地茶：高山茶厚重、色绿、味香；平地茶细瘦、色黄，香淡。

该茶香色纯正持久，具有类似荷花的清香之气，又有似蛋奶之香气；汤色绿而明亮，滋味醇厚甘爽，叶底嫩绿匀整明亮。

南山白毛茶条索紧结微曲，细嫩秀丽。

130 桂林毛尖有什么特点?

作为新创名茶,桂林毛尖产于广西桂林尧山地带。茶区属丘陵山区,海拔300米左右,园内渠流纵横,气候温和,年均温度18.8℃,年降雨量1873毫米,无霜期长达309天,春茶期间雨多雾浓,有利于茶树的生长。

桂林毛尖条索紧细。

毛尖茶选用从福建引进的福鼎种和福云六号等良种的芽叶为原料,毛尖鲜叶于3月初开采,至清明前后结束。特级茶和一级要求一叶一芽新梢初展,芽叶要完整无病虫害,不同等级分开采摘,鲜叶不能损伤、堆沤,不能在阳光下暴晒。毛尖茶加工方法与高级烘青茶类似,主要工艺分为鲜叶摊放、杀青、揉捻、干燥、复火提香等工序。复火提香是毛尖茶的独特工序,即在茶叶出厂前进行一次复烘,达到增进香气的目的。

白毫显露,色泽翠绿。

该茶冲泡后,香气清高持久,滋味醇和鲜爽,汤色碧绿清澈,叶底嫩绿明亮。

131 九华毛峰有什么特点?

九华佛茶是历史名茶,曾被称为闵园茶、黄石溪茶、九华毛峰,现统称九华佛茶,产于佛教圣地安徽九华山区,主产区位于下闵园、黄石溪、庙前等地。由于高山气候之缘故,昼夜温差大,而方圆百里人烟稀少,茶园无病虫害,是天然有机生态茶园。

九华山为中国四大佛教名山之一,九华毛峰被当作"佛茶",深受前来朝圣的广大海外侨胞青睐。史载,九华毛峰初时为僧人所栽,专供寺僧享用,后用于招待贵宾香客。据《青阳县志》记载:"金地茶,相传为金地藏从西域携来者,今传梗空筒者是。"金地藏即是唐代的高僧金乔觉,由此可知,九华山产茶始于唐。

色泽嫩绿微黄,白毫显露。

九华佛茶一般在4月中下旬进行采摘,只对一芽二叶初展的进行采摘,要求无表面水、无鱼叶、茶果等杂质。采摘后的鲜叶,按叶片老嫩程度和采摘顺序摊放待制,经过杀青、揉捻、烘焙等工序,才能制造出顶级的九华佛茶。

成品茶叶分为上、中、下三级,冲泡之时,汤色碧绿明净,叶底黄绿多芽,柔软成朵。雾气结顶,香气高长,滋味浓厚,回味甘甜,冲泡五六次,香气犹存。

图说

九华毛峰外形匀整紧细,扁直呈佛手状。

132 舒城兰花茶有什么特点?

舒城兰花茶,产于安徽舒城、通城、庐江、岳西一带,其中以舒城产量最多,品质最好。兰花茶名有两种说法:一是芽叶相连于枝上,形似一枚兰草花;二是采制时正值山中兰花盛开,茶叶吸附兰花香,故而得名。

匀润显毫,色泽翠绿。

成品茶叶,分特级、一级、二级。特级鲜叶采摘标准以一芽一叶为主;小兰花鲜叶采摘标准以一芽二叶、三叶为主,大兰花则为一芽四五叶。手工制兰花茶分杀青、烘焙作业。杀青由生锅、熟锅相连,熟锅炒揉整形。烘焙分初烘、复烘、足烘。机制兰花增加一道揉捻工序。

该茶冲泡后,犹如兰花开放,枝枝直立杯中,有特有的兰花清香,俗称"热气上冒一支香";汤色绿亮明净,滋味浓醇回甘,叶底成朵,呈嫩黄绿色。

▲图说

舒城兰花茶芽叶相连似兰草。

舒城兰花为历史名茶,创制于明末清初。1980年舒城县在小兰花的传统工艺基础上,开发了白霜雾毫、皖西早花,1987年双双被评为安徽名茶,形成舒城小兰花系列。

133 岳麓毛尖茶有什么特点?

岳麓毛尖,产于湖南省长沙市郊的岳麓山。此地处于湘江西岸,气候温和,冬暖夏凉,自古就是产茶之地。明清年间,岳麓山已是著名的茶和水的产供之地,岳麓山上的茶、白鹤泉的水,都是当时有名的贡品。

岳麓毛尖,采摘细嫩,批次多,采期长,产量高,质量好。清明至谷雨节前为采制时期,芽叶标准以一芽二叶为主。一般来说,春、夏季采用留鱼叶采摘法,秋季停采集中留养。鲜叶经适当摊放,高温杀青,并经二揉、三烘和整形等工序而成。

该茶冲泡之后,汤碧微黄,清澈明亮,栗香持久,味醇甘爽,汤色黄绿明亮,叶底肥壮匀嫩。

茶品	岳麓毛尖
产地	湖南省长沙岳麓山
采制	清明至谷雨节前,以一芽二叶为标准,经摊放、杀青、揉捻、烘焙等工序制成
特点	外形条索紧结齐整、卷曲多毫、深绿油润、白毫显露,汤色黄绿,滋味甘爽
历史传奇	相传以附近的白鹤泉水冲泡,杯中有形似白鹤的热气腾起

134 天目青顶有什么特点？

天目青顶，又称天目云雾，产于浙江临安天目山。茶区分布在海拔 600 ~ 1200 米高的自然山坞中。此地山峰灵秀，终年云雾笼罩，是国家级自然保护区，气候温湿，森林茂密，树叶落地，形成灰化棕色森林土，腐殖层厚达 20 厘米左右，土壤疏松，适于良茶生长。

天目青顶的采摘时间较晚，按采摘时间、标准和焙制方法不同，可分为顶谷、雨前、梅尖、梅白、小春五个等级。顶谷、雨前属春茶，称"青顶"，茶芽最幼嫩纤细，色绿味美；梅尖、梅白称"毛峰"；小春则属高级绿茶。

鲜叶标准为一叶包一芽，一芽一叶初展；一芽一叶，一芽二叶。选晴天叶面露水干后开采，采下的鲜叶薄摊在洁净的竹匾上，置凉后以高温杀青，之后经过摊晾、揉捻、锅炒、冷却、烘干等工序制成。该茶冲泡之后，滋味鲜醇爽口，香气清香持久，汤色清澈明净，芽叶朵朵可辨。冲泡三次，色、香、味犹存。

芽毫显露，色泽深绿。

135 双井绿茶有什么特点？

双井绿茶，产于江西省修水县杭口乡双井村。修水在隋、唐属洪州，毛文锡约公元935年所著《茶谱》载："洪州双井白芽，制造极精。"

古代"双井"属蒸青散茶类，如今的"双井绿"，属炒青绿茶，分为特级和一级两个品级。特级以一芽一叶初展，芽叶长度为 2.5 厘米左右的鲜叶制成；一级以一芽二叶初展的鲜叶制成。加工工艺分为鲜叶摊放、杀青、揉捻、初烘、整形提毫、复烘六道工序。

该茶冲泡之后，香气清高持久，滋味鲜醇爽厚，汤色清澈明亮，叶底嫩绿匀净。

双井绿茶已有千年历史，宋时列为贡品，历代文人多有赞颂：北宋文学家黄庭坚曾有诗句"山谷家乡双井茶，一啜犹须三日夸"，他曾把双井茶送给老师苏东坡；欧阳修在《归田录》中还把它推崇为"草茶第一"；明代李时珍在《本草纲目》说："昔贡所称，大约唐人尚茶，茶品益众，双井之白色……皆产茶有名者"；清代龚鸿著有《双井歌》，描绘了双井绿茶的特点。新中国成立后，双井茶的品质不断提高，1985 年获得优质名茶称号。

锋苗润秀，银毫显露。

图说

双井绿茶成茶外形圆紧略曲，形如凤爪。

136 雁荡毛峰有什么特点?

雁荡毛峰，也叫雁荡云雾，旧称雁茗，雁山五珍之一，产于浙江省乐清市境内的雁荡山。雁荡山，以山水奇秀闻名，山高、雨多、气寒、雾浓，号称"东南第一山"。只因山势险峻，一些山茶生在悬崖绝壁之上，只有猴子才能攀登采摘，民间又称之"猴茶"。

芽毫隐藏，色泽翠绿。

雁荡毛峰外形秀长紧结，茶质细嫩。

因茶园地处高山，气温低，茶芽萌发迟缓，采茶季节推迟。茶树终年处于云雾荫蔽之下，生长于深厚肥沃土壤之中，芽肥叶厚，色泽翠绿油润。其中以龙湫背所产之茶质量最佳。

该茶冲泡后，茶香浓郁，滋味醇爽，异香满口，汤色浅绿明净，叶底嫩匀成朵。品饮雁荡毛峰，有"三闻三泡"之说：一闻浓香扑鼻，再闻香气芬芳，三闻茶香犹存；滋味一泡浓郁，二泡醇爽，三泡仍有感人茶韵。

雁荡山产茶历史悠久，相传在晋代由高僧诺讵那传来。北宋时期，沈括考察雁荡后，雁茗之名开始传播四方。明代，雁茗列为贡品，朱谏《雁山志》中记载："浙东多茶品，而雁山者称最"。新中国成立后，大力发展新茶园，雁荡毛峰品质不断提高，获得浙江省名茶称号。

137 麻姑茶有什么特点?

麻姑茶，产于江西南城的麻姑山区，以产地而得名。麻姑山茶园大多分布于海拔600～1000米的山地，常年云雾缭绕，气候温和，年均气温15℃，年降水量2300毫米，日照短，空气湿润，相对湿度85％以上；土壤多为石英砂岩母质风化而成的碎屑状紫色土，土层深厚，吸水力强，腐殖层厚，土质肥沃。

麻姑茶的鲜叶，采摘于初展一芽一叶或一芽二叶；经过采青、杀青、初揉、炒青、轻揉、炒干等六道工序制成。麻姑茶香气鲜浓清高，汤色明亮，滋味甘郁，有益思、止渴、利尿、提神、解忧之功效。

麻姑山产茶历史悠久，相传在东汉时，有一仙女麻姑曾云游仙居此山修炼，春时常常采摘山上茶树的鲜嫩芽叶，汲取清澈甘美的神功泉石中乳液，烹茗款客，其茶味鲜香异常，有"仙茶"之称。

茶品	麻姑茶
产地	江西省南城麻姑山区
采制	采摘初展一芽一叶或一芽二叶，经采青、杀青、初揉、炒青、轻揉炒干等工序制成
特点	外形条索紧结匀整，色泽银灰翠润，汤色明亮，滋味甘郁
历史传奇	相传仙女麻姑仙居于此，采制仙茶烹茗款客，乃茶中极品

138 华顶云雾有什么特点?

华顶云雾茶,又称华顶茶,产于浙江天台山的华顶峰。山谷气候寒凉、浓雾笼罩,土层肥沃,富含有机质,适宜茶树生长。

由于产地气温较低,茶芽萌发迟缓,采摘期约在谷雨至立夏前后;采摘标准为一芽一叶或一芽二叶初展。它原属炒青绿茶,纯手工操作,后改为半炒半烘,以炒为主。鲜叶经摊放、高温杀青、扇热摊晾、轻加揉捻、初烘失水、入锅炒制、低温辉焙等工序制成。

华顶云雾茶色泽绿润,具有高山云雾茶的鲜明特色。冲泡之后,香气浓郁持久,滋味浓厚鲜爽,汤色嫩绿明亮,叶底嫩匀绿明,清怡带甘甜,饮之口颊留芳。经泡耐饮,冲泡三次犹有余香。

天台山产茶历史悠久,早在东汉末年,道士葛玄已在华顶上植茶。唐宋以来,天台山云雾茶名闻全国,并东传日本。北宋时,云雾茶已列入贡茶。近代以来,华顶云雾茶在各级茶叶评比会中多次获奖,已被公认为国家名茶。

色泽绿润。

外形细紧略扁,芽叶壮实。

139 峨眉毛峰茶有什么特点?

凤鸣毛峰产于四川省雅安县凤鸣乡,是近年新创名茶。雅安地处四川盆地西部边缘,与西藏高原东麓接壤,由于四面环山,雨量充沛,气候温和,冬无严寒,夏无酷暑,烟雨蒙蒙,湿热同季。土壤肥沃,表土疏松,酸度适宜,适宜培育良茶。

雅安地区产茶历史悠久,始于唐代,载于陆羽《茶经》,迄今已有1200余年。1978年雅安地区茶叶公司与桂花村联合,选早春一芽一叶初展茶芽,采用炒、揉、烘交替进行的工艺,创制出峨眉毛峰。

峨眉毛峰继承了传统名茶的制作方法,采取烘炒结合的工艺,炒、揉、烘交替,扬烘青之长,避炒青之短,整个炒制过程分为三炒、三揉、四烘、一整形共十一道工序。该茶冲泡之后,香气鲜洁,汤色微黄而碧绿,滋味浓郁适口,叶底嫩绿匀整。

嫩绿油润,条索紧卷。

银芽秀丽,白毫显露。

140 窝坑茶有什么特点?

窝坑茶又名蕉溪茶,产于江西省南康县南岭山脉北端的浮石、蕉溪一带。主要产区为蕉溪上游海拔600余米、林木葱郁的窝坑。

窝坑茶在清明前后开始采摘新芽,标准为一芽一叶,鲜叶要求匀、整、洁、清。芽叶采回后,及时摊放于洁净、通风处,6小时后开始炒制。窝坑茶加工工艺分为杀青、揉捻、烘干、搓团、摊晾、足干、拣剔七道工序。窝坑茶的独特品质,主要在"初干"和"搓团"两个工序中形成。茶叶出锅后,稍经摊晾,烘焙至足干,再经过拣剔,即行包装贮存。

该茶冲泡后,汤色嫩绿明亮,滋味鲜醇回甜,叶底嫩绿匀齐;芽锋直立,白毫翻滚,是绿茶中的珍品。

茶品	窝坑茶
产地	江西省南康蕉溪地区
采制	清明前后采摘一芽一叶为标准的新芽,经杀青、揉捻、烘干、搓团、摊晾、足干、拣剔等工序制成
特点	外形近似于珠茶,又似眉茶,条索纤细,形曲呈螺状,芽毫隐藏,色泽翠绿,汤色嫩绿明亮,滋味鲜醇回甘
历史传奇	相传北宋苏东坡被贬官后曾路经南康,品尝窝坑茶后,萌生归隐乡间之念

141 祁门功夫茶有什么特点?

祁门红茶,简称祁红,产于安徽南端的祁门县一带。茶园多分布于海拔100～350米的山坡与丘陵地带,高山密林成为茶园的天然屏障。这里气候温和,年均气温在15.6℃,空气相对湿度为80.7%,年降水在1600毫米以上,土壤主要由风化岩石的黄土或红土构成,含有较丰富的氧化铝与铁质,极其适于茶叶生长。

当地茶树品种高产质优,生叶柔嫩,内含水溶性物质丰富,以8月份鲜味最佳。茶区中的"浮梁功夫红茶"是祁红中的良品,以"香高、味醇、形美、色艳"闻名于世。

色泽乌润。

祁门红茶所采茶树为"祁门种",在春夏两季采摘,只采鲜嫩茶芽的一芽二叶,经过萎凋、揉捻、发酵,使芽叶由绿色变成紫铜红色,香气透发,然后进行文火烘焙至干。红毛茶制成后,还要进行复杂精制的工序。红茶与绿茶相比,主要是增加了发酵的过程,让嫩芽从绿色变成深褐色。

条索紧细匀整,锋苗秀丽。

该茶冲泡后,内质清芳,带有蜜糖果香,上品茶又带有兰花香,香气持久;汤色红艳明亮,滋味甘鲜醇厚,叶底鲜红明亮。清饮,可品味祁红的清香;加入牛奶调饮也不减其香。由于祁门红茶有一种特殊的芳香,外国人称其为"祁门香""王子香""群芳最"。

142 滇红功夫茶有什么特点?

滇红是云南红茶的统称,分为滇红功夫茶和滇红碎茶两种,产于云南省南部与西南部的临沧、保山、凤庆、西双版纳、德宏等地。产地群峰起伏,平均海拔1000米以上,属亚热带气候,年均气温18 ~ 22℃,昼夜温差悬殊,年降水量1200 ~ 1700毫米,森林茂密,腐殖层深厚,土壤肥沃,茶树长得高大,芽壮叶肥,生有茂密白毫,即使长至5 ~ 6片叶,仍质软而嫩;茶叶中的多酚类化合物、生物碱等成分含量,居中国茶叶之首。

滇红功夫茶采摘一芽二三叶的芽叶作为原料,经萎凋、揉捻、发酵、干燥制成成品茶;再加工制成滇红功夫茶,又经揉切制成滇红碎茶。功夫茶是条形茶,红碎茶是颗粒型碎茶。前者滋味醇和,后者滋味强烈富有刺激性。

在滇红功夫茶中,品质最优的是"滇红特级礼茶",以一芽一叶为主精制而成。冲泡之后,汤色红浓透明,滋味浓厚鲜爽,香气高醇持久,叶底红匀明亮。

滇红的品饮多以加糖加奶调和饮用为主,加奶后的香气滋味依然浓烈。冲泡后的滇红茶汤红艳明亮,茶汤与茶杯接触处常显金圈,冷却后立即出现乳凝状的冷后浑现象,冷后浑早出现者是质优的表现。

> 金毫多而显露,色泽乌黑油润。

> 条索紧直肥壮,苗锋秀丽完整。

143 宁红功夫茶有什么特点?

宁红功夫茶,简称宁红,产于江西修水。产区位于幕阜、九宫两大山脉间,山多田少,树木苍青,雨量充沛,土质富含腐殖质;春夏之际,浓雾达80 ~ 100天,因此,茶芽肥硕,叶肉厚软。

宁红功夫茶的采摘,要求于谷雨前采摘生长旺盛、持嫩性强、芽头硕壮的蕻子茶,多为一芽一叶至一芽二叶,芽叶大小、长短要求一致。经萎凋、揉捻、发酵、干燥后初制成红毛茶;然后再筛分、抖切、风选、拣剔、复火、匀堆等工序精制而成,该茶冲泡后,香高持久,汤色红亮,滋味醇厚甜和,叶底红嫩多芽。

道光年间,宁红的珍品太子茶被列为贡茶,宁红茶声名显赫。之后,宁红畅销欧美,成为中国名茶。清末战乱,宁红受到严重摧残,濒临绝境。新中国成立后,"宁红"获得很好的恢复和发展,改原来的"热发酵"为"湿发酵",品质大大提高,深受海外饮茶者所喜爱。

> 条索紧细秀丽,锋苗挺拔。

> 金毫显露,乌黑油润。

144 宜红功夫茶有什么特点?

宜昌功夫红茶,简称宜红,产于武陵山系和大巴山系境内,因古时均在宜昌地区进行集散和加工,所以称为宜红。茶区多分布在海拔 300 ~ 1000 米之间的低山和半高山区,温度适宜,降水丰富,土壤松软,非常适宜茶树的生长。

鲜叶于清明至谷雨前开园采摘,以一芽一叶及一芽二叶为主,现采现制,以保持鲜叶的有效成分。加工分为初制和精制,初制包括萎凋、揉捻、发酵、烘干等工序,使芽叶由绿色变成紫铜红色,香气透发;精制工序复杂,提高其干度,保持其品质,最终制成品茶。该茶冲泡后,香气清鲜纯正,滋味鲜爽醇甜,叶底红亮柔软,茶汤稍冷有"冷后浑"的现象。

宜昌红茶问世于 19 世纪中叶,当时汉口被列为通商口岸,英国大量收购红茶,宜昌成为红茶的转运站,宜红因此得名。

叶条紧结秀丽。

色泽乌润,金毫显露。

145 闽红功夫茶有什么特点?

闽红功夫茶,是政和功夫、坦洋功夫和白琳功夫三种红茶的统称,都是福建特产。三种功夫茶产地和风格各有不同,各自拥有消费爱好者,百年不衰。

政和功夫按品种分为大茶、小茶两种。大茶采用政和大白条制成,属闽红上品,条索紧结,肥壮多毫,色泽乌润;冲泡后,汤色红浓,香高鲜甜,滋味浓厚,叶底肥壮尚红。小茶用小叶种制成,条索细紧,香似祁红但欠持久,汤味稍浅。

坦洋功夫茶区分布较广,因源于福安境内白云山麓的坦洋村,故得其名。相传该红茶是村民胡福四在清代同治年间所创制。坦洋功夫,外形细长匀整,带白毫,色泽乌黑有光;冲泡后,香味清鲜甜和,汤鲜艳呈金黄色,叶底红匀光滑。

白琳功夫,产于福鼎县太姥山白琳、湖林一带。茶树根深叶茂,芽毫雪白晶莹。19 世纪 50 年代,闽广茶商在福鼎加工功夫茶,收购当地红条茶,集中在白琳加工,白琳功夫由此而生。成品茶条索紧结纤秀,含有大量的橙黄白毫,具有鲜爽愉快的毫香,汤色、叶底艳丽红亮,取名为"橘红",风味独特,在国际市场上很受欢迎。

色泽乌润。

条索紧结,肥壮多毫。

146 湖红功夫茶有什么特点?

湖红功夫茶,主要产于湖南安化、新化、涟源一带。茶区多处于湘中地段,属亚热带季风湿润气候,土壤为红黄土,微酸性,适宜茶树生长。不过,湘西石门、慈利、桑植、大庸等县市所产的功夫茶,称为"湘红",归入"宜红"系列。

湖红功夫茶以安化功夫茶为代表,条索紧结,尚算肥实,香气高,滋味厚,汤色浓,叶底红稍暗。平江功夫茶香气高,欠匀净。长寿街、浏阳大围山一带所产功夫,香高味厚;新化、桃源功夫茶,条索紧细,毫多苗现,但叶肉较薄,香气较低;涟源功夫茶,条索紧细,香味较淡。

安化红茶茶是清代同治年间所创,当时江西宁州商人在养口开设商号,设置示范茶庄,由于安化红茶销路很好,汉寿、新化、醴陵等地相继生产。

▲图说

安化功夫茶作为湖红功夫茶的代表,条索紧结,尚算肥实。

147 越红功夫茶有什么特点?

越红功夫茶,产于浙江省绍兴、诸暨、嵊县等县,以"紧结挺直、重实匀齐、锋苗显、净度高"的优美外形而著名。

浙江省是中国珠茶和珍眉绿茶的主产地,早期平阳、泰顺等地生产的功夫红茶,称为"温红"。1955年平水珠茶产区绍兴、诸暨、余姚等县,由"绿"改"红",后来扩大至长兴、德清、桐庐等县,都以生产红茶为主,称之为"越红"。

该茶冲泡后,香味纯正,汤色红亮较浅,叶底稍暗。浦江一带的红茶,茶索紧结壮实,香气较高,滋味较浓;镇海红茶较细嫩。总体而言,越红条索美观,但叶张较薄,香味较低。

148 小种红茶有什么特点?

小种红茶是福建省的特产,有正山小种和外山小种之分。正山小种产于崇安县星村乡桐木关一带,而产于政和、坦洋、北岭、屏南、古田、沙县及江西铅山等地的小种红茶,质地相对较差,统称"外山小种"。

星村乡地处武夷山脉之北段,地势高峻,冬暖夏凉,春夏之间,终日云雾缭绕,土质肥沃,又有培客土的习惯,加深土层,因此茶蓬繁茂,叶质肥厚嫩软。该茶冲泡后,汤色红浓,香气高长,带有松烟香,滋味醇厚,带有桂圆汤味,加入牛奶,茶香味不减,液色更绚丽。

正山小种茶条索肥实。

色泽乌润。

149 武夷岩茶有什么特点?

武夷岩茶，是产于闽北名山武夷乌龙茶类的总称，因茶树生长在岩缝之中而得其名。武夷山茶区主要分为两个：名岩产区和丹岩产区。产区气候温和，冬暖夏凉，雨量充沛。

武夷岩茶属半发酵茶，制作方法介于绿茶与红茶之间，兼有绿茶之清香、红茶之甘醇，是中国乌龙茶中之极品。其主要品种有大红袍、白鸡冠、水仙、乌龙、肉桂等。

该茶冲泡后，茶汤呈深橙黄色，清澈艳丽；叶底软亮，叶缘朱红，叶心淡绿带黄；久藏不坏，香久益清，味久益醇。泡饮时常用小壶小杯，因其香味浓郁，冲泡五六次后余韵犹存。

武夷岩茶品质独特，虽未经窨花，却有浓郁的花香，饮来甘馨可口，让人回味无穷。18 世纪传入欧洲后，备受人们喜爱，曾把它作为中国茶叶的总称。武夷岩茶也是我国沿海各省和东南亚侨胞最喜爱的茶叶，是有名的"侨销茶"。

条形壮结、匀整。

色泽绿褐鲜润。

150 大红袍茶有什么特点?

大红袍，出产于福建武夷山九龙窠的高岩峭壁上，是武夷岩茶中品质最优的一种乌龙茶。

传说，天心寺和尚用岩壁上的茶叶治好了一位上京赶考秀才的疾病，这位秀才中状元后，被招为驸马，回到武夷山谢恩时，将身上红袍盖在茶树上，"大红袍"茶名由此而来。

九龙窠的岩壁上有"大红袍"石刻，是 1927 年天心寺和尚所作。这里日照短，多反射光，昼夜温差大，岩顶终年有细泉浸润。这种特殊的自然环境，造就了大红袍的特异品质。大红袍母茶树，现仅存 6 株，均为千年古茶树，其叶质较厚，芽头微微泛红。现在的大红袍茶区，是茶叶研究所采取扦插繁育技术培育出来的。

该茶冲泡之后，汤色橙黄明亮，香气馥郁有兰花香，香高而持久；很耐冲泡，七八次仍有香味。

外形条索紧结，色泽绿褐鲜润。

叶片红绿相间或者镶有红边。

151 铁罗汉茶有什么特点？

铁罗汉，武夷山传统四大珍贵名枞之一，原产于福建武夷山慧苑岩的鬼洞（峰窠坑），生长地是一狭长地带，两旁绝壁陡立。茶树生长茂盛，叶大而长，叶色细嫩有光，据说有治疗热病的功效。每月5月中旬开始采摘，以二叶或三叶为主，色泽绿里透红，清香回甘。

武夷岩铁罗汉现多为人工种植，产区主要有两个：名岩产区和丹岩产区。铁罗汉虽然极难种植，但茶农们利用武夷山多悬崖绝壁的特点，在岩凹、石隙、石缝中甚至砌筑石岸种植铁罗汉，有"盆栽式"铁罗汉园之称。

该茶冲泡之后，汤色清澈，呈深橙黄色，叶底软亮，叶缘朱红，叶心淡绿带黄；性和而不寒，久藏不坏。铁罗汉属半发酵的乌龙茶，制作方法介于绿铁罗汉与红铁罗汉之间，成品兼有红铁罗汉的甘醇和绿铁罗汉的清香；它未经窨花，却有浓郁的鲜花香，饮时甘馨可口，回味无穷。

条形壮结、匀整。

色泽绿褐鲜润。

152 白鸡冠茶有什么特点？

白鸡冠，武夷岩茶四大名枞之一，原产于武夷山大王峰下止止庵道观白蛇洞，相传为宋时止止庵主持白玉蟾所培育。因产量稀少，让人倍感神秘。

茶树势不大，但枝干坚实，分枝颇多，生长旺盛。叶色淡绿，幼叶薄绵如绸，顶端的茶芽微黄且弯垂，毛茸茸的犹如白锦鸡的鸡冠，故得雅名。

每月5月下旬开始采摘，以二叶或三叶为主，色泽绿里透红，回甘隽永。成品茶色泽米黄乳白，汤色橙黄明亮，入口齿颊留香，回味极长。

由于武夷岩茶多为墨绿色，茶芽较直，光洁而无绒毛，唯有白鸡冠茶叶片淡绿，绿中显白，茶芽弯曲且毛茸茸的，故而名贵。清雅的品质，高贵的出身，以及香甜甘美的口感让其深受人们的青睐。

干茶有淡淡的玉米清甜味。

色泽黄绿色、嫩砂绿两类皆有，条索较紧结。

153 水金龟茶有什么特点?

　　水金龟,武夷岩茶四大名枞之一,产于武夷山区牛栏坑杜葛寨峰下的半崖上,因茶叶浓密且闪光犹如金色之龟,因而得名。

　　水金龟茶树,树皮灰白色,枝条稍微弯曲,叶长圆形。每年5月中旬采摘,以二叶或三叶为主,色泽绿里透红,滋味甘甜,香气高扬,浓饮也不见苦涩。

　　水金龟在清末备受茶人推崇,名扬大江南北。据当地茶农传说,水金龟茶树原产于天心岩杜葛寨下,有一天由于暴雨冲刷,山洪把峰顶上的水金龟茶树冲到了牛栏坑头的岩石凹处,兰谷岩主乘势而为,砌筑石围,壅土以蓄之。之后,兰谷寺和天心寺为此事对簿公堂,双方不惜耗费巨资争夺茶树的归属。经当时的国民政府判定,水金龟茶树不是人为盗窃,是自然灾害所为,属于不可抗力造成,裁定水金龟茶树归兰谷寺所有。

条索肥壮、紧结。

色泽青褐、油润。

154 武夷肉桂有什么特点?

　　武夷肉桂,由于它的香气滋味似桂皮香,俗称"肉桂"。据《崇安县新志》记载,清代便有其名。该茶是以肉桂良种茶树鲜叶,以武夷岩茶的制作方法而成,为岩茶中的高香品种。它产于福建省著名的武夷山风景区,近年种植面积逐年扩大。

　　武夷肉桂茶树为大灌木型,树势半披张,梢直立。叶色淡绿,叶肉厚质尚软,叶面内折成瓦筒状,叶缘略具波状,叶呈椭圆形,整株叶片差异较大。

　　在武夷山的生态环境中,每年四月中旬茶芽萌发,五月中旬开采岩茶,通常每年可采四次,而且夏秋茶产量尚高。在晴天采茶,于新梢顶叶中采摘二三叶,俗称"开面采"。

　　武夷肉桂干茶嗅之有甜香,冲泡后的茶汤,有奶油、花果、桂皮般的香气;入口醇厚回甘,咽后齿颊留香,茶汤橙黄清澈,叶底匀亮,呈淡绿底红镶边,冲泡六七次仍有肉桂香。

条索匀整卷曲。

色泽褐绿,油润有光。

155 闽北水仙有什么特点?

闽北水仙,是闽北乌龙茶中两个花色品种之一,其品质别具一格,是乌龙茶类的上乘佳品,原产于闽北建阳县水吉乡大湖村一带,现主产区为建瓯、建阳两县。

水仙品种茶树,属半乔木型,枝条粗壮,鲜叶呈椭圆形,叶色浓绿富光泽,叶面平滑富草质,叶肉特厚,芽叶透黄绿色。春茶于谷雨前后采摘驻芽第三、四叶,每年分四季采制。

该茶冲泡之后,香气浓郁颇似兰花,滋味醇厚回甘,汤色红艳明亮,叶底柔软,叶缘有朱砂红边或红点,"三红七青"。

清光绪年间,畅销国内和东南亚一带,产量曾达500吨。1914年在巴拿马赛事中得一等奖,1982年在全国名茶评比中获银奖。现在,闽北水仙占闽北乌龙茶销量十之六七。

条索紧结沉重,叶端扭曲。

色泽油润暗砂绿,呈现白色斑点,俗称"蜻蜓头,青蛙腿"。

156 铁观音有什么特点?

铁观音,是中国乌龙茶名品,介于绿茶和红茶之间,属半发酵茶。于1919年自福建安溪引进木栅区试种,分"红心铁观音"和"青心铁观音"两种,主产区在西部的"内安溪"。纯种铁观音树为灌木型,属横张型,枝干粗硬,叶较稀松,芽少叶厚,天性娇弱,产量不高。茶叶呈椭圆形,叶厚肉多,叶片平坦。

三月下旬萌芽,一年分四季采制,谷雨至立夏为春茶,夏至至小暑为夏茶,立秋至处暑为暑茶,秋分至寒露为秋茶。品质以秋茶为最好,春茶次之。秋茶香气特高,俗称秋香,但汤味较薄。夏、暑茶品质较次。铁观音茶的采制特别,不采幼嫩芽叶,而采成熟新梢的二、三叶,俗称"开面采",是指叶片已全部展开,形成驻芽时采摘。

该茶冲泡之后,汤色金黄似琥珀,有天然兰花香气或椰香,滋味醇厚甘鲜,回甘悠久,七泡有余香,俗称有"音韵"。

茶条卷曲,肥壮圆结,沉重匀整。

图说

铁观音色泽乌黑油润,砂绿明显,整体形状似"蜻蜓头、螺旋体、青蛙腿"。

157 黄金桂有什么特点？

黄金桂，又叫黄旦，是以黄旦茶树嫩梢制成的乌龙茶，因其汤色金黄有似桂花香味，故名黄金桂。它原产于福建省安溪县虎邱美庄村，是乌龙茶中的又一极品。由于它是现有乌龙茶中发芽最早的品种，香气又特别高，所以又被称为"清明茶""透天香"。

黄旦植株属小乔木型，中叶类，早芽种。树姿半开展，分枝较密，节间较短；叶片较薄，叶面略卷，叶齿深而较锐，叶色黄绿具光泽，发芽率高；能开花，结实少。一年生长期 8 个月，适应性广，抗病虫能力较强，单产较高。适制乌龙茶，也适制红、绿茶。

该茶冲泡之后，香奇味佳，汤色金黄透明，茶底单薄黄绿，叶脉突出显白。

> 色泽暗绿泛黄、润亮，条索紧细，茶梗细小。

图说

品质较佳的黄金桂外观特征有"黄、薄、细"一说。

相传，清咸丰年间，安溪罗岩村茶农魏珍，外出路过北溪天边岭，见一株茶树呈金黄色，将它移植家中盆里。后来压枝繁殖 200 余株，精心培育，单独采制。冲泡之时，茶香扑鼻，从此名扬。

158 凤凰水仙有什么特点？

凤凰水仙，产于广东潮安凤凰乡，它是条形乌龙茶，有天然花香，滋味浓，耐冲泡。

凤凰水仙采摘严谨，通常在午后采摘；以驻芽后第一叶开展到中开面时最为适宜；过嫩，成茶苦涩，香不高；过老，茶味粗淡，不耐泡。鲜叶经晒青、晾青、做青、炒青、揉捻、烘焙制成。

凤凰水仙可分为单枞、浪菜、水仙三个级别，其中以凤凰单枞最具特色，"形美、色翠、香郁、味甘"；茶汤橙黄清澈，叶底肥厚柔软，味醇爽回甘，香味持久，耐泡。

凤凰水仙原产于广东省潮安县凤凰山区。传说南宋末年，宋帝赵昺南下潮汕，路经凤凰山区乌崠山，口渴不堪，侍从们采下一种叶尖似鸟嘴的茶叶加以烹制，饮之止咳生津，立奏奇效，从此广为栽植，称为"宋种"，迄今已有近千年历史。

> 茶条肥大。

> 色泽呈鳝鱼皮色，油润有光。

159 台湾乌龙茶有什么特点?

台湾乌龙茶源于福建,制茶工艺传到台湾后有所改变,依据发酵程度和工艺流程的区别可分为轻发酵的文山型包种茶和冻顶型包种茶;重发酵的台湾乌龙茶。

清朝嘉庆十五年,福建茶商柯朝将茶子在台北县试植,从此,植茶在台湾传播开来。1858年,英法联军与中国缔结天津条约,台湾成为国际通商口岸,乌龙茶精茶开始出口。1868年,英国商人约翰杜德在台北精制乌龙茶试验成功,台湾乌龙茶首次运销国际。现在乌龙茶除了内销广东、福建等省及港澳地区外,主要出口日本、东南亚。

台湾乌龙茶汤色橙红,滋味醇和,有馥郁的清香。其中,夏茶因晴天较多品质最好。台湾包种茶别具一格,比较接近绿茶,形状粗壮,无白毫,色泽青绿;干茶具有明显花香,冲泡后汤色呈金黄色,带有甜味,香气清柔。

白毫较多,呈铜褐色。

图说
台湾乌龙是乌龙茶中发酵程度最重的一种,最近似于红茶。

160 银针白毫茶有什么特点?

银针白毫,又名白毫、白毫银针,由于鲜叶原料全部是茶芽,制成成品茶后,形状似针,白毫密披,色白如银,因此命名为白毫银针。

该茶产于福建福鼎和政和,为白茶中的极品。清嘉庆初年,福鼎以菜茶的壮芽为原料,创制银针白毫。后来,福鼎大白茶繁殖成功,改用其壮芽为原料,不再采用茶芽细小的菜茶。政和县1889年开始产制银针。福鼎所产的又叫"北路银针",政和所产的又叫"南路银针"。

银针白毫采制时选择凉爽晴天,标准为春茶嫩梢萌发一芽一叶时即将其采下,然后将芽心轻轻抽出,或将真叶、鱼叶轻轻剥离,俗称之为抽针。白毫银针的制法特殊,不炒不揉,只分萎凋和烘焙两道工序,使茶芽自然变化,形成白茶特殊的品质。

该茶冲泡之后,汤色浅杏黄,汤味清醇爽口,香气清芬。银针性寒凉,有退热、祛暑、解毒之功效。

芽头肥壮。

遍披白毫。

图说
银针白毫成品,长3厘米左右,挺直如针,色白似银。

161 白牡丹茶有什么特点?

白牡丹茶,产于福建福鼎县一带。这种茶身披白毛,芽叶成朵,冲泡后,绿叶托着银芽,形态优美,宛如一朵朵白牡丹花,故得美名。

白牡丹的鲜叶,主要采自政和大白茶和福鼎大白茶,有时也采用少量水仙茶以供拼和。制成的毛茶,也分别称为政和大白、福鼎大白和水仙白。

白牡丹的鲜叶,必须白毫尽显,芽叶肥嫩。采摘标准是春茶第一轮嫩梢的一芽二叶,芽与二叶的长度基本相等,且均要满披白毛。夏秋之际的茶芽瘦,不予采制。

该茶冲泡之后,形态绚丽秀美,滋味清醇微甜,毫香鲜嫩持久,汤色杏黄明亮,叶底嫩匀完整,叶脉微红,叶底浅灰,有"红装素裹"之誉。

白牡丹为福建特产。最初,白牡丹创制于建阳水吉;1922 年之后,政和县也开始产制白牡丹,并成为主要产区;1960 年左右,松溪县一度盛产白牡丹。现在白牡丹的主产区仍分布在这些县市,主销我国港澳,以及东南亚地区,有润肺清热的功效,为夏日佳饮。

芽叶连枝,叶缘垂卷,毫心肥壮。

叶色灰绿,夹以银白毫心。

162 贡眉茶有什么特点?

白茶因其制法独特,不炒不揉,成茶外表满披白毫,因此得名,是福建特有茶类。贡眉是白茶中产量最大的一种,主产于福建的福鼎、政和、建阳、松溪等地。

贡眉,过去以菜茶为原料,采一芽两三叶,品质次于白牡丹。菜茶的芽虽小,要求必须含有嫩芽、壮芽,不能带有对夹叶。现在也采用大白茶的芽叶为原料。

贡眉的基本加工工艺是:萎凋、烘干、拣剔、烘焙、装箱。萎凋一是去掉水分,二是使茶青变化,贡眉算是"微发酵茶"。

贡眉以全萎凋的品质最好。该茶汤色橙黄或深黄,叶底匀整、柔软、鲜亮,叶张主脉迎光透视时呈红色,味醇爽,香鲜纯。

贡眉茶有清凉解毒、明目降火之功效,可治"大火症",在越南是小儿高热的退烧良药。贡眉主要销往中国香港及澳门、德国、日本、荷兰、法国、印尼、新加坡、马来西亚、瑞士等国家和地区。

叶张伏贴,边缘略卷,叶面有明显波纹。

色泽灰绿或翠绿鲜艳,有光泽。

163 君山银针茶有什么特点?

君山银针,产于湖南岳阳洞庭湖中的君山,是黄茶中的珍品,很有观赏性。

君山是洞庭湖中的一个岛屿,岛上土壤肥沃,多为沙质土壤,年平均温度为 16 ~ 17℃,年降雨量为 1340 毫米左右,相对湿度较大,气候非常湿润。春夏之季,湖水蒸发,云雾弥漫,岛上树木丛生,适宜茶树生长,山地遍布茶园。

采摘茶叶的时间限于清明前后 7 ~ 10 天内,采摘标准为春茶的首轮嫩芽。叶片的长短、宽窄、厚薄均是以毫米计算,500 克银针茶,约需十万五千个茶芽。经过杀青、摊晾、初烘、初包、再摊晾、复烘、复包、焙干等八道工序,需 78 个小时方可制成。

该茶香气高爽,汤色橙黄,叶底明亮,滋味甘醇。冲泡之时,根根银针直立向上,悬空竖立,继而徐徐下沉,三起三落,簇立杯底。

君山银针始于唐代,清朝时被列为"贡茶"。《巴陵县志》载:"君山产茶嫩绿似莲心。"清代,君山茶分为"尖茶""茸茶"两种。"尖茶"如茶剑,白毛茸然,纳为贡茶,素称"贡尖",1956 年在莱比锡国际博览会上,荣获金质奖章。

茶身满布毫毛,色泽鲜亮。

芽头茁壮,长短大小均匀。

君山银针外层白毫显露完整,包裹坚实,茶芽外形就像一根银针。

164 蒙顶黄芽茶有什么特点?

蒙顶黄芽,属黄茶一种,产于四川蒙山山区。蒙山终年烟雨蒙蒙,云雾茫茫,土壤肥沃,为茶树提供了良好的生长环境。

黄茶采摘于春分时节,待茶树上有部分茶芽萌发时,即可开园采摘。标准为圆肥单芽和一芽一叶初展的芽头,制造分为杀青、初包、复炒、复包、三炒、堆积摊放、四炒、烘焙八道工序。

该茶冲泡之后,汤色黄中透碧,叶底全芽嫩黄,滋味甜香鲜嫩,甘醇鲜爽。

蒙顶茶栽培始于西汉,自唐开始,直到明、清,千年之间一直为贡品,为我国历史上最有名的贡茶之一。二十世纪五十年代,蒙顶茶以黄芽为主;近来多产甘露,但黄芽仍有生产,为黄茶中的珍品。

芽条匀整,扁平挺直,叶嫩芽壮。

色泽黄润,金毫显露。

165 霍山黄芽茶有什么特点?

霍山黄芽，主产于安徽霍山县大化坪、金竹坪、金鸡山、金家湾、乌米尖等地，这里山高云雾大、雨水充沛、空气相对湿度大、漫射光多、昼夜温差大、土壤疏松、土质肥沃、林茶并茂，生态条件良好，极适茶树生长。

霍山黄芽一般在谷雨前后二、三日采摘，标准为一芽一叶至一芽二叶初展。其炒制技术分为炒茶（杀青和做形）、初烘（摊放）、足火（摊放）和复火踩筒等过程。

该茶冲泡之后，汤色黄绿清明，香气鲜爽，有熟栗子香，滋味醇厚回甜，叶底黄亮，嫩匀厚实。

霍山自古多产黄茶，在唐时为饼茶，唐人李肇《国史补》把寿州霍山黄芽列为名茶之一。明清之时，均被列为贡品。近代，由于战乱影响，霍山黄芽一度失传。直至1971年才重新开始研制和生产。1990年获商业部农副产品优质奖，1993年获全国"七五"星火计划银奖，1999年获第三届"中茶杯"名优茶评比一等奖。

芽叶细嫩多毫，叶色嫩黄。

🔵图说

霍山黄芽外形条直微展，匀齐成朵，形似雀舌。

166 北港毛尖茶有什么特点?

北港毛尖，属条形黄茶，产于湖南岳阳市北港和岳阳县康王乡一带。茶区气候温和，雨量充沛，湖面蒸汽腾绕，茶树生长环境良好。北港毛尖，在1964年被评为湖南省优质名茶。

鲜叶在清明后五六天开采，标准为一芽一叶和一芽二三叶。鲜叶随采随制，其加工方法分锅炒、锅揉、拍汗、烘干四道工序。

该茶冲泡后，香气清高，汤色橙黄，滋味醇厚，叶底黄明，肥嫩似朵。

岳阳产茶，唐时已有名气。唐代斐济《茶述》中，邕湖茶叶为贡茶之一;《唐国史补》中有"岳州有邕湖之含膏"的记载。明代时，岳州的黄翎毛为名茶之一。清代黄本骥《湖南方物志》有"岳州之黄翎毛，岳阳之含膏冷，唐宋时产茶名"的记载。

外形芽壮叶肥。

毫尖显露，呈金黄色。

167 温州黄汤茶有什么特点?

温州黄汤,又称平阳黄汤,主产于平阳、苍南、泰顺、瑞安、永嘉等地,以泰顺的东溪、平阳的北港所产品质最佳。该茶创制于清代,当时即被列为贡品;民国时期失传,直至新中国成立后,1979年才恢复生产,为浙江名茶之一。

温州黄汤在清明前开采,采摘标准为一芽一叶和一芽二叶初展,要求大小匀齐一致。采摘后,经过杀青、揉捻、闷堆、初烘、闷烘五道工序制成。温州黄汤的制法介于绿茶和黑茶之间,比绿茶多一个闷蒸工艺,又没有黑茶的闷堆程度深。其品质也介于两者之间,汤色深浅、滋味醇和均不同。

该茶汤色橙黄鲜明,叶底嫩匀成朵,香气清高幽远,滋味醇和鲜爽。温州黄汤最明显的特征是:茶汤为纯黄色,汤面很少夹混绿色环。绿茶的汤色透绿色,茶杯边缘有绿色环。青茶的汤色为橙黄色或金黄色,其色度深浅与黄茶不同。

条索细紧纤秀。

色泽黄绿多毫。

168 皖西黄大茶有什么特点?

皖西黄大茶,主要产于安徽霍山、金寨、大安、岳西一带。这里地处大别山北麓的腹地,因有高山屏障,水热条件较好,生态环境适宜种茶。其中,以霍山县大化坪、漫水河,以及金寨县燕子河一带所产品质最佳。霍山大化坪黄芽茶曾被定为2008年奥运五环茶。

黄大茶的采摘标准为一芽四五叶,春茶要到立夏前后才开采,春茶采3～4批,夏茶采1～2批。鲜叶原料比较粗老,但要求茶树长势好,叶大梗长,一个新梢上长4～5片叶子以上,才能制出质量好的黄大茶。

该茶冲泡之后,汤色淡黄绿明亮,叶底黄中显褐,滋味浓厚醇和,具有高嫩的焦香。黄大茶性质清寒,有提神、助消化、化痰止咳、清热解毒之功效,有助于减肥和防治食道癌。

当地人形容黄大茶:"古铜色,高火香,叶大能包盐,梗长能撑船。"黄大茶大枝大叶的外形,在我国茶类中非常少见,已成为消费者判定黄大茶品质的标准。

梗壮叶肥,叶片成条,细嫩多毫。

梗叶相连形似鱼钩,梗叶金黄,色泽油润。

169 广东大叶青茶有什么特点?

大叶青为广东的特产,制法是先萎凋后杀青,再揉捻闷堆,这与其他黄茶不同。杀青前的萎凋和揉捻后闷黄的主要目的,是消除青气涩味,促进香味醇和纯正。产品品质特征具有黄茶的一般特点,所以也归属黄茶类,但与其他黄茶制法不完全相同。

大叶青产于广东省韶关、肇庆、湛江等县市。广东地处南方,北回归线从省中部穿过,五岭又屏障北缘,属亚热带,热带气候温热多雨,年平均温度大都在22℃以上,年降水量1500毫米,甚至更多。茶园多分布在山地和低山丘陵,土质多为红壤,透水性好,非常适宜茶树生长。

大叶青以云南大叶种茶树的鲜叶为原料,采摘标准为一芽二、三叶。大叶青制造分萎凋、杀青、揉捻、闷黄、干燥五道工序。该茶冲泡后,香气纯正,滋味浓醇回甘,汤色橙黄明亮,叶底淡黄。

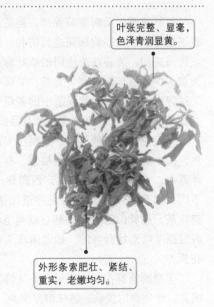

叶张完整、显毫,色泽青润显黄。

外形条索肥壮、紧结、重实,老嫩均匀。

170 普洱茶有什么特点?

普洱茶,是以云南特产的大叶种晒青茶为原料加工而成的茶叶。直接加工为成品的,叫生普;经过发酵后再加工而成的,叫熟普。从形制上,又分为散茶和紧压茶两类。普洱茶属于后发酵茶,成品一直持续着氧化作用,具有越陈越香、越温和的独特品质。

从贮存方式上,可分为两种:干仓普洱,存放于干燥仓库,使茶叶自然发酵,陈化10～20年为佳;湿仓普洱,放于较潮湿地窖中,以加快发酵速度,容易霉变,对健康不利。

该茶冲泡后,滋味醇厚回甘,具有独特的陈香味儿。普洱茶可续冲10次以上,最后还可以再煮一次茶。普洱茶作为传统饮料,除能止渴生津和提神外,还有暖胃、减肥、降脂、防治动脉硬化、防治冠心病、降血压、抗衰老、抗癌、降血糖之功效,被许多人当作养生滋补珍品。

普洱散茶外形条索粗壮肥大。

色泽乌润或褐红。

171 茉莉花茶有什么特点?

茉莉花茶,又叫茉莉香片,是花茶中的名品。茉莉花茶是将茶叶和茉莉鲜花进行拼和、窨制,使茶叶吸收花香而成的。茉莉花茶使用的茶叶称茶坯,一般以绿茶为多,少数也有红茶和乌龙茶。茉莉花茶的花香是在加工过程中添加的,因此成茶中的茉莉干花大多只是一种点缀,不能以有无干花作为判断其品质的标准。

茉莉花茶因产地不同,其制作工艺与品质也各具特色,其中著名的产地有福建福州、福鼎,浙江金华,江苏苏州,安徽歙县、黄山,广西横县,重庆等地。茶坯不同,名称也不同,如用龙井茶做茶坯,就叫龙井茉莉花茶,用黄山毛峰做茶胚,就叫毛峰茉莉,等等。也有根据茶叶形状命名的,如龙团珠茉莉花茶、银针茉莉花茶。

优质的茉莉花茶冲泡后,香气鲜灵持久,汤色黄绿明亮,叶底嫩匀柔软,滋味醇厚鲜爽。常饮茉莉花茶,可清肝明目、生津止渴、通便利水、降血压、防辐射损伤;还可松弛神经,情绪紧张的人可多饮茉莉花茶。

色泽黑褐油润。

茉莉花茶外形条索紧细匀整。

图说

茉莉花茶"引花香、益茶味",香气馥郁,绿茶较易于吸收花香之气,加工成茶后茉莉干花多被筛除,不能以干花存留的多少来判定其品质。

172 珠兰花茶有什么特点?

珠兰花茶是以烘青绿茶、珠兰或米兰鲜花为原料窨制而成,是中国主要花茶产品之一,因其香气浓烈持久而著称,尤以珠兰花茶为佳,产品畅销国内及海外。

米兰,又称米仔兰、鱼子兰、树兰,是一种常绿小乔木,小叶3～5片,对生,倒卵圆形,全缘无毛,叶面深绿色,较平滑。花为黄色,裂片圆形,花瓣五片,花香似蕙兰。

珠兰,也叫珍珠兰、茶兰,为草本状蔓生常绿小灌木,单叶对生,长椭圆形,边缘细锯齿,花无梗,黄白色,有淡雅芳香。4～6月开花,以5月份为盛花期,故夏季窨制珠兰花茶最佳。该茶生产始于清乾隆年间(1736—1795),迄今已有200余年。

该茶冲泡之后,茶叶徐徐沉入杯底,花如珠帘在水中悬挂,既有兰花的幽雅芳香,又有绿茶的鲜爽甘美。数次冲泡,花香仍清雅隽永。

珠兰花茶外形条索紧细。

锋苗挺秀,白毫显露,色泽深绿油润。

173 桂花茶有什么特点?

　　桂花茶,是由精制茶坯与鲜桂花窨制而成的一种花茶,香味馥郁持久,茶色绿而明亮,滋味醇和浓厚,深受消费者喜爱。

　　在桂花盛开期,采摘那些呈金黄色、含苞初放的花朵,采回的鲜花要及时剔除花梗、树叶等杂物,尽快窨制。桂花有金桂、银桂、丹桂、四季桂和月月桂等品种,其中以金桂香味最浓郁持久。

　　桂花茶有通气和胃、温补阳气之功效,可治疗阳气虚弱型的高血压病,以及由此引起的眩晕、腰痛、畏寒、小便清长等症。桂花茶还有美白肌肤、排解体内毒素、止咳化痰之效用,对夏季皮肤干燥、声音沙哑有缓解作用。

　　桂花香味浓厚而持久,无论窨制绿茶、红茶、乌龙茶均有良好效果,因此有许多种类,如:桂花烘青、桂花乌龙、桂花红碎茶、桂林桂花茶、贵州桂花茶、咸宁桂花茶等。

条索紧细匀整,色泽绿润。花色金黄,香气馥郁。

▲图说
市面上较为常见的桂花烘青茶,在我国广西、湖北等地的产量最大。

174 决明子茶有什么特点和功效?

　　决明子茶有很多种,可单独煎煮,以代茶饮,也与绿茶相搭配,也可与枸杞子、菊花、山楂、桃仁、荷叶相搭配,更可加入蜂蜜、冰糖等调味,甚至可以与粳米、紫菜等煮成粥。

　　决明子,又叫决明、草决明、马蹄子、野青豆、羊尾豆、假绿豆等。决明属豆科植物,常生长于村边、路旁和旷野等处,其成熟种子即为决明子。

　　决明子茶含有糖类、蛋白质、脂肪外,还含有甾体化合物、大黄酚、大黄素等,还有人体必需的微量元素,如铁、锌、锰、铜、镍、钴、钼等。它含有大黄素,有平喘、利胆、保肝、降压之功效,能降低胆固醇,还有一定的抗菌消炎作用,可用于治疗肝炎、肝硬化腹水、高血压、小儿疳积、夜盲、风热眼痛、习惯性便秘等症。

　　决明子茶是一种泻药,有很强的滑肠作用,长期饮用会损气,易引发月经不规律,甚至使子宫内膜不正常。

以颗粒饱满、色绿棕者为佳。形似马蹄。

▲图说
决明子气微,味微苦,捣碎可做中药,有明目之效。

175 枸杞茶有什么特点和功效?

枸杞茶是采用枸杞树的根、叶、花、果及菊花等为原料精制而成，平和了枸杞根、叶的寒性和凉性及枸杞干果的温性，使枸杞的药性更为平和，便于人体吸收。

枸杞根，别名地骨皮、仙人杖，内含桂皮酸、多量酚类物质、甜菜碱等成分，可清热消毒，止渴凉血，坚筋补气，治虚劳、潮热、盗汗、咳喘、高

● 图说
枸杞子性味甘平，可滋肾润肺，补肝明目，治肝肾阴亏，腰膝酸软，头晕目眩等。

血压、高血糖等；枸杞叶，别名天精草、地仙苗，富含蛋白质、胡萝卜素、粗纤维、维生素C、微量元素等营养成分，可补虚益精，清热止咳，祛风明目，清热毒，散恶肿。

枸杞茶无副作用，身体虚弱者可长期饮用。其温热效果强烈，感冒发热及高血压患者不宜饮用。

● 图说
枸杞茶中，也可根据情况适量加入红枣、菊花、金银花、莲子心、冰糖等。

176 柿叶茶有什么特点和功效?

柿叶茶，是以柿叶为原料加工而成的一种新型保健饮品。在制品中有的拼入茶叶，也有不拼茶叶的。经常饮用柿叶茶，具有通便利尿、净化血液、抗菌消肿等多种保健功能。

每克新鲜柿叶中含有维生素C 2～5毫克，尤其是五六月的叶片含量最高，有的品种高达34毫克，这在植物叶片中是非常罕见的。柿叶的粗蛋白含量占干重的12.67%，有16种氨基酸。柿叶含有丰富的矿物质元素，如钾、磷、钙、铜、铁、锌、锰等。

但柿叶含鞣质较多，有收敛作用，会减少消化液的分泌，加速肠道对水分的吸收，造成大便硬结。因此，便秘患者不宜饮用。

叶阔呈椭圆形

● 图说
柿叶含有较高的黄酮苷，能降低血压、增加冠状动脉的血流量，并有一定的杀菌作用。

177 榴叶茶有什么特点和功效?

石榴,又名天浆果,历代为朝贡天子、供奉神灵的上等供品。石榴全身是宝,尤其是其叶,含有丁香酚、槲皮素、番石榴苷、扁蓄苷等成分,多种微量元素,十多种氨基酸和维生素,有健胃消食、涩肠止泻、杀虫止痒、收敛止血的作用,对降低血脂、血糖、软化血管、增强心肌活力、预防癌症和动脉粥样硬化、延缓衰老有特殊功效。

榴叶茶是一种助消化、促进营养成分吸收、预防和治疗消化性溃疡、降低胆固醇、防治老年病的保健饮品。适宜口干舌燥者、腹泻者、扁桃体发炎者;不适宜便秘者、尿道炎患者、糖尿病者、实热积滞者。

图说
《图经本草》中说,"榴叶者,主治咽喉燥渴,止下痢漏精、止血之功能"。

178 竹叶茶有什么特点和功效?

竹叶茶,是以竹叶为主要原料制作的一种茶。

家里制作竹叶茶,可取鲜竹 50 ~ 100 克,用水煎煮,以代茶饮。滋味清新纯和,汤色晶莹透亮,具有清热利尿、清凉解暑作用,可用于缓解流行性感冒、上呼吸道感染等症。

竹叶茶可加入生地黄、绿茶一起煮闷 15 分钟左右,可加白砂糖增加甜味。也可加灯芯草共煮,可清心降火,用于虚烦不眠者。

图说
竹为禾本科植物,《本草纲目》称其"味苦寒、无毒"。

179 桑叶茶有什么特点和功效?

桑叶茶,是以优质的嫩桑叶为原料经烘焙精制而成。由于去除了桑叶中有机酸的苦味和涩味,桑叶茶口味甘醇,清香宜人。用开水冲泡,茶水清澈明亮,清香甘甜,鲜醇爽口,具有减肥、美容、降血糖的作用,常饮此茶有利于养生保健、延年益寿。

桑叶中含有一种脱氧霉素,可阻止糖分解酶发挥作用,能抑制蔗糖酶、麦芽糖酶、α-葡萄糖甘糖、α-淀粉酶的分解,能刺激胰岛素分泌,降低胰岛素分解速度。桑叶有利水的功用,能促进排尿,改善水肿,清除血液中过剩的脂肪和胆固醇。

图说
桑叶富含黄酮化合物、酚类等,对脸部的痤疮、褐色斑也有较好的疗效。

180 金银花茶有什么特点和功效？

金银花又称忍冬花，忍冬为半常绿灌木，茎半蔓生，其茎、叶和花，皆可入药，具有解毒、消炎、杀毒、杀菌、利尿和止痒的作用。

鲜花经晒干或按制绿茶的方法制干后，即为金银花茶。市场上的金银花茶有两种，一种是鲜金银花与少量绿茶拼和，按花茶窨制工艺制成的金银花茶；另一种是用烘干或晒干的金银花干与绿茶拼和而成。前者花香浓，以品赏花香为主；后者香味较低，但药效较为完整。

金银花茶是老少皆宜的保健饮料，尤其适宜夏天饮用。其茶汤芳香、甘凉可口，有清热解毒、通经活络、护肤美容之功效。

181 玫瑰花茶有什么特点和功效？

玫瑰花茶，是用玫瑰花和茶芽混合窨制而成的花茶，有美容养颜、通经活络、软化血管之功效，对心脑血管、高血压、心脏病及妇科病均有一定疗效。

玫瑰花含丰富的维生素 A、维生素 C、B 族维生素、维生素 E、维生素 K 以及单宁酸，能改善内分泌失调，对消除疲劳和伤口愈合也有帮助，能调气血、促进血液循环，可美容、调经、利尿、滋润肠胃、减少皱纹、防治冻伤。玫瑰花茶可以健胃益肠，清凉去火，保持精力充沛，增加活力；长期饮用，有美容护肤之效。

在玫瑰花茶中加入冰糖或蜂蜜，可减轻其涩味。玫瑰花有收敛作用，便秘者不宜饮用；玫瑰花有活血散瘀作用，经期内不宜饮用。

▶图说

家制玫瑰花茶，可将几枚干玫瑰花配上绿茶少许，以及红枣几颗，用沸水冲饮。

玫瑰花富含香茅醇、香叶醇等多种香气成分。

▶图说

玫瑰原名徘徊花，香气甜美，是红茶窨花的主要原料。

182 菊花茶有什么特点和功效？

菊花，多年生草本植物，叶子为卵形，边缘有锯齿，秋季开花，原产于中国，品种很多，是中国十大名花之一，各地均有种植。菊花花色丰富，清香宜人，有药用、食用价值。

现代医学证实，菊花具有降血压、消除癌细胞、扩张冠状动脉和抑菌的作用，长期泡茶饮用能增加人体钙质、调节心肌功能、降低胆固醇、预防流行性结膜炎，适合中老年人饮用。

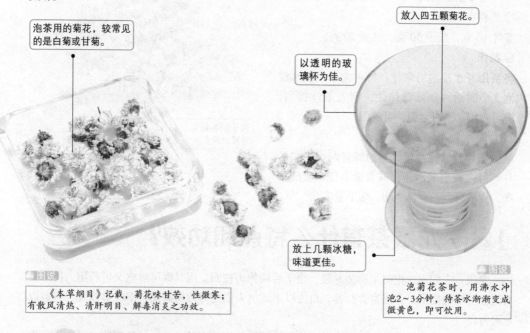

泡茶用的菊花，较常见的是白菊或甘菊。

以透明的玻璃杯为佳。

放入四五颗菊花。

放上几颗冰糖，味道更佳。

图说 《本草纲目》记载，菊花味甘苦，性微寒；有散风清热、清肝明目、解毒消炎之功效。

图说 泡菊花茶时，用沸水冲泡2～3分钟，待茶水渐渐变成微黄色，即可饮用。

183 橄榄茶有什么特点和功效？

橄榄茶的制法简单，取橄榄5～6枚，冰糖适量，将橄榄放入杯中，加入冰糖，用沸水冲泡，晾凉后，即可代茶饮用。

橄榄茶富含维生素E和钙质，可改善内循环环境，帮助身体排出废物，促进血液循环，加速新陈代谢，对月经不调、容易疲劳、压力大的肥胖女性尤其适合。橄榄茶有滋咽润喉、生津爽口、清热解毒之功效，可消积解胀、醒酒去腻、滋养脾胃，增强食欲，对于咽喉不适、减肥有明显效果。

硬质肉果。

新鲜橄榄有清热解毒、化痰、消积的功效。

图说 橄榄又名青果，初尝橄榄味道酸涩，久嚼后方觉得满口清香，回味无穷。

184 莲子茶有什么特点和功效?

市场上所出售的罐装莲子茶,是一种清心明目、降压降火、生津解渴的保健饮品。其主要原料为莲子、莲心、糖、菊花、淡竹叶、柏子仁、志药、山茶和水。其制造工艺为:将莲子粉碎、蒸煮、过滤,制成莲子汁;将莲心、菊花、淡竹叶、柏子仁、志药、山茶用水煮成药汁,将莲子汁和药汁混合,再进行灌装、灭菌,制成莲子茶。

莲子茶制法简单,可以在家自行制作。

🍵 原料

茶叶10克,莲子30克,冰糖20克。

🀄 制作

将茶用开水冲泡后取汁。另将莲子用温水浸泡2小时后,加冰糖炖烂,倒入茶汁拌匀,即可食用,平时常服,可连服。

🀄 功能

滋养安神,健脾益肾。主治脾肾两虚引起的月经过多或崩漏不止;或食欲不佳,腰酸腰痛,疲倦乏力,懒言少动,带下量多。

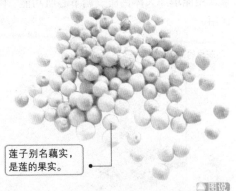

莲子别名藕实,是莲的果实。

🔖 图说

莲子性味甘平,具有益心固精、补脾止泻、益肾固精、养心安神等功效。

185 龙眼茶有什么特点和功效?

龙眼,人们通常把鲜果称为龙眼,焙干后则称为桂圆。因其既可鲜吃又可药用,历来被人们称为岭南佳果。龙眼富含营养,自古以来就被人们视为珍贵补品,李时珍曾说"资益以龙眼为良"。

龙眼有壮阳益气、补益心脾、养血安神、润肤美容等多种功效,可治疗贫血、心悸、失眠、健忘、神经衰弱,以及病后、产后身体虚弱等症。

龙眼茶做法简单,将龙眼洗净去核取肉,放在碗中加入清水,隔水蒸熟后取出即可食用。通常在睡前饮用效果较佳,补气血、安心神之功效,可缓解因血虚而引起的失眠。也可加入酸枣仁和茨实,与龙眼肉一起煮上半个小时左右,可养血安神,益肾固精,适宜于心悸、失眠、神疲乏力者食用。龙眼肉与绿茶同煮,可补血清热,补充叶酸,预防贫血,适宜血虚体弱者饮用。

其果肉中含全糖12.38%~22.55%,还原糖3.85%~10.16%以及丰富的维生素C。

外形圆滚如弹丸,略小于荔枝,皮青褐色。

🔖 图说

龙眼去皮后剔透晶莹偏浆白,隐约可见肉里红黑色果核,极似眼珠,故以"龙眼"名之。

186 杜仲茶有什么特点和功效?

杜仲茶,即以杜仲叶制成的茶状饮品。杜仲,又名丝连皮、扯丝皮、丝棉皮、玉丝皮、思仲等,属落叶乔木,是我国特有树种,资源稀少,属国家二级珍贵保护树种。

在杜仲叶生长最旺盛时,或在花蕾即将开放时,或在花盛开而果实种子尚未成熟时,采收杜仲的嫩叶,用传统的茶叶加工方法制成杜仲茶。杜仲茶,色泽橙黄透明,初尝微苦,回甜上口,常饮有益健康,无任何副作用,适合当作睡前饮料。饮用时,把2～3克杜仲茶放入杯中,浇上开水,闷盖3分钟,即可饮用。

《本草纲目》上说:杜仲,能入肝补肾,补中益精气,坚筋骨,强志,治肾虚腰痛,久服,轻身耐老。现代医学认为,杜仲茶可促进代谢,预防衰老;解除疲劳,恢复损伤;改善人体免疫系统;降血压,防治动脉硬化;抗菌消炎,抵抗病毒;排毒养颜,轻身健体。

杜仲叶为椭圆形或卵形。

表面为黄绿色或黄褐色,微有光泽。

具短叶柄。

187 丹参茶有什么特点和功效?

丹参是唇形科多年生草本植物,其根为圆柱形,略弯曲,有须根;表面棕红色或暗棕色,粗糙;含有丹参醌、皂苷元、维生素E等成分,具有扩张冠状动脉、镇静、降压、降低血糖的作用。

丹参茶,即将丹参切片或磨成粗末后,用沸水冲泡,以代茶饮,喝至滋味清淡为止。也可加入少量绿茶,一起泡饮。丹参茶是一种性状平和的保健饮料,有活血化瘀作用,适用于冠心病、心绞痛等的预防和治疗。孕妇和无瘀血者,不宜饮用。

丹参还有养血安神的作用,用于心悸失眠,可与酸枣仁、柏子仁等中药配合使用。

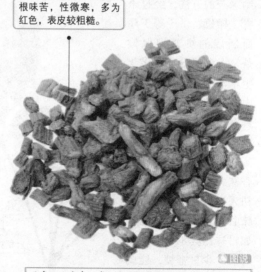

根味苦,性微寒,多为红色,表皮较粗糙。

丹参又名赤参,常切成块或片状使用,可养血安神。

188 灵芝茶有什么特点和功效?

灵芝茶，即用灵芝草切成薄片，以沸水冲泡，加绿茶少许饮用。冲泡时，可搭配丹桂、金银花、山楂、枸杞等中草药。

经常饮用灵芝茶，可补中益气、增强筋骨、养颜聪耳、益寿延年，适用于肾虚气弱而导致的耳聋、失眠、便秘、甲亢、腹泻等症。据《神农本草经》记载：灵芝有紫、赤、青、黄、白、黑六种，但现代所见标本，多为紫芝或赤芝。

中医认为，灵芝入五脏、补益全身，具有滋补强身、补肺益肾、健脾安神的作用。现代医学也认为，灵芝能提高人体免疫力，有健肤抗衰老的作用。对人体具有双向调节作用，所治病种涉及呼吸、循环、消化、神经、内分泌及运动等各个系统；尤其对肿瘤、肝脏病变、失眠以及衰老的防治作用十分显著。

■ 图说
灵芝性味甘平，是一种多孔菌科类植物，含水解蛋白、脂肪酸、甘露醇、麦角甾醇、B族维生素等物质，此外还含有大量的酶。

189 人参茶有什么特点和功效?

人参茶，是用人工栽培的人参鲜叶，按制绿茶的方法，经过杀青、揉捻、烘干等工序而制成的烘青型保健茶。人参属五茄科多年生草本植物，掌状复叶中含有多种人参皂苷，具有抗疲劳、镇静、壮阳等作用。

此茶回味甘醇，其香味与生晒参很相似，初入口微带苦，尔后回味甘醇。初饮人参茶，如口味嫌其不合，泡饮时加入少量蜜糖，能调和滋味的可口程度。

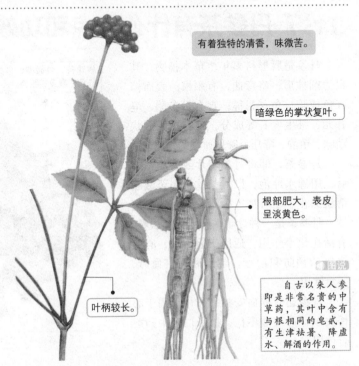

有着独特的清香，味微苦。

暗绿色的掌状复叶。

根部肥大，表皮呈淡黄色。

叶柄较长。

■ 图说
自古以来人参即是非常名贵的中草药，其叶中含有与根相同的皂甙，有生津祛暑、降虚水、解酒的作用。

190 胖大海茶有什么特点和功效?

胖大海,又名安南子、大海子、大洞果,因遇水会膨大成海绵状而得其名。它是梧桐科多年生落叶乔木植物——胖大海的成熟种子。

《本草纲目拾遗》中说,胖大海,俗称"大发",对于感冒、用嗓过度等引起的咽喉肿痛、急性扁桃体炎等咽部疾病,有一定的辅助疗效。

胖大海茶,即用沸水冲泡胖大海,每次 3 ~ 4 个,先用温水洗净,再加白糖少量,沸水冲泡,以代茶饮。它含有胖大海素,服用后能改善黏膜炎症,适用于慢性咽喉炎,能够生津止渴,缓解声音嘶哑、咽部干燥、红肿疼痛等症。

先端钝圆,基部略尖而歪。

表面棕色或暗棕色,微有光泽,具不规则的干缩皱纹。

外层种皮极薄,质脆,易脱落。

▲ 图说
胖大海的外形呈纺锤形或椭圆形,长2~3厘米,直径1~1.5厘米。

中医认为,胖大海性寒味甘,能清宣肺气,可用于风热犯肺所致的急性咽炎、扁桃体炎;也能清肠通便,用于上火引起的便秘。但是,并不是每个人都适合饮用,如:脾胃虚寒体质、风寒感冒患者、肺阴虚咳嗽患者等。现代药理研究证明,胖大海有一定毒性,不宜长期服用。

191 青豆茶有什么特点和功效?

在浙江杭嘉湖地区的农村,常用青豆茶来款待客人。青豆茶口味微咸而鲜香,深得当地人的喜爱,农妇们流行轮流做东,邻里邀请喝咸茶,称之为"打茶会"。

青豆茶制作简单,在夏末之时摘取成熟但干黄的大豆荚,剥取其中青绿色的嫩豆粒,放在水中搓揉,淘弃白色的豆膜,随后在锅中加水和盐煮熟,切勿煮酥,以防色泽变褐走味。

把青豆从锅中捞出,滤去卤汁,放在烘笼上烘至足干,即为青豆,也称烘青茶。因制作时加了盐,很易吸湿回潮,因此宜用布袋包装后贮藏在石灰缸中,以保持青豆干燥、嫩绿、不走鲜味。

青豆茶的冲泡很讲究,主料是烘青豆,佐料有:切成细丝的兰花豆腐干、盐渍过的橘皮、桂花、胡萝卜干、炒熟的芝麻、紫苏子。将各种配料放在茶盅里,冲入开水,稍候片刻即可品饮。味道鲜美,清香扑鼻,汤色红绿相映。饮用后解渴生津,还有健胃强身、提神补气之功效。

▲ 图说
青豆味甘性平,可健脾养胃、润燥消水,有助于滋补强壮,长筋骨,悦颜面,乌发明目。

192 玉米须茶有什么特点和功效?

玉米须茶,即用玉米须制成的一种茶饮料。玉米的花柱(玉米须),在中药中又称"龙须",性味甘、平、甜、和。玉米须中有很多维生素,有广泛的预防保健用途。

玉米须茶制法非常简单,有以下几种:把玉米须清理干净,用开水冲泡即可;用玉米须煮水后服用;把带有须的玉米放进锅煮熟,然后吃玉米,喝汤水。

玉米须茶有凉血、泻热的功效,可祛除体内的湿热之气;降低血脂、血糖,适用于糖尿病患者的辅助治疗;有利尿、消水肿的作用;可用于预防习惯性流产、妊娠肿胀、乳汁不通等症。

●图说

玉米须多为松散的团簇状,其营养健康价值常被人们所忽略。

玉米,又称玉蜀黍,禾本科植物,玉米须即是其花柱或柱头。

193 车前子茶有什么特点和功效?

车前子,即车前或平车前的干燥成熟种子。夏秋之时,车前种子成熟,采收果穗,晒干,搓出种子,除去杂质备用。

车前子茶的做法是,先将车前子拣去杂质,筛去空粒,洗去泥沙,晒干;把车前子放入保温杯中,沸水冲泡15分钟,当茶饮;也可用水煎服;此茶每日宜服用一剂。

车前子茶可清热利尿、渗湿通淋、清肝明目、祛痰,用于水肿胀满、热淋涩痛、暑湿泄泻、目赤肿痛、痰热咳嗽。

表面黄棕色至黑褐色,有细皱纹。

质硬,气微,味淡。

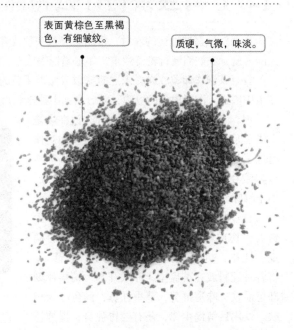

●图说

车前子呈椭圆形或不规则长圆形,略扁,长约2毫米,宽约1毫米。

194 姜茶有什么特点和功效?

姜茶,是流行于英国的一种饮料,其做法和中国用来治感冒的姜汤大同小异。茶叶少许,去皮生姜几片,一起放于水中煎,然后加糖,宜在饭后饮用。

姜茶可发汗解表、温肺止咳,对流感、伤寒、咳嗽等有明显疗效;但只限于风寒感冒,对风热感冒反会加重。风寒感冒头不痛,口不渴,嗓子不疼,无痰涕或清痰涕;风热感冒有头痛,嗓痛,口渴,咳浓痰,流浓涕症状。

姜辣能促进胃液分泌及肠管蠕动,帮助消化,抑制恶心感,防治晕车,但大量食用会引起口干、喉痛。姜茶的辛辣香味,能促进肢体末端的血液循环,怕冷的人可多喝;对怀孕恶心也很有效,但是一杯茶只能用1/2片。也可把生姜切成细长片,含在嘴里咀嚼。

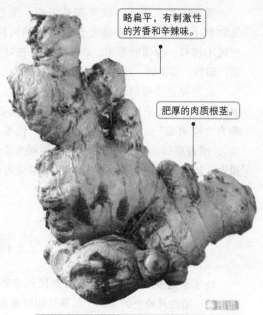

略扁平,有刺激性的芳香和辛辣味。

肥厚的肉质根茎。

图说

姜性温、味辣,能增强血液循环,促进消化,增进食欲;炎热时节,更可起到排汗降温、提神的作用。

195 虫茶有什么特点和功效?

虫茶,是由化香夜蛾、米黑虫等昆虫取食化香树、苦茶等植物后所排出的粪粒制成。虫茶是我国特有的林业资源昆虫产品,是传统出口的特种茶。

虫茶主要产于我国广西、湖南边界的中海拔山区,这一带化香树、苦茶等植物资源丰富,虫源分布广。当地山民把化香树等植物叶子盛入竹篮内,洒上淘米水发酵即可诱虫产卵、取食,从而获得虫粪。干虫粪经特殊处理后,便成为颗粒细圆、油光金黄的"虫茶"。虫茶以开水冲泡后为青褐色,几乎全部溶解,像咖啡一样,饮用十分方便。泡出茶来,香气四溢,喝上几口,味道醇香甘甜,沁人心脾,颇有余味。

虫茶是一种很好的医药保健饮料,《本草纲目》说其具有清热、去暑、解毒、健胃、助消化等功效,可说是热带和亚热带地区的一种重要的清凉饮料。据说,从清乾隆起,虫茶就被视为珍品,每年向朝廷进贡。

体积约米粒大小,黑褐色。

图说

虫茶虽然并不是真正的茶,但因其饮用方式与泡茶相近,因而称其为"茶"。

196 糯米茶有什么特点和功效?

糯米茶即流苏茶,糯米茶是俗称。流苏,又称萝卜丝花,是连云港云台山特有的树种。它属木犀科,为落叶乔木,树形高大,枝叶茂盛,阳性,喜温暖,耐寒,生长慢。

流苏树是珍贵的绿化树种,也是制作盆景的好材料。春天采其嫩叶,阴干后可用于沏茶,称为"糯米茶";用其花熏茶,称为"糯米花茶",清香爽口,别具风味。民间常用糯米茶消积食、清内火,还有明目功能。糯米茶渣可治胃病和小儿腹泻,具有药用价值。

图说

仲春至初夏,流苏树上披满白花,如覆霜盖雪。

197 虾米茶有什么特点和功效?

虾米茶是我国江苏沿海一带渔民用来款待客人的一道独具特色的茶饮。长期饮用虾米茶有温肾壮阳之功效,可治疗阳痿滑精、肾虚腰痛等症;适用于身体虚弱、抵抗力下降者。

人们将新鲜海虾洗净后放入水锅,加少量盐(500克虾约放盐一汤匙盐);待虾煮熟后捞出,放于阳光下晒干,去掉头和壳,装进罐子或塑料袋中密封备用。冲泡时,每杯水放十几粒虾米干,加入白糖,泡1~2分钟,即可以饮用。

也可根据喜好用虾米加少量茶叶,一起用沸水冲泡,茶水饮完之后,虾米可嚼食。

图说

茶香虾鲜,不仅能解渴、增加营养、维持人体正常机能,更有温肾壮阳的功效。

198 海带茶有什么特点和功效?

海带是一种很常见的大型海藻,属于高营养海产品。海带含碘量极高,常吃海带可令秀发润泽乌黑;海带中含有大量的甘露醇,可利尿消肿、防治肾衰竭、老年性水肿、药物中毒等疾病。

其形扁平如带状。

图说

海带作为少有的强碱性食物,能够促进人体酸碱平衡,保持体液的微碱性。

第四章
茶的艺术

一花一世界，一叶一如来。人们在茶中观察身外的大千世界，在茶中寻找内心的恬淡平和。茶为人营造清雅的氛围、美的境地，并带来了一种新的感受，它使人内心得以平复，精神得以延伸，其中的技巧则成为一种独特的文化，这就是茶艺。本章将结合实际细致解析茶艺师选茗、择水、烹煮、鉴赏以及环境搭配中的技巧，带你一点点揭开那些举手投足间营造美的奥秘。

199 什么是茶艺?

茶艺是饮茶活动中特有的文化现象,它包括茶叶品评技法和艺术操作手段的鉴赏及对品茗美好环境的领略等。

茶艺包含着选茗、择水、烹茶技术、茶具艺术、环境的选择创造等一系列内容,对渲染茶性的清纯、幽雅、质朴等气质起到良好的烘托作用,增强了茶文化的艺术感染力,文人雅士向来注重这种氛围。不同的人品茶有不同的茶艺风格,如文人讲究壶与杯的古朴雅致,环境的清幽静雅;而达官贵族则追求茶具和环境的豪华尊贵。各人只有选对符合自己身份及品位的环境,才能更好地领会茶的美妙。一般来说,品茶的环境多要求是清风、明月、松姿、竹韵、梅开、雪霁等种种妙趣和意境,这其中包含着中国人传统的美学观点和精神寄托。所以,茶艺是中国人自然观和自身体验的结合体,符合中国传统的"天人合一"哲学观念,也是现代人观念中的"灵与肉"的完美融合。

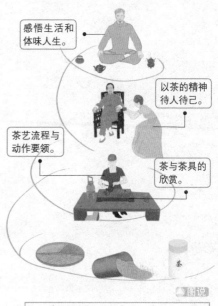

感悟生活和体味人生。

以茶的精神待人待己。

茶艺流程与动作要领。

茶与茶具的欣赏。

茶

图说

茶艺体现了人与自然,茶文化形式与精神的和谐、统一。

200 家庭饮茶的环境如何?

饮茶是很多人家庭生活中必不可少的事情,随着家庭茶艺的应运而生,家庭饮茶环境总体的要求是安静、清新、舒适、干净。现在介绍几种家庭饮茶的环境:

1. 书房

书房是读书、学习的场所,本身就具有安静、清新的特点,自古茶和书籍都有密不可分的关系,在书房中更能体现出饮茶的意境。

2. 庭院

如在庭院中种植一些花草,摆上茶几、椅子,和大自然融为一体,饮茶意境立刻就显现出来了。

3. 客厅

可以在客厅的一角辟出一个小空间,布置一些中式家具或是小型沙发等,饮茶的氛围立刻就营造出来了,午后和家人一起饮茶聊天是件很惬意的事。

图说

人们可以利用家里现有的条件,自己创造出适合饮茶的环境,例如阳台上、一个小墙角、书房等都是可以利用的地方。

201 家庭饮茶的特点是什么？

家庭饮茶的特点有以下几个：

1. 休闲性

这是家庭饮茶的首要特点。人们的生活节奏越来越快，工作压力也越来越大，在工作之余，家人坐在一起品茗聊天，放松身心，这也是人们缓解压力，愉悦身心的一种好方法。

家庭饮茶，可以给人们带来物质和精神上的双重享受，在享受到茶叶香味的同时，也能享受茶艺、茶具带来的趣味，陶冶了情操。

2. 保健性

茶叶具有养生保健作用，茶叶中的营养成分很丰富，还具有药效功能，具有提神健脑、生津止渴、降脂瘦身、清心明目、消炎解毒、延年益寿等功效，是人们日常生活中养生保健常用的饮品。

3. 交际性

"以茶会友"，是从古至今的一种交际方式，喜

●图说

以茶待客是我国最早的民间生活礼仪，表现出了主人对客人的热情与尊敬，这是中华礼仪的一项重要课程。

欢茶艺的人，总是用茶来招待朋友、结交朋友，和兴趣相投的朋友在一起交流饮茶心得，共享新茶，在交流的同时，也促进友谊。

202 家庭泡茶的基本技艺是什么？

泡茶是一门技术，需要用心学习才能掌握。一般来说泡茶的技术有三个重要环节，就是茶的用量、泡茶的水温、冲泡的时间。把握好这三个环节，就能泡出好茶。

各类茶叶有不同的特点，有的重香，有的重味，有的重形，有的重点，因此在泡茶时一定要根据茶的性质而有所侧重。

茶艺的大致程序是净具、置茶、冲泡、敬茶、赏茶、续水，这些是茶艺必不可少的程序。在冲茶时，要将水壶上下提三次，可以使茶水的浓度均匀，俗称为"凤凰三点头"，而冲泡的水只需要七分满就可以了。

●图说

茶水剩余三分之一时就要续水，不要等到全部饮完续水，否则茶汤会变得索然无味。

203 家庭茶艺怎样关注茶叶的质量?

茶叶的质量,需要从色、香、味、形四个方面来评价:

1. 色 不同的茶有不同的色泽,看茶时要了解茶的色泽特点,这样在选择时才有判断根据。例如:绿茶中的炒青应该呈黄绿色,烘青呈深绿色,蒸青呈翠绿色,如果绿茶色泽灰暗肯定不是佳品。乌龙茶的色泽为青褐,有光泽。红茶色泽则是乌黑油亮。

2. 香 茶叶都有自身的香气,一般都是清新自然的味道,如果有异味、霉味、陈味等都不是好茶。例如:红茶清香,带点甜香或花香;乌龙茶具有熟桃香;花茶则香气浓郁。

图说

茶叶质量的鉴赏可以用看、闻、摸、品的方法,即看色泽、形状,闻香气,摸茶骨,品茶汤。

3. 味 茶叶本身的味道由多种成分构成,有苦、涩、甜、酸、鲜等。这些味道按着一定比例融合,就形成了茶叶独有的滋味,不同的茶自然滋味也不相同。例如:绿茶初尝有苦涩味,但后味浓郁;红茶味道浓烈、鲜爽;苦丁茶饮时很苦,饮后有甜味。

4. 形 茶叶的外形很关键,直接关系到茶叶采摘时的新鲜度,制茶时的工艺好坏等。例如:珠茶,颗粒圆紧、均匀则为上品;毛峰茶,芽毫多则为上品;好的龙井茶则是外形扁平、光滑,形状像碗钉。

204 家庭茶艺怎样选择水?

茶的好坏和泡茶的水质有着直接关系,好的水,可以使茶汤色、香、味俱全;水质不好,不仅体现不出茶叶的自身香味,还能使茶汤走味。对于水的总体要求是,水要清洁甘甜,要活而鲜。

泡茶用的水,大多使用的是天然水,其中山泉水、溪水、井水是最佳选择。在选择泉水时,要注意泉水的水源和流经途径,这些都会影响到水的硬度、含盐量等。

选择水时,要注意区分软水和硬水。软水是指不含或含少量的钙离子、镁离子的水。硬水是指含有大量的钙离子、镁离子的水。水的 pH 值和水的硬度有关系,当 pH 值大于 5 时,茶汤的颜色会加深,当 pH 值达到 7 时,茶叶中的茶黄素会氧化而损失。水的硬度会影响到茶叶有效成分的溶解度,用硬水泡茶,茶味淡,而且还会使茶的颜色变黑。软水的溶解度高,泡出的茶味浓。

图说

山泉水比较干净,没有太多杂质,污染少,水质最好,是最上乘的泡茶水。

205 家庭茶艺的泡茶器皿怎样配备?

下面介绍几种常用的泡茶器皿:

1. **紫砂壶** 这是家庭常用的器皿之一,壶的大小不一,可以根据人数多少而定。一般是将茶叶放入壶中,倒入开水,盖上盖子,泡数分钟即可饮用。

2. **茶杯** 饮茶用的器皿,茶杯的大小不同,用来饮用不同的茶,一般乌龙茶用小杯,绿茶用大杯。

3. **茶船** 又称为茶池和壶承,放置茶壶的容器。将茶壶中放入茶叶,冲沸水放置在茶船中,再从茶壶上方淋开水温壶。作用是保温,可以接壶中溢出的水。

4. **茶匙** 又称为茶扒,外形类似汤匙,作用是挖取泡过的茶壶内的茶叶。在泡过茶之后,茶壶中会塞满茶叶,用茶匙就是方便将残留的茶叶取出。

5. **茶托** 即杯垫,用来放置茶杯用的。

6. **闻香杯** 用于闻茶香的直筒小杯。

7. **盖碗** 配有盖子和底托的茶碗,一般用来饮花茶和绿茶。

8. **茶海** 也称为茶盅,在饮茶时,将茶壶中泡好的茶汤先倒入茶海中,然后再分别一一倒入茶杯中。

图说

煮水器,用来烧开水的器皿,通常由水壶和茗炉组成。

206 家庭茶艺怎样控制茶叶浸泡时间?

茶叶的浸泡时间要根据茶叶不同而制订,不同的茶浸泡时间不相同,同一种茶在不同的浸泡时间也会呈现出不同的味道。

茶叶的浸泡时间,一般在第一道时,最好要5分钟左右。如果浸泡的时间过短,溶水成分还没有完全释放,因而茶汤也就体现不出来茶叶本身的香味。

一般的红茶、绿茶,冲泡时间为3~4分钟,口感最佳。有的茶比较细嫩,因此浸出的时间比较短,要适当缩短时间,例如碧螺春只需要2~3分钟即可;有些茶则需要适当延长浸泡时间,否则就散发不出茶的鲜香,例如竹叶青浸泡时间要在6~7分钟。

图说

在第一道浸泡时,茶叶的各种溶于水的成分都会释放出来,这时候的茶汤最能代表茶叶的质量。

207 家庭茶艺怎样选择投茶量？

投茶量并没有统一的标准，一般情况下，根据茶叶的类别、茶具的大小、饮用者的习惯来确定用量。茶多水少，味就浓，水多茶少，味就淡。

茶叶的用量有"细茶粗吃，粗茶细吃"的说法，也就是说，细嫩的茶冲泡时要多放一点，因为这类茶含的茶汁较少；相对来说粗茶含的茶汁较多，因此可以少放一点。例如同样的水，粗茶放 5 克就可以了，但是细茶则至少要放 8 克才行。

茶叶有大叶、中叶、小叶的区分，在泡制时，大叶茶的投茶量相对较多，而小叶茶的投茶量较少。因为小叶茶之间的缝隙小，看上去少实际量却很大，例如香片茶投茶量一般只要六分之一茶壶即可，而寿眉茶则至少需要三分之一茶壶，才能冲泡出茶的滋味。

> 卷曲的茶叶如以沸水泡开后，舒展的叶面将放大不少。

根据不同的茶叶，投茶量有一个基本的标准：绿茶一般为茶壶的 1/6 ~ 1/5，大叶的要占 1/3；清香型的青茶为 1/4 茶壶，浓香型的青茶 为 1/3 ~ 1/2 茶壶；红茶一般为 1/4 茶壶；白茶一般为 1/3 茶壶；黑茶一般为 1/4 茶壶。

●图说

> 大叶茶的叶片大，在壶中看上去多，但是中间的缝隙大，实际所需的投茶量反而多。

208 家庭茶艺怎样控制泡茶水温？

泡茶的水温是很讲究的，水温直接影响到茶汤的质量，水温控制不好，再好的茶也出不了茶味。

首先是烧水，烧水时一定要用大火急沸，切忌文火慢煮。水以刚刚煮沸起泡最佳，煮的过久了，水中的二氧化碳就会消失了，这样的水会使茶叶的鲜味丧失，茶味也就不鲜美了。在水质方面，水质好的话，可以在烧开时就泡茶，这样的水最好，煮的时间久了反而会损失微量元素，如果水质不好，就要多煮一会儿，这样可以使杂质沉淀一下，不至于影响茶的香味。

不同的茶叶，有着不同的水温标准。绿茶以80 ~ 90℃的水冲泡最好，一般不用100℃的沸水冲泡；红茶和花茶，适应用刚刚煮沸的水冲泡。

> 茶叶越嫩，用的水温相对就越低。

●图说

> 水温过高会破坏茶叶中的维生素C，不利于健康，但是水温太低了又会妨碍到茶叶的香味。

209 家庭茶艺的投茶法是什么?

投茶法一般可以分为上投法、中投法、下投法三种。

1. 上投法 对茶叶的选择比较高。但其先注水后投茶,可以避免紧实的细嫩名茶因水温过高而影响到茶汤和茶姿。其弊端是会使杯中茶汤浓度上下不一,影响茶香的发挥。具体操作时,如晃动一下茶杯,可使茶汤浓度均匀,茶香得以发挥,茶的滋味才会更好。

2. 中投法 一般来说,对任何茶都适合,而且这一方法也解决了水温过高对茶叶带来的破坏,可以更好地发挥茶的香味,但是泡茶的过程有些繁琐,操作起来比较麻烦。

3. 下投法 此法对茶叶的选择要求不高。此法冲出的茶汤,茶汁易浸出,不会出现上下浓淡不一的情况,色、香、味都可以得到有效的发挥,因此在日常生活中使用的最多。

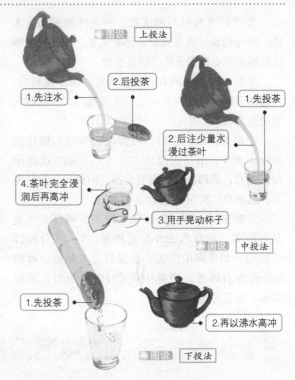

图说 上投法
1.先注水
2.后投茶

图说 中投法
1.先投茶
2.后注少量水浸过茶叶
3.用手晃动杯子
4.茶叶完全浸润后再高冲

图说 下投法
1.先投茶
2.再以沸水高冲

210 家庭茶艺的冲泡方法是什么?

茶的冲泡方法大致可以分为四种,分别是煮茶法、点茶法、毛茶法、泡茶法。

1. 煮茶法 即直接将茶放在茶壶中煮,在我国唐代以前最为普遍。此法多用于茶饼,通常先将茶饼碾碎,然后煮水,在全沸之前,将茶叶加入,等到第二次煮沸时,将煮出的沫舀出,待到第三次沸腾时,和二沸的水融合即可。

2. 点茶法 将茶放置在碗中,将水煮沸,在微沸时就冲到碗中,用"茶筅"打击碗中的茶叶,使水乳交融,茶汤浓稠。

3. 毛茶法 在茶叶中加入干果,然后直接用开水点泡,饮茶时干果可以食用。

4. 泡茶法 此法使用的最为普遍,方法简单易行。对于不同的茶,冲泡方法也各不相同。

图说

泡茶法在当今百姓生活中使用频率最高,其基本的宗旨就是发茶味,显茶色,体其香。

211 家庭茶艺的冲泡时间和次数大概是多少？

茶叶的冲泡时间和次数，和茶叶的种类、水温、茶叶用量、饮茶习惯等都有关系，因此时间和次数的差别会造成茶汤的明显差异。

水温和冲泡时间有着密切关系，当水温高时，冲泡的时间可以相对短一点，水温低时，冲泡时间要适当延长。

冲泡茶，第一次时，可溶性物质浸出能达到50%～55%；第二次浸出30%左右；第三次浸出10%左右；第四次几乎没有浸出。因此，一般情况下，泡茶冲三次即可废弃。

一般来讲，普通的红茶、绿茶，每杯放3克左右的茶，用沸水200毫克冲泡，4～5分钟即可饮用。如果用中投法，在浸润过茶叶后，冲泡3分钟左右即可。当杯中剩余1/3茶汤时，可以续水，反复冲泡三次最佳。

所有茶叶越多则冲泡所需时间越短。反之，茶叶越少则时间越长。

🔖图说

通常来说，泡茶的茶叶用量也影响着冲泡的时间。

212 家庭喝茶的冲泡顺序是什么？

家庭喝茶的冲泡顺序和一般的传统茶艺冲泡顺序大致相同，这种方法简单易行，十分适合大众饮用。

冲泡的步骤如下：

1. 烫壶　将烧开的沸水倒入壶中直到溢满为止。

2. 倒水　将壶中的水倒入放置茶壶的茶船中。

3. 置茶　将茶漏斗放置在茶壶口处，用茶匙将茶拨入茶壶中。这是茶艺中比较讲究的一种方式。

4. 注水　将烧开的水注入茶壶中，直到泡沫溢出茶壶口即可。

5. 倒茶　这是一个很关键、很艺术的步骤，然后将茶壶中的茶倒入茶盅中，使茶汤均匀。

6. 分茶　将均匀的茶汤倒入茶杯中，一般为七分满即可。

7. 去渣　用茶匙将壶中的茶渣清理干净。

茶壶沿着四个茶杯的走势循环移动。

茶水等量、均匀地倒入各杯。

四个空茶杯紧密靠在一起，形似城池。

🔖图说

"关公巡城"的倒茶方法不仅使各个杯中茶汤、茶香一致，更兼有一定的艺术美感。

213 绿茶的冲泡及品饮方法是什么?

图说

茶汤颜色逐渐变化,茶烟的飘散,茶芽会在杯子中渐渐舒展、上下起伏,这称为"茶舞"。

绿茶的冲泡及品饮方法

1. **洗净茶具**

   茶具可以是瓷杯子,也可以是透明玻璃杯子,透明的杯子更加便于欣赏绿茶的外形和质量。

2. **赏茶**

   在品茶前,要先观察茶的色泽和形状,感受名茶的优美外形和工艺特色。

3. **投茶**

   投茶有上投法、中投法和下投法三种,根据不同的茶选用不同的投法。

4. **泡茶**

   一般用80~90℃的水冲泡茶。

5. **品茶**

   在品茶时,适合小口慢慢吞咽,让茶汤在口中和舌头充分接触,要鼻舌并用,品出茶香。

> 龙井、碧螺春适合上投法,黄山毛峰、庐山云雾适合中投法,六安瓜片、太平猴魁等适合下投法。

> 茶饮至三分之一时,需续水,饮至"三泡茶"时,味道渐淡,可重新换茶叶。

214 红茶的冲泡及品饮方法是什么?

红茶的冲泡及品饮方法

> 红茶和绿茶一样,一般在冲泡2~3次后,就要废弃重新投茶叶;如果是红碎茶,则只适合冲泡一次。

1. **准备茶具**

   将泡茶用的水壶、杯子等茶具用水清洗干净。

2. **投茶**

   如用杯子,放入3克左右的红茶即可;如用茶壶,则参照1∶50茶和水的比例。

3. **冲泡**

   需用沸水,冲水约至八分满,冲泡3分钟左右即可。

4. **闻香观色**

   泡好后,先闻一下它的香气,然后观察茶汤的颜色。

5. **品茶**

   待茶汤冷热适口时,慢慢小口饮用,用心品味。

6. **调饮**

   在红茶汤中加入调料一同饮用,常见调料有糖、牛奶、柠檬片、蜂蜜等。

> 调料品选择与量的把握可根据个人口味自行调配。

> 以选用白瓷杯最好,以便观察茶的颜色。

215 白茶的冲泡及品饮方法是什么？

白茶的冲泡及品饮方法

1. **准备茶具**

   在选择茶具时，最好用直筒形的透明玻璃杯。

2. **赏茶**

   在冲泡之前，要先欣赏一下茶叶的形状和颜色，白茶的颜色为白色。

3. **投茶**

   白茶的投茶量2克左右即可。

4. **冲泡**

   一般用70℃的开水，先在杯子中注入少量的水，大约淹没茶叶即可，待茶叶浸润大约10秒后，用高冲法注入开水。

5. **品饮**

   待茶泡3分钟后即可饮用，要慢慢、细细品味才能体会其中的茶香。

赏茶时，白茶白毫银针外形宛如一根根银针，给人以美感。

因为白茶没有经过揉捻，所以茶汁很难浸出，滋味比较淡，茶汤也比较清，茶香相较其他茶叶没有那么浓烈。

直筒形的透明玻璃杯可以使人清晰地看到杯中白茶的形状、色泽、冲泡时的姿态和变化等。

216 黄茶的冲泡及品饮方法是什么？

黄茶的冲泡及品饮方法

1. **准备茶具**

   用瓷杯子和玻璃杯子都可以，玻璃杯子最好，可以欣赏茶叶冲泡时的形态变化。

2. **赏茶**

   观察茶叶的形状和色泽。

3. **投茶**

   将3克左右黄茶投入准备好的杯子中。

4. **泡茶**

   泡茶的开水要在70℃，在投好茶的杯子中先快后慢地注入开水，大约到二分之一处即可，待茶叶完全浸透，再注入八分的水即可。待茶叶迅速下沉时，加上盖子，约5分钟后，将盖子去掉。

5. **品茶**

   在品饮时，要慢慢啜饮，才能体味其茶香。

清洗干净后要将杯子中的水珠擦干，这样就可以避免茶叶因为吸水而降低茶叶的竖立率。

可观赏茶在水中沉浮、茶的姿态不断变化、气泡的发生等。

泡茶时，茶叶在经过数次浮动后，最后个个竖立，称为"三起三落"，这是黄茶独有的特色。

217 乌龙茶的冲泡及品饮方法是什么?

乌龙茶的冲泡及品饮方法

1. 准备茶具

准备好茶壶、茶杯、茶船等泡茶工具,并清洗干净。

2. 投茶

投茶量要按照茶水1坣30的比例,投在茶壶中。

3. 冲泡

将沸水冲入茶壶中,到壶满即可,用壶盖将泡沫刮去,冲水时要用高冲,可以使茶叶迅速流动,茶味出得快;将盖子盖上,用开水浇茶壶。

4. 斟茶

茶在泡过大约2分钟后,均匀地将茶低斟在各茶杯中。斟过之后,将壶中剩余的茶水,在各杯中点斟。

5. 品饮

小口慢饮,可以体会出其"香、清、甘、活"的特点。

图说

以沸水冲刷壶盖,既可以提高壶的温度,又可以起到清洗茶壶的作用。

斟茶时注意要低斟,这样可以避免茶香散发影响味道。

"一杯苦,二杯甜,三杯味无穷",这是乌龙茶品饮时独有的味道。

218 普洱茶的冲泡及品饮方法是什么?

普洱茶的冲泡及品饮方法

普洱茶的浓度高,具有耐泡的特性,一般可以续冲10次以上。

1.选择茶具

一般来说,泡普洱茶要用腹大的陶壶或紫砂壶,由于普洱茶浓度高,这样可以避免茶泡得过浓。

2.投茶

在冲泡时,茶叶分量约占壶身的1/5。

3.冲泡

开水冲入后随即倒出来,湿润浸泡即可;第二泡时,冲入滚烫的开水,浸泡15秒即倒出茶汤来品尝;为中和茶性,可将第二、三泡的茶汤混着喝。第四次以后,每增加一泡浸泡时间增加15秒钟,以此类推。

4.品饮

普洱茶是一种以味道带动香气的茶,香气藏在味道里,感觉较沉。

图说

普洱茶的茶味不易浸泡出来,所以必须用滚烫的开水冲泡。

图说

泡普洱砖茶时,如撬开置放约2周后再冲泡,味道更美。

219 花茶的冲泡及品饮方法是什么？

花茶的冲泡及品饮方法

花茶将茶香与花香巧妙地结合在一起，无论是视觉还是嗅觉都会给人以美的享受。

1. 准备茶具

品饮花茶一般用带盖的瓷杯或盖碗。

2. 赏茶

欣赏花茶的外形，花茶中有干花，外形值得一赏。

3. 投茶

将3克左右的花茶投入茶杯中。

4. 冲泡

高档的花茶，最好用玻璃杯子，用85℃左右的水冲泡；中低档花茶，适宜用瓷杯，100℃的沸水。

5. 品饮

在茶泡制3分钟后即可饮用。在饮用前，先闻香，将盖子揭开，花茶的芳香立刻逸出，香味宜人，神清气爽。品饮时将茶汤在口中停留片刻，以充分品尝、感受其香味。

外形漂亮、高档的花茶，也可以用透明的玻璃杯，便于欣赏。

🔖 图说

加上盖子，可以观察茶在水中的变幻、漂浮，茶叶会在水中慢慢展开，茶汤也会慢慢变色。

220 袋装茶的冲泡及品饮方法是什么？

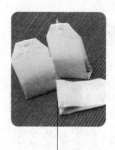

袋装茶的冲泡及品饮方法

1. 准备茶具

袋装茶对茶具要求不高，只要是一般的瓷杯或是玻璃杯即可。

2. 预热茶杯

在杯子中注入少量的开水，摇晃杯子，待杯子变的温热，将开水倒掉。

3. 注水

在预热过的杯子中加入七八分开水。水量要根据个人的口味来定，喜欢浓茶可以减少水量，喜欢淡茶可以多加些水。

4. 投茶

取一袋茶，用手提着线，将茶袋顺着杯子一边缓缓滑入杯子中，盖上盖子闷大约5分钟。

5. 品饮

时间到后，将盖子拿开，抽出茶包即可饮用。

取出茶包时不要用茶匙舀出，会影响到茶的味道。

袋装茶的泡法简单易行，一般情况下，一包袋茶适合冲泡一次，第二次的茶味就会变得极淡，茶香也没有了。

在抽茶包时要提着茶袋在茶汤中晃荡几下，这样可以使茶的浓淡均匀。

221 对茶艺师的基本要求是什么？

茶艺师的基本要求是：

1. 职业道德要求

（1）职业道德基本知识。

（2）职业守则：热爱专业，忠于职守。遵纪守法，文明经营。礼貌待客，热情服务。真诚守信，一丝不苟。钻研业务，精益求精。

2. 基础知识要求

（1）茶文化基本知识：包括中国用茶的渊源、饮茶方法的演变、茶文化的精神、中外饮茶风俗。

（2）茶叶知识：包括茶树基本知识、茶叶种类、名茶及其产地、茶叶品质鉴别知识、茶叶保管方法。

（3）茶具知识：包括茶具的种类及产地、瓷器茶具、紫砂茶具、其他茶具。

（4）品茗用水知识：包括品茶与用水的关系、品茗用水的分类、品茗用水的选择方法。

（5）茶艺基本知识：包括品饮要义、冲泡技巧、茶点选配。

（6）科学饮茶：包括茶叶主要成分、科学饮茶常识。

（7）食品与茶叶营养卫生：包括食品与茶叶营养卫生基础知识、饮食业食品卫生制度。

（8）相关法律、法规知识：包括劳动法相关知识、食品卫生法相关知识、消费者权益保护法相关知识、公共场所卫生管理条例相关知识、劳动安全基本知识等。

图说
茶艺师不仅要有丰富的茶叶、茶具、饮茶知识，更要有严谨、专业的职业态度。

222 茶艺表演的形象要求是什么？

茶艺表演者的形象要求不仅是在外表，还要注重内在的气质。茶艺的表演不同于一般的表演，茶艺表演要表现的是一种文化精神，要表达出清淡、明净、恬静、自然的意境。

茶艺师在表演时，动作要到位，过程要完整，不断加强自身的文化修养，初学者不能从内在体现茶艺的韵味，就要表现得更加自然和谐、从容优雅，在自身修养逐步提高后，自然就能做到温文尔雅，意境悠远。

茶艺师在表演时要和观众进行交流，这也是茶艺师很重要的一课。表演时如果和观众没有交流，只是自己一味地表演，表演必然没有氛围。茶艺师的动作、手势、体态、姿态、表情、服饰都要自然统一，在表演时要用心去感受，体会茶艺的精神。

图说
茶艺师在表演时，每一个动作都要和谐优美，无论坐、站、行都要规范。

223 茶艺表演的气质要求是什么？

　　茶艺师的气质要求都离不开文化底蕴，这样才能表达出茶艺的"精、气、神"，茶艺师在表演茶艺时让观赏者静静地体会出其中的幽香雅韵。如果没有内在，只是外在的表演，那么茶艺师根本就体现不出茶文化的内涵，只是一个单纯的表演而已。

　　茶艺师在表演时，要用身体姿态和动作来表现出内在气质。例如：坐姿、站姿、走姿、冲泡动作、面部表情等，这些都可以体现出一个茶艺师的气质。

　　茶艺师要在表演中不断完善自己，用茶来表达自己，要将自己的思想融合在表演中的每一个细节中。茶艺师在表演时要顺应茶性，将茶的特色和本色冲泡出来，这样才能将茶的真谛表达出来。

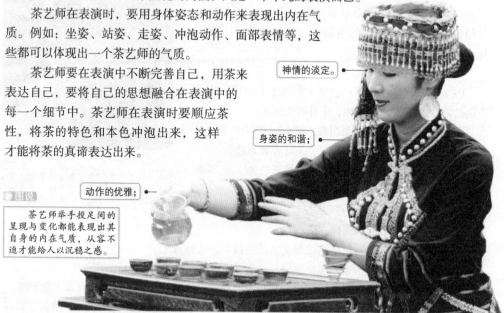

神情的淡定。

身姿的和谐；

动作的优雅；

●图说

茶艺师举手投足间的呈现与变化都能表现出其自身的内在气质，从容不迫才能给人以沉稳之感。

224 茶艺表演的环境要求是什么？

　　茶艺表演的环境要求是清、净、美。

　　清，就是说纯洁、无邪、清醒、无杂念。茶艺表演中的清则要求人、水、环境要保持清爽，清的另一个含义就是茶可以使人清醒头脑。

　　净，就是说洁净、净化。在茶艺表演中要求人的衣着、环境、茶叶、茶具、水都要保持洁净，人的洁净包括头发、手、衣服等，女性不要浓妆艳抹使人感到不舒服。桌椅要清洁，表演场所没有杂物。茶具必须干净，符合饮用标准。"净"还要求人的思想上、心灵上净化，没有杂念。

　　美，是指美好、优美。茶艺表演中要符合茶道的美，符合美学的要求，还要符合中国传统的审美情趣。首先是环境一定要布置得美，使人赏心悦目；其次是茶艺师一定要穿着得体，表演动作优美；再次是茶具要美。

●图说

虽然在茶艺表演中很难做到完全"清"，但是茶艺一定要追求"清"，给人们营造一个"清"的氛围。

225 茶艺表演过程中要怎样运用插花？

茶艺表演中的插花，不同于一般的插花，在茶艺表演中运用插花是为了体现茶的精神，追求自然、朴实典雅的风格，花不求多，只要有一两枝点缀即可。

茶艺表演中的插花形式，可以分为直立式、倾斜式、悬挂和平卧式四种。直立式指鲜花的主枝干呈直立状，其他配花也都呈直立向上的姿态。倾斜式指花的主枝干呈倾斜姿态。悬挂式指插花主枝在花器上的造型为悬挂而下。平卧式指的是全部的花卉在一个平面上。茶席插花中，最常用的是直立式和悬挂式。

茶艺表演中的插花意境有具象表现和抽象表现两种表现方法。具象表现是指没有夸张的设计，一切动作都是平凡真实，没有刻意营造的迹象，意境清晰明了。抽象表现是指表现的手法以夸张和虚拟为主。

图说
茶艺插花的基本要求是简洁、淡雅、小巧、精致，其作用主要是体现茶道精神与烘托意境。

茶艺表演中的插花用的花器是插花的关键，插花的造型很大程度上都是需要花器的依托，不同的花器表现出来的造型是截然不同的。总体来说，茶艺表演中的花器需要和花配合，大小适中，一般选择竹、木、草编、藤编和陶瓷的材质，可以表现出原始、自然、朴实的美感。

226 茶艺表演过程中的服饰要求是什么？

茶艺表演中要根据不同的表演来确定服饰。总体而言，其服饰要求是要和表演的主题相符，服装得体、衣着端庄，符合大众的审美要求。茶艺表演中的服装也要和表演场所的环境相协调，如果环境是仿古式场所，就应该穿古装；如果表演场所以黄色色调为主，着装可选青、绿、兰、白等相应色调；如果是在日式的茶楼，可以用日本和服作为表演服饰。

庄重得体的禅衣。

燃起檀香的香炉。

图说
在"禅茶表演"中要穿和主题相关的禅衣作为表演服饰。

227 茶艺表演过程中怎样选择音乐?

茶艺表演中的音乐要和茶艺所表演的主题相符，这样有助于客人更快融入其中，表演效果也会更好。

茶艺表演中的音乐一般都是用来配合表演营造意境，同时也能使人心平气和，全身心投入表演中。音乐的选择有很多，一般都是以符合表演为前提。中国古典名曲是表演中常用的曲子，中国古典名曲的典雅韵味，正好和茶道的精神符合，一般可以选用《春江花月夜》《彩云追月》《塞上曲》《平湖秋月》等。

大自然的声音也是很多茶艺表演中的首选，运用这些声音，即使在室内也会给人一种置身大自然的清静，例如山泉飞瀑、小溪流水、雨打芭蕉、风吹竹林、秋虫鸣唱等都是常用的音乐。

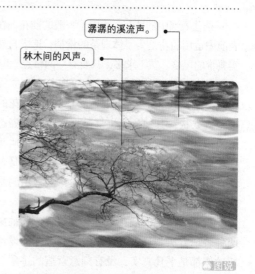

潺潺的溪流声。

林木间的风声。

●图说

大自然中所熟悉的声音，都可以轻松营造出品茶的自然意境。

228 茶艺表演过程中怎样选择茶叶?

茶艺表演中最重要的道具就是茶叶，茶叶是整个茶艺表演的根本，茶叶的品质直接影响到茶艺表演的好坏。

在茶艺表演中，要根据不同的茶叶来选择不同的冲泡技艺和表现形式，这样才能充分表现出茶叶的特点和品质。从茶叶中才能看出表演的灵魂，离开了茶叶，茶艺表演只是一个空洞、没有内容的普通表演而已，根本表现不出茶的内涵和韵味。而茶艺表演的过程就是力求将所选茶叶的外观、色泽、香气以及动静态间的内涵与韵味充分地展现出来。

宜选用玻璃杯冲泡法，并直接品饮。

一般的优质绿茶外形都很漂亮。

●图说

优质绿茶表演就要突出茶叶的外形，在表演时要充分显示绿茶的外形、色泽及其文化内涵。

229 茶艺表演过程中怎样运用茶具搭配？

茶艺表演中的茶具搭配也是很重要的一个内容，茶具是茶艺表演的外在表现。选择茶具时，一定要和茶叶的品质特点相匹配，也要能体现茶艺的精神内涵。

从茶叶产生时，茶具就是一个重要的课题，人们在研究茶的时候，总是将茶具规划进去。在古代，茶具种类就很多，唐代陆羽的《茶经》中，记载了适宜烹茶、品饮的二十四器。现代的茶具更加多样，从材料上可以分为陶土、瓷器、玻璃、竹木、金属等。从功能、颜色和造型上，茶具的种类更加多姿多彩。

例如：凤凰单枞茶的茶艺表演，要选用盖碗和公道壶作为主泡器具，这样可以突出它的"花香蜜韵"、色泽、制作工艺及其冲泡"功夫"；公道壶可以将"关公巡城"与"韩信点兵"合二为一，更能体现出茶道精神中的和谐、公平。

🔊图说

盖碗不仅方便"闻香观色"，更能体现出"功夫茶"的冲泡技艺。

中间为略浅而小的茶碗，易于察形观色。

上有盖，可保温、留香。

下有杯托。

230 茶艺表演过程中的位置、顺序、动作是怎样的？

茶艺表演和一般的品茶不同，这是一种艺术，因此位置、顺序、动作都不能混乱或者错误，这些都是根据科学、美学原理制订的，符合"和、敬、清、寂"的茶道精神，因此在表演时一定要遵循这些规则。

茶艺表演过程中的位置有主泡茶艺师的位置，助泡茶艺师的位置，客人的位置，茶具摆放的位置；茶艺表演过程中的顺序有茶艺师入场出场的顺序，客人出场的顺序，奉茶的顺序，茶具进出的顺序；茶艺表演过程中的动作有茶艺师行走的动作，泡茶的动作，奉茶的动作。

🔊图说

茶艺表演的位置、顺序、动作所遵循的原则是合理性、科学性，符合美学原则及遵循茶道精神，符合中国传统文化的要求。

231 龙井茶的冲泡演示过程是怎样的?

首先准备好用具:龙井茶、透明玻璃杯、水壶、清水罐、水勺、赏泉杯、赏茶盘、茶匙等。

茶艺步骤

1. 初识仙姿

即观赏龙井干茶外形,了解龙井茶常识。

2. 再赏甘霖

冲泡龙井茶需用杭州虎跑泉水。将硬币轻轻置于盛满虎跑泉水的赏泉杯中,硬币置于水上而不沉,水面高于杯口而不外溢,表明水分子密度高、表面张力大,碳酸钙含量低。如此再请来宾品赏这甘霖佳泉。

● 图说

虎跑泉,位于浙江省杭州市西南大慈山白鹤峰下慧禅寺,有"天下第三泉"的赞誉,甜美的虎跑泉水冲泡清香的龙井名茶,鲜爽清心,茶香宜人。

3. 静心备具

怀着一颗圣洁之心,将水注入将用的玻璃杯,一来清洁杯子,二来为杯子增温。

4. 悉心置茶

将龙井茶茶叶从茶仓中轻轻取出,每杯用茶2~3克。心态平静地将茶叶置入杯中,然后按照1:50的比例为干茶注水。

5. 温润茶芽

采用"回旋斟水法"向杯中注水少许,目的是浸润茶芽,使干茶吸水舒展,为将要进行的冲泡打好基础。

6. 凤凰三点头

温润的茶芽已经散发出一缕清香,这时高提水壶,让水直泻而下,接着利用手腕的力量,上下提拉注水,反复三次,让茶叶在水中翻动。三点头表示对茶和茶客的敬意。

7. 甘露敬宾

敬茶是中国传统礼俗,将自己精心泡制的香茶与朋友共赏,一起领略大自然赐予的精美。

8. 辨香识韵

闻其香,则香气清新醇厚;细品慢啜,体会齿颊留芳、甘泽润喉的感觉。

● 图说

龙井茶"色绿、香郁、味甘、形美",汤色嫩绿(黄)明亮,滋味清爽或浓醇,清香或嫩果香,叶底嫩绿。

232 黄山毛峰的冲泡演示过程是怎样的?

在冲泡黄山毛峰之前,首先要准备好相关的茶具,有茶杯、茶匙、茶荷、茶船、茶托、茶壶、茶盘、茶巾等。

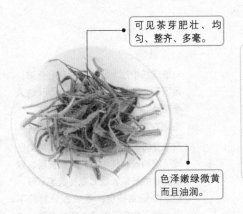

可见茶芽肥壮、均匀、整齐、多毫。

色泽嫩绿微黄而且油润。

 茶艺步骤

1. 温杯烫盏

用热水温暖茶杯,既可以清洁茶,又使茶杯的温度得以提高。

2. 鉴赏茶叶

欣赏毛峰干茶的外观:外形细扁微曲,状如雀舌,带有金黄色鱼叶。

3. 飞瀑甘霖

用左手托住杯底,右手拿杯,从左到右由杯底至杯口逐渐回旋一周,然后将杯中的水倒出,此举为的是浸润茶杯,以更好地欣赏黄山毛峰的茶叶、茶汤。

4. 执权投茶

冲泡黄山毛峰采用中投法,用茶匙把茶荷中的茶拨入茶杯中,茶与水的比例约为1坐50。

5. 峰降甘露

将热水倒入杯中约茶杯的1/4,水温以85~90℃为宜。

6. 温润泡

轻轻摇动杯身,促使茶汤均匀,加速茶与水的充分融合。

7. 悬壶高冲

即凤凰三点头,执壶高冲水,似高山涌泉,飞流直下。茶叶在杯中上下翻动,促使茶汤均匀,同时,也蕴含着三鞠躬的礼仪。

8. 观茶品茶

欣赏黄山毛峰汤色的清澈明亮;品尝香气清鲜高长,滋味鲜浓、醇厚;回味甘甜。

9. 共品香茗

邀朋友共饮佳茗,祝福朋友万事如意。

黄山毛峰"香高、味醇、汤清、色润",汤色清澈明亮;叶底嫩黄肥壮,滋味鲜浓、醇厚,回味甘甜。

233 碧螺春的冲泡演示过程是怎样的?

首先准备好品茶工具：一支香，一个香炉，四只玻璃杯，一套电随手泡，一个木茶盘，一个茶荷，一套茶道具，一个茶池，一条茶巾。

茶艺步骤

1. 焚香通灵

在品茶之前，先点燃一支香，让心灵平静下来，准备细细品、悟碧螺春茶的自然清香，即所谓的"茶须静品，香能通灵"。

2. 仙子沐浴

即首先清洗下杯子，以晶莹剔透的玻璃杯来泡茶，好比为冰清玉洁的仙子沐浴，以此表示对茶的崇敬。

3. 玉壶含烟

烫洗了茶杯之后，不用盖上壶盖，而是敞着壶，让壶中的开水（80℃左右）随着水汽的蒸发而自然降温。壶口蒸汽袅袅，正应了"玉壶含烟"。

4. 碧螺亮相

即请大家轮流鉴赏干茶。赏茶即是了解碧螺春的第一绝——形美：条索纤细、卷曲成螺、满身披毫、银白隐翠，宛若秀外慧中的碧螺姑娘。

5. 雨涨秋池

向玻璃杯中注水，水只注到七分满，留下三分装情意。此典出自唐代诗人李商隐的"巴山夜雨涨秋池"。

6. 飞雪沉江

用茶导将茶荷里的碧螺春依次拨到已冲了水的玻璃杯中去。满身披毫、银白隐翠的碧螺春就如雪花飘落一般，纷纷扬扬至杯中，吸收水分后即下沉，瞬间如白云翻滚，雪花翻飞，这就是飞雪沉江。

7. 春染碧水

热水溶解了碧螺春茶中的营养物质，茶汤逐渐变绿，如春姑娘初降人间，整个大地充满了绿意。

传言饮下七碗碧螺春茶后会有"清风生两腋，飘然几欲仙。神游三山去，何似在人间"的美妙感受。

8. 绿云飘香

即闻香。碧绿的茶芽，碧绿的茶水，在杯中如绿云翻滚，袅袅的蒸汽使得茶香四溢，清香袭人。

9. 初尝玉液

头一口如尝玄玉之膏、云华之液，感到色淡、香幽、汤味鲜雅。然后趁热细品。

10. 再啜琼浆

二啜感到茶汤更绿、茶香更浓、滋味更醇，并开始感到了舌本回甘，满口生津。

11. 三品醍醐

品第三口茶时，已不仅仅是品茶，而是品太湖春天的气息、洞庭山的生机、人生的真谛，正如佛教所说的醍醐灌顶。

234 都匀毛尖的冲泡演示过程是怎样的?

首先准备好玻璃茶杯，香一支，白瓷茶壶一把，香炉一个，茶盘一个，开水壶两个，锡茶叶罐一个，茶巾一条，茶道器一套，都匀毛尖茶每人2~3克。

茶艺步骤

1. 焚香除妄念

品茶需要心平气和，先点燃一支香，"焚香除妄念"就是令人在袅袅的香气中感受祥和、肃穆的气氛。

2. 冰心去凡尘

即用开水清洗茶具，使茶杯冰清玉洁，一尘不染，以迎接集天地精华之茶。

3. 玉壶养太和

即将开水预先倒入瓷壶中养一会儿，使水温降至80℃左右。因都匀毛尖属于芽茶类，茶叶细嫩，太热的水会破坏茶芽中的维生素，导致茶汤失味。

4. 清宫迎佳人

用茶匙把茶叶投放到冰清玉洁的玻璃杯中。此典出自苏轼之诗："戏作小诗君勿笑，从来佳茗似佳人。"

5. 甘露润莲心

优质都匀毛尖外观如莲心，乾隆也曾把茶叶称为"润心莲"。此程序就是泡茶之前先向杯中注入少许热水，起到润茶的作用。

6. 凤凰三点头

冲茶时，水壶有节奏地三起三落，像是凤凰向客人点头致意。

7. 碧玉沉清江

冲入热水后，茶先是浮在水面上，而后慢慢沉入杯底，即"碧玉沉清江"。

8. 观音捧玉瓶

将泡好的茶敬奉给客人，祝福朋友。因佛教故事中观音菩萨捧着一个白玉净瓶，净瓶中的甘露可消灾祛病，救苦救难。此程序表达了对茶人的美好祝福。

9. 春波展旗枪

这是毛尖茶艺的特色，即杯中的热水如春波荡漾，在热水的浸泡下，茶芽慢慢舒展开来。

10. 慧心悟茶香

品茶前，先闻一闻茶香，充分领略都匀毛尖的清幽淡雅，慢慢用心灵感悟春天的气息，以及清醇悠远、难以言传的生命之香。

11. 淡中品韵味

都匀毛尖茶汤清纯甘鲜，淡而有味。用心去品，从淡淡的茶香中品味天地间至清、至醇、至真、至美的韵味。

🔵图说

千姿百态的茶芽在玻璃杯中随波晃动（一芽两叶的称为"雀舌"），如新生命在清碧澄净的茶水中舞蹈。

235 祁门红茶的冲泡演示过程是怎样的?

准备好用具:瓷质茶壶、茶杯(以青花瓷、白瓷茶具为好)、赏茶盘或茶荷、茶巾、茶匙、奉茶盘、热水壶及风炉(电炉或酒精炉皆可)。

茶艺步骤

1. "宝光"初现

欣赏祁门红茶的乌黑润泽,即观赏"宝光"。

2. 清泉初沸

热水壶中用来冲泡的泉水经加热,微沸,壶中上浮的水泡仿佛"蟹眼"已生。

3. 温热壶盏

用初沸之水,注入瓷壶及杯中,为壶、杯升温。

图说

蟹眼,即是螃蟹的眼睛,《辞源》中解释为"初滚为蟹眼,泡渐大为鱼眼"。

4. "王子"入宫

用茶匙将茶荷或赏茶盘中的红茶轻轻拨入壶中。因祁门功夫红茶也被誉为"王子茶",因此得名。

5. 悬壶高冲

用初沸的水(100℃左右)高冲,可以让茶叶在水的激荡下,充分浸润,以利于色、香、味的充分发挥。

6. 分杯敬客

用循环斟茶法,将壶中之茶均匀地分入每一杯中,使杯中之茶的色、味一致。

7. 喜闻幽香

祁门红茶是世界上公认的三大高香茶之一,其香浓郁高长,有"群芳最"之称。因此,泡好的祁门红茶,一定先闻它的浓香。

8. 观赏汤色

茶汤的明亮度和颜色,还表现了红茶的发酵程度和茶汤的鲜爽度。再观叶底,嫩软红亮。因此,观赏红茶汤,也是一种清雅的享受。

9. 品味鲜爽

祁门红茶以鲜爽、浓醇为主,滋味醇厚,回味绵长。茶人需缓啜品饮。

图说

祁门红茶的汤色红艳,杯沿有一道明显的"金圈"。

10. 再赏余韵

一泡之后,可再冲泡第二泡茶。

11. 三品得趣

红茶通常可冲泡三次,三次的口感各不相同,细饮慢品,徐徐体味茶之真味,方得茶之真趣。

236 牛奶红茶的冲泡演示过程是怎样的?

先将泡茶用具备齐,并按照冲泡顺序依次放置好,主要有白瓷壶、牛奶壶、茶杯、茶则、茶托、品茗杯等。

茶艺步骤

1. 倾茶入则

将茶叶放入茶则中。

2. 鉴赏佳茗

请来宾鉴赏茶叶外形,向客人介绍红茶的特点以及牛奶红茶的特点。

3. 清泉初沸

将泡茶用的水烧开。

4. 白鹤沐浴

将烧开的水,淋浇壶身,用来提高壶温。

5. 高山流水

把壶里的水倒入品茗杯中,动作要缓慢,要保持住水流不要断。

6. 佳人入宫

用茶匙将茶叶投入茶壶中。

7. 悬壶高冲

用高冲法,将水注入茶壶中,直至壶满,这样可以使茶叶上下翻滚。

8. 推泡抽眉

用茶壶盖子将壶口的浮沫抹去,然后把壶盖盖好。

9. 重洗仙颜

再次用开水淋浇壶身,以免壶身温度过低。

10. 玉液移壶

把泡好的茶汤倒入茶盅中,将牛奶倒入搅拌均匀。

11. 若琛出浴

将品茗杯中的水倒入茶船。

12. 韩信点兵

将搅拌均匀的茶汤平均分到品茗杯中。

13. 敬奉香茗

用双手将茶托拿起,奉给客人,向客人额首行礼。

14. 三龙护鼎

饮用时,用拇指和食指扶杯,中指托住杯底。

15. 鉴赏汤色

欣赏茶汤的颜色及光泽,汤汁浓稠,白中带点茶的浅红。

16. 喜闻幽香

将茶杯移到鼻端缓缓移动,闻香,奶香中带着茶香,融合得十分完美。

17. 细品佳茗

将杯中茶汤分三次入口,慢慢啜饮,细细品味。

18. 重赏余韵

饮完茶汤后,再次将空杯置鼻端闻余香,奶香悠悠,回味悠长。

图说

红茶最大的特点在于其能够容纳不同调料的同时,保持自身的香气与滋味,牛奶红茶则完美地将两味材料融合起来,并兼顾茶的韵味与牛奶的香浓。

237 柠檬红茶的冲泡演示过程是怎样的？

将泡茶用具备好，并按照冲泡顺序放置好，主要有白瓷壶、茶杯、茶则、茶托、品茗杯等，准备适量的红茶茶叶和新鲜柠檬片若干。

茶艺步骤

1. 倾茶入则

将茶叶放入茶则中。

2. 鉴赏佳茗

请来宾鉴赏茶叶外形，向客人介绍红茶的特点以及柠檬红茶的特点。

3. 清泉初沸

将泡茶用的水烧开。

4. 白鹤沐浴

将烧开的水，淋浇壶身，用来提高壶温。

5. 高山流水

把壶里的水倒入品茗杯中，动作要缓慢，要保持住水流不要断。

6. 佳人入宫

用茶匙将茶叶投入茶壶中。

7. 悬壶高冲

用高冲法，将水注入茶壶中，直至壶满，这样可以使茶叶上下翻滚。

8. 推泡抽眉

用茶壶盖子将壶口的浮沫抹去，然后把壶盖盖好。

9. 重洗仙颜

再次用开水淋浇壶身，以免壶身温度过低。

10. 玉液移壶

在茶盅中放入柠檬片，把泡好的茶汤倒入茶盅中。

11. 韩信点兵

将搅拌均匀的茶汤平均分到品茗杯中。

12. 敬奉香茗

用双手将茶托拿起，奉给客人，向客人额首行礼。

13. 三龙护鼎

饮用时，用拇指和食指扶杯，中指托住杯底。

14. 鉴赏汤色

欣赏茶汤的颜色及光泽，汤汁清爽，色泽亮丽。

15. 喜闻幽香

将茶杯移到鼻端缓缓移动，闻香，茶香中带着柠檬的微酸，令人清新舒爽。

16. 细品佳茗

将杯中茶汤分三次入口，慢慢啜饮，细细品味。

17. 重赏余韵

饮完茶汤后，再次将空杯置鼻端闻香。

果实汁多肉脆，有浓郁的芳香气。

▶图说

柠檬红茶中柠檬片的数量根据品饮者的口味决定，既可放入杯中，也可插在杯沿处。

238 银针白毫的冲泡演示过程是怎样的?

首先准备好器具：水晶玻璃杯四只，酒精炉一套，茶道具一套，青花茶荷一个，茶盘一个，香炉一个，香一支，茶巾一条。

茶艺步骤 ❤

稍待5分钟后，汤色泛黄时即可细细品味其味道。

 图说

由于银针白毫在制作时未经揉捻，因而冲泡后茶叶内含物质不易即刻释出。

1. 天香生虚空

一缕香烟，悠悠袅袅，把茶人心带到虚无空灵、湛然冥真心的境界。

2. 万有一何小

向品茶者介绍银针白毫的品质特征与人文传说，将少量茶叶置于赏茶盘中令其品鉴。根据佛家说法，万事万物(万有)都可纳入须弥芥子之中，一花一世界，一沙一乾坤，鉴茶不仅仅是欣赏茶叶的色、香、味、形，更注重在探求茶中包含的大自然无限的信息。

3. 空山新雨后

杯如空山，水如新雨，意境深远。

4. 花落知多少

把茶荷中的茶叶拨入茶杯，茶叶如花飘然而下。

5. 泉声满空谷

先在杯中冲入少量开水，使茶叶浸润10秒钟，然后以高冲法冲入开水，水温以70℃为宜。此诗句来自宋代欧阳修的《蛤蟆碚》，形容冲水时甘泉飞注、水声悦耳的景象。

6. 池塘生春草

形容冲泡白毫银针时从玻璃杯中看到的趣景：开始茶芽浮于水面，在热水的浸润下，茶芽逐渐舒展开来，吸收了水分后沉入杯底，此时茶芽条条挺立，在碧波中晃动如迎风漫舞，像是要冲出水面去迎接阳光。

7. 谁解助茶香

从古至今，万千茶人都爱闻茶香，又有几个人能说得清、解得透茶清郁、隽永、神秘的生命之香！

8. 努力自研考

摒弃功利之心，以闲适无为的情怀，细细品味茶的清香、茶的意境，努力使自己步入醒醐沁心的境界，品出茶中的物外高意。

 图说

银针白毫冲泡后杯中的趣景恰似谢灵运诗中所言："池塘生春草"，使人观之尘俗尽去，生机无限。

239 君山银针的冲泡演示过程是怎样的?

首先准备好所需器具,直筒形透明玻璃杯3个,玻璃片3个,茶托3个,茶叶盒、赏茶碟、水盂、开水壶、茶巾各一,茶匙组合一套。

茶艺步骤

1. 银针出山

向客人展示君山银针茶的外形,茶芽整齐划一地放在展盘中,并向客人介绍君山银针的特点。

2. 活煮山泉

泡茶用的水以山泉为最佳,适合用新煮沸的开水。如果水温过低则不利于茶芽在杯中的竖立。

3. 盥手净心

无论是茶艺师还是品茶人都要盥手净心,这个是和中国茶道中的清、静、和、虚相对应的,目的是要品茶人心中无杂念,专心致志地品茶。

4. 温热杯身

用开水预热茶杯,这样可以避免泡茶的水温过快变凉,同时也能清洗茶杯。

5. 擦干水珠

将茶杯中的水珠擦干,这样可以避免茶芽吸水而降低竖立率。

6. 银针入杯

冲泡君山银针适合用透明玻璃杯,这样方便观察茶叶冲泡时在杯子中的姿态。每个杯子中大约投入干茶3克,这个量最适合观赏。

7. 悬壶高冲

用高冲法冲泡茶,冲注时要先快后慢,分两次冲泡。第一次冲泡至杯身三分之二处停下来,观察杯中茶叶的变化,欣赏过"白鹤飞天"后,再冲开水至接近杯口。

8. 盖杯静卧

将玻璃片盖在茶杯上,可以让茶芽均匀吸水,下沉速度更快,茶针下沉过程会比较慢,这时要有耐心等待。

9. 雀嘴含珠

茶芽内部含有空气会在茶芽尖端产生气泡,使茶芽微微张开很像雀鸟的喙,因此叫"雀嘴含珠"或"雀舌含珠"。

10. 刀枪林立

茶芽直立在杯中,有点类似于"刀枪林立",此时轻轻摇动茶杯,茶芽会随着摆动,有着"林海涛声"的意境。

11. 三起三落

茶芽沉入杯底后,还会有少数上升,称为"三起三落"。

12. 白鹤飞天

冲泡大约5分钟后,除去杯盖,会看见一缕水蒸气从杯中缓缓升起。

13. 喜闻清香

轻轻闻香,茶香清雅,给人带来清爽的感觉。

14. 品饮奇茗

慢慢细品,茶汤滋味鲜爽,回味甘甜。

15. 尽杯谢茶

将杯子中的茶饮尽,主客道谢、告别。

 图说

君山银针冲泡中茶芽直立杯中,诗人将此比喻为"春笋出土",书法家则比喻为"万笔书天",这是整个过程中最值得欣赏的一道景观。

240 铁观音的冲泡演示过程是怎样的?

预先准备好所需器具,如赏茶碟、紫砂水平壶、开水壶、公道杯、品茗杯、闻香杯、茶巾、茶道组合等,并将它们按正确的顺序摆放。

茶艺步骤

7. **乌龙入宫** 把乌龙茶拨入紫砂壶内。
8. **百丈飞瀑** 用水流使茶叶翻滚,达到温润和清洗茶叶的目的。
9. **玉液移壶** 把紫砂壶中的初泡茶汤倒入公道杯中。
10. **分盛甘露** 再把公道杯中的茶汤均匀分到闻香杯。
11. **凤凰三点头** 采用三起三落的手法向紫砂壶注水至满。
12. **春风拂面** 用壶盖轻轻刮去壶口的泡沫。
13. **重洗仙颜** 用开水浇淋壶体,洗净壶表,同时达到内外加温的目的。
14. **内外养身** 将闻香杯中的茶汤浇淋在紫砂壶表,起到养壶的作用,同时可保持壶表的温度。
15. **游山玩水** 用紫砂壶在茶船边沿旋转一圈后,移至茶巾上吸干壶底水。

1. **焚香静气** 焚点檀香,营造肃穆祥和的气氛。
2. **活煮甘泉** 泡茶以山水为上,用活火煮至初沸。
3. **孔雀开屏** 向客人介绍冲泡的茶具。
4. **叶嘉酬宾** 请茶客观赏茶叶,并向人们介绍铁观音的外形、色泽、香气特点。
5. **孟臣淋霖** 用沸水冲淋水平壶,提高壶温。
6. **高山流水** 即温杯洁具,把紫砂壶里的水倒入品茗杯中,动作舒缓起伏,保持水流不断。

铁观音由于发酵期短仍偏寒性,消脂促消化功能突出,茶香浓郁,尤耐冲泡,需注意空腹不能喝铁观音,否则易醉茶。

16. **自有公道** 把泡好的茶倒入公道杯。
17. **关公巡城** 将公道杯中的茶汤快速巡回均匀分到闻香杯至七分满。
18. **韩信点兵** 将最后的茶汤用点斟的手势均匀地分到闻香杯中。
19. **若琛听泉** 把品茗杯中的水倒入茶船。
20. **乾坤倒转** 将品茗杯倒扣到闻香杯上。
21. **翻江倒海** 将品茗杯及闻香杯倒置,使闻香杯中的茶汤倒入品茗杯中,然后放在茶托上。
22. **敬奉香茗** 双手拿起茶托,齐眉奉给茶客,向茶客行注目礼,然后重复若琛听泉至敬奉香茗程序。

23. **空谷幽兰** 示意茶客用左手旋转拿出闻香杯热闻茶香,双手搓闻茶底香。
24. **三龙护鼎** 示意茶客用拇指和食指扶杯,中指托杯底拿品茗杯。
25. **鉴赏汤色** 观赏茶汤的颜色及光泽。
26. **初品奇茗** 在观汤色、闻茶香后,开始品茶味。
27. **领略茶韵** 冲泡三道茶汤后,让茶客细细体味铁观音的真韵。
28. **游龙戏水** 即鉴赏叶底,把泡开的茶叶放入白瓷碗中,让茶客观赏铁观音"绿叶红镶边"的质量特征。
29. **尽杯谢茶** 宾主起立,共干杯中茶,相互祝福、道别。

241 潮汕功夫茶的冲泡演示过程是怎样的?

预先准备好所需的器具,如宜兴紫砂壶、茶杯、水壶、潮汕烘炉(电炉或酒精炉)、赏茶盘、茶船、茶匙等,其中茶以安溪铁观音、武夷岩茶为佳。

茶艺步骤

1. 鉴赏香茗

从储茶罐中取出泡一壶茶的茶叶量,放置在赏茶盘中,让客人欣赏干茶叶,并且介绍茶叶的特点。

2. 孟臣淋霖

用沸水淋浇壶身,称之为"温壶",目的是为壶体加温。

3. 乌龙入宫

用茶匙将茶叶投入茶壶中,顺序应该是先细茶再粗茶然后是茶梗。

4. 悬壶高冲

往茶壶中注水,直至满壶。

5. 春风拂面

用壶盖刮去壶口的泡沫,盖上壶盖,然后淋壶以冲去壶顶的泡沫。淋壶不能淋到气孔,不然水会进入壶中。淋壶可以使壶内外都热,有利于茶香的发挥。

6. 熏洗仙颜

将壶中的水快速倒出,称为"洗茶",目的是洗去茶叶表面的浮尘。

13. 品香审韵

先闻香,后品茗。用拇指和食指扶住杯沿,用中指抵住杯底,称为"三龙护鼎"。

14. 领略茶韵

重复第七步至第十二步动作,让茶客体味第二、第三泡茶的神韵。

7. 若琛出浴

用第一泡茶水烫杯,称为"温杯"。

8. 玉液回壶

用高冲法再次将壶内注满沸水。

9. 游山玩水

手拿茶壶沿着茶船转一圈,将壶底的水滴滴干净,避免倒茶时将水滴在杯中,影响茶的清洁,这个称为"运壶"。

10. 关公巡城

向客人循环斟茶,茶壶像巡城的关羽,可以使杯中茶汤浓淡一致。

11. 韩信点兵

茶汤将尽时,将壶中所剩余的茶依次斟在每一杯中,点茶时要一点一滴平均分注,称为韩信点兵。

12. 敬奉香茗

先敬主宾,老幼排序。

▲图说

潮汕功夫茶投茶时要注意先细茶再粗茶然后是茶梗的投茶顺序,投茶量因人、因茶、因壶而异,宜多不宜少,方可品出其香浓味正。

242 台湾功夫茶的冲泡演示过程是怎样的?

将需要的茶具准备好，如茶荷、随手泡、紫砂壶、品茗杯、闻香杯、茶海、水盂、茶巾、茶叶盒、茶具组合等，并按照泡茶的顺序依次摆放好。

茶艺步骤

1. 焚香静气

品茶需要心平气和，先点燃一支香，"焚香除妄念"就是令人在袅袅的香气中感受祥和肃穆的气氛。

2. 活煮甘泉

将泡茶用的水煮沸。

3. 孔雀开屏

向客人介绍茶具。

4. 佳叶酬宾

让客人鉴赏茶叶，了解茶叶的特点。

5. 大彬沐淋

将开水淋浇在茶壶上，目的是提高壶温。

6. 乌龙入宫

将茶叶投入茶壶中。

7. 高山流水

用高冲法，向壶中注水，注水时要三起三落。

8. 乌龙入海

将壶中的第一泡茶汤倒入茶海。

9. 重新洗颜

再次向茶壶中注水，直至壶满。

10. 母子相抚

将母壶中的茶水倒入子茶壶中。

11. 再注甘露

再次向茶壶中注水，并用开水淋浇壶身。

12. 祥龙行雨

将子壶中的茶汤倒入闻香杯中。

13. 凤凰点头

将茶海中的茶汤点斟到各品茗杯中。

14. 奉杯敬茶

将茶杯敬奉到客人面前。

15. 品茗闻香

品茗时要小口啜饮，品后要闻杯底的留香。

葫芦瓢形状的过滤网。

均匀茶汤色泽、滋味浓淡的茶海。

图说

茶汤分配上，台湾功夫茶并不是运用循环往复、分别滴沥来完成茶汤的口味均匀，而是通过将茶汤倒入茶海混合来完成的。

243 普洱茶的冲泡演示过程是怎样的?

冲泡之前预先准备好所需的器具,并按照正确的顺序排放好,主要器具有盖碗、紫砂壶、公道壶、茶船、茶托、品茗杯、茶匙等。

茶艺步骤 ❤

1. 孔雀开屏
介绍普洱茶、冲泡的茶具,让客人了解普洱茶的特点和功效,茶具的用处等。

2. 温杯洁具
用沸水烫洗紫砂壶、盖碗、公道壶等茶具。

3. 高山流水
将公道壶中水用一起一落的手法倒入品茗杯中。

4. 普洱入宫
用茶匙将普洱茶投入盖碗中。

5. 游龙戏水
用定点大水流的手法,将水注入盖碗中。

6. 淋壶增温
把盖碗中初泡的茶水倒在公道壶上,目的是养壶。

普洱熟茶口味醇厚温润,不刺激肠胃,是品茶者较佳的入门之选。

图说

冲泡普洱茶要先注满进行温润泡,为的是唤醒茶性,去除紧压茶中的杂味,使茶叶充分舒展。

7. 悬壶高冲
用高冲的手法,将沸水注入盖碗中泡茶,用盖子将浮沫轻轻刮去,再用沸水淋浇茶碗盖。

8. 玉液移壶
盖上茶盖,静放片刻,打开盖子将盖碗中的茶汤倒入公道壶中,使茶汤浓淡均匀一致。

9. 凤凰行礼
在将茶汤倒入公道壶时,要用三起三落的手法,称为"凤凰行礼",表示对客人的尊敬。

10. 若琛听泉
将品茗杯中的水倒入茶船。

11. 普降甘露
把公道壶中的匀好的茶汤依次倒入品茗杯中,大约七分满即可。

12. 品香审韵
将品茗杯放在茶托上,齐眉奉至客人面前,请客人品茗。

13. 自斟慢饮
可以让客人自己续水,亲身感受冲泡茶的趣味。

14. 敬奉茶点
根据客人不同的需要奉上茶品。

15. 尽杯谢茶
主人与来客起身共饮杯子中的茶,然后相互祝福、道别。

244 花茶的冲泡演示过程是怎样的?

准备好冲泡花茶的相关器具，如茶叶罐、赏茶碟、茶盘、盖碗、水盂、香、茶巾、茶匙组合等。

茶艺步骤

5. **佳叶共赏** 鉴赏茶叶的外形，向客人介绍茶叶的特点。
6. **烫具净心** 泡茶前要烫茶碗，这样有利于茶汁的迅速浸出，倒水时要柔和。
7. **飞瀑迭荡** 将汤杯的水倒出，形似瀑布飞流而下。

1. **恭请上座** 恭请客人入座。
2. **焚香静气** 品茶需要心平气和，先点燃一支香，"焚香除妄念"就是令人在袅袅的香气中感受祥和肃穆的气氛。
3. **活火煮泉** 要用活火煎煮泡茶用的山泉。
4. **雅乐怡情** 播放或演奏和茶艺适合的优美乐曲，让客人能够在轻松的氛围中享受品茶带来的愉悦。

8. **群芳入宫** 将茶叶投入杯中。
9. **温润心扉** 先在杯子中注入大约四分之一的水，使茶芽温润，这样可以使水与茶融合得更好，茶香也会更醇。
10. **旋香沁碧** 盖上杯子盖，轻轻旋转杯身，待茶叶渐渐舒展开来，茶香也随之慢慢溢出。
11. **飞泉溅珠** 用高冲法冲水，大约冲七分满就可以了。

12. **敬奉香茶** 将茶奉到客人面前，请客人品香茗，并带去给客人的祝福。
14. **星空推移** 用右手拿起杯盖，轻轻拨动茶汤，这样能够使茶汤浓淡均匀。
15. **天穹凝露** 利用杯盖闻香，从茶香中感受茶带给人的清爽。
16. **一啜鲜爽** 品茗时，要小口啜饮，慢慢品味，方能体会其中的茶滋味。

核桃是品花茶的绝佳搭配。

🔵**图说**

通常花茶在冲泡3分钟以后即可以品尝，冲泡用水的温度应视茶叶的嫩度而定，越嫩所需温度应越低，其鉴赏主要以闻香尝味为主。

17. **再冲芳华** 当茶汤剩余三分之一时，便可以再进行第二次冲泡。
18. **敬献茶点** 如果配有茶点，此时可以敬献，让客人品尝。
19. **再品甘醇** 第二次品饮茶，品味新茶，回味旧茶。
20. **论茶颂德** 向客人讲解茶道的精神和内涵，让人们在品饮时，净化自己的心灵。
21. **反盏归元** 收拾茶具，将茶具放在原始位置。

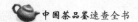
245 什么是茶艺表演欣赏?

茶艺表演欣赏是在茶艺的基础上产生的,在一个特定的环境中,茶艺师穿着表演所需服饰,配有音乐、插花等,演示各种茶叶冲泡技艺的过程,这样的表演将茶的冲泡科学地、生活化地、艺术地展示在人们面前。茶艺表演是在 20 世纪 70 年代,台湾茶人提出"茶艺"这个概念之后,茶艺表演才随之兴起。茶艺表演在各个地域特色的茶艺馆和大大小小的茶文化盛会中兴盛起来,这些地方也为茶艺表演提供了平台,让人们得以认识并热爱茶艺表演。

▶图说

人们通过茶艺表演不但可以得到美的享受,更能获得情操的熏陶。

246 什么是民俗茶艺?

民俗茶艺是指日常生活中的茶艺,主要以待客为目的,在讲究茶艺形式的同时,也要重视客人的饮食需要。一般情况下,不同的地方根据当地的风俗有着不同的民俗茶艺风格和形式。

民俗茶艺大多没有那么多的程序,过程比较简单。茶叶一般都是根据当地人的口味来选择,没有很高档的茶叶,例如新疆的奶茶大多用茯砖来冲泡。茶具一般以陶瓷茶具为主。民俗茶艺的一般表演程序为备具、备茶、赏茶、荡瓯、投茶、冲泡、分茶、敬茶、品茶、收茶具等。

▲图说

民俗茶艺表演服装要符合民俗的特点,有时还会配有当地的歌舞和祝福等。

247 什么是名茶茶艺?

名茶茶艺一般都是比较贵重的茶,不同的茶冲泡程序也不尽相同。

1. **备茶** 茶叶都是上等的绿茶、红茶、乌龙茶等,比如西湖龙井、君山银针、碧螺春等。

2. **备具** 茶具根据茶来选择,用瓷杯、玻璃杯都可。

3. **环境** 名茶茶艺的环境没有特殊要求,但是总体要清幽淡雅,符合茶文化的精神。

4. **程序** 名茶茶艺的大致程序为备具、温杯、赏茶、投茶、洗茶、冲泡、献茶、闻香、观色、品茶、收茶具道谢。

▼图说

上好的绿茶常用透明的玻璃杯子,以便于观赏。

248 什么是皇家茶艺?

皇家茶艺对所用茶叶、茶具以及茶艺师的技艺要求都属于顶级,而现代茶艺中的皇家茶艺则是模仿古代宫廷饮茶的形式。

1. 备茶　选用最名贵的茶叶,古时多为贡茶。古时皇家茶艺用水讲究,而现代皇家茶艺用水与其他茶艺差不多。

2. 备具　茶具需体现出高贵、气派,主要有明代的景泰蓝茶具、成化窑茶具,清代的贡品紫砂茶具,或金银茶具等。

3. 仪表　茶艺表演中茶艺师要穿上相关朝代的服饰,发式和装扮也要与之相配。

4. 环境　环境要求富丽堂皇,最好是在王宫贵族的府第中,以更能凸显出高贵。

5. 程序　目前的皇家茶艺种类比较多,程序也略有不同,大致可以分为备茶、调茶、敬茶、赐茶、品茶等。

茶具色调以明黄为主。

用水讲究。所用茶叶多是贡茶。

图说
皇家茶艺的主要特点是选材考究、富丽堂皇。

249 什么是佛道茶艺?

佛道茶艺是宗教的一个仪式,要求环境清幽,一般是在寺庙中表演。

1. 备茶　佛道茶艺一般选用茶品都是自产的茶叶,现代茶艺中也可以用其他茶叶代替。泡茶的水大部分都来自寺院周围。

2. 备具　茶具要体出佛教的思想,香炉、檀香及一些法器等是必须的,但不能太浮华。

3. 仪表　茶艺师要穿上僧侣服,佩戴念珠。在泡茶时,动作要庄重,适当地用一些佛教的手法。

4. 环境　多在寺庙中进行,以梵呗、诵经的音乐或有宗教意境的古琴、古筝曲等烘托氛围。

5. 程序　以禅茶为例,其程序大致有场地布置、供香手印、备具、煮茶、奉茶、收具谢客等。

寺院专用供佛的茶叶,称为佛茶。

图说
佛道茶艺用器无处不体现出一种质朴的美。

250 什么是文士茶艺?

文士茶艺,也称为"雅士茶",主要表现的是文人饮茶的情趣,主要风格是清静淡雅,席间配有插花、挂画、点茶、焚香等。文士茶艺大多以明清及民国为历史背景。

1. 备茶

茶品:文士茶艺选用的多数是花茶,根据个人口味的不同,也有绿茶、乌龙茶、普洱茶等。

水品:文人雅士大多爱评水,煮茶的水也需要用优质泉水。

2. 备具

茶具需要和所泡的茶叶相配,不同的茶选择不同的茶具。

3. 仪表

茶艺师的服饰要素雅,举止大方得体,带有一点点书卷气最好。

茶具、选水、装饰、配物,文士茶艺无处不透出一个"雅"字。

4. 环境

文士茶艺对环境的要求比较高,要清雅脱俗,意境悠远,接近自然的环境最佳,这样才能体现出文士茶艺的韵味。

5. 程序

文士茶艺的程序并没有特殊要求,一般程序为备具、焚香、盥手、备茶、赏茶、涤器、置茶、投茶、洗茶、冲泡、献茗、闻香、观色、品味、上水、二巡茶、收茶具道谢。

251 为什么说茶席是一种新的茶文化艺术形式?

茶席包括泡茶的操作场所、客人的坐席以及所需氛围的环境布置,又称为本席、席。从茶艺刚刚诞生时,茶席就随之产生了,茶席大致可以分为古典型、艺术型、民俗型三个风格。

茶席的风格选择有时并不是很明显,有的时候也会几种风格混搭,如在古典型中混合着艺术型和民俗型。但是,一定要注意不能胡乱搭配,比如,在皇家茶艺中就要避免用民俗茶艺,以免看上去不伦不类。

茶席的风格要根据茶艺表演的风格、茶艺师的服装来选择。在茶席的设计中可以加入一些必要的装饰,例如字画、插花等。

茶席,是指举办茶会的场所,也就是泡茶、喝茶的地方,其设置风格应与茶艺表演的风格相一致。

第五章

茶道

千百年来，"道"作为一种古代哲学所奉行、尊崇的理想模式存在于人们生活、思维的方方面面。茶之道循迹于茶艺当中，是一种以修行得道为终极宗旨的最高层次饮茶艺术。本章从茶道的内涵、起源入手，分别介绍其历史发展的轨迹及与道、佛、儒三大思想文化的交会相融，在细致阐述茶道守则、分类的同时，将更系统、更清晰的茶道呈献给读者。

252 为什么说茶道起源于中国？

　　"道"是中国哲学的最高范畴，一般指宇宙法则、终极真理、事物运动的总体规律、万物的本质或本源。茶道指的就是以茶艺为载体，以修行得道为宗旨的饮茶艺术，包含茶礼、礼法、环境、修行等要素。

　　据考证，茶道始于中国唐代。《封氏闻见记》中即已提到："又因鸿渐之论，广润色之，于是茶道大行。"唐代刘贞亮在饮茶十德中也明确提出："以茶可行道，以茶可雅志。"

▲图说

茶道的重点在于"道"，即通过茶艺修身养性、参悟大道。

253 中国茶道的基本含义是什么？

　　我国近代学者吴觉农认为：茶道是"把茶视为珍贵、高尚的饮料，饮茶是一种精神上的享受，是一种艺术，或是一种修身养性的手段"。庄晚芳将中国的茶道精神归纳为"廉、美、和、敬"，解释为：廉俭育德、美真廉乐、和诚处世、敬爱为人。陈香白先生则认为：中国茶道包含茶艺、茶德、茶礼、茶理、茶情、茶学说、茶道引导七种义理，中国茶道精神的核心是"和"。

254 为什么说中国的茶道起源于远古的茶图腾信仰？

　　饮茶的历史非常久远，最初的茶是作为一种食物而被认识的。唐代陆羽在《茶经》中说，"茶之饮，发乎神农"。古人也有传说"神农尝百草，日遇七十二毒，得茶而解"。

　　相传，神农为上古时代的部落首领、农业始祖、中华药祖，史书还将他列为三皇之一。据说，神农当年是在鄂西神农架中尝百草的。神农架是一片古老的山林，充满着神秘的气息，至今还保留着一些原始宗教的茶图腾。

● 茶树枝叶。

● 图腾柱。

▶图说

古人不懂生育奥秘，无意中把崇拜、感恩之情与茶相结合，从而形成茶图腾崇拜。

255 为什么说中国的茶道成熟于唐代?

茶道发展到中唐时期,无论是在社会风气上,还是在理论知识方面,都已经形成了相当可观的规模。

在理论界,出现了陆羽——中国茶道的鼻祖。他所写的《茶经》,从茶论、茶之功效、煎茶炙茶之法、茶具等方面做了全面系统的论述,让茶道成为一种完整的理论系统。陆羽倡导的饮茶之道,包括鉴茶、选水、赏器、取火、炙茶、碾末、烧水、煎茶、品饮等,一系列程序、礼法和规则。他强调饮茶的文化和精神,注重烹煮的条件和方法,追求宁静平和的茶趣。

手托茶盘的侍女。

调琴的乐师。

品茶听琴的贵妇。

🔎图说

调琴啜茗图(唐)唐人将饮茶作为一种修身养性的途径,致使茶道在王侯贵族间风行一时。

在社会饮茶习俗上,唐代茶道以文人为主体。诗僧皎然,提倡以茶代酒,以识茶香为品茶之得。他在《九日与陆处士羽饮茶》中写道:俗人多泛酒,谁解助茶香。诗人卢仝《走笔谢孟谏议寄新茶》一诗,让"七碗茶"流传千古。钱起《与赵莒茶宴》和温庭筠《西陵道士茶歌》,认为饮茶能让人"通仙灵""通杳冥""尘心洗尽"。唐末刘贞亮《茶十德》认为饮茶使人恭敬、有礼、仁爱、志雅,成为一个有道德的知礼之人。

256 为什么说宋至明代是中国茶道发展的鼎盛时期?

茶道发展到宋代,由于饮茶阶层的不同,逐渐走向多元化。文人茶道有炙茶、碾茶、罗茶、候茶、温盏、点茶过程,追求茶香宁静的氛围,淡泊清尚的气度。

宫廷的贡茶之道,讲究茶叶精美、茶艺精湛、礼仪繁缛、等级鲜明。宋徽宗赵佶在《大观茶论》说,茶叶"祛襟涤滞,致清导和""冲淡简洁,韵高致静",说明宫廷茶道还有教化百姓之特色。至宋代的百姓民间,还流行以斗香、斗味为特色的"斗茶"。

明代朱权改革茶道,把道家思想与茶道融为一体,追求秉于性灵、回归自然的境界。明末冯可宾讲述了饮茶的一些宜忌,主张"天人合一",比赵佶的茶道又深入一层。明太祖朱元璋改砖饼茶为散茶,茶由烹煮向冲泡发展,程序由繁至简,更加注重茶质本身和饮茶的气氛环境,从而达到返璞归真。

手捧茶盘的侍女。

伸手取茶待客的妇人。

端庄尔雅的访客。

🔎图说

饮茶图(宋)茶道从个人的修养身心发展至一种社会风气,相关的茶事、茶礼、茶俗逐步丰富起来。

257 茶道与道教有什么关系?

茶与道教结缘的历史已久,道教把茶看得很贵重。道教敬奉的三皇之一"农业之神"——神农氏就是最早使用茶者,道教认为神农寻茶的过程就是在竭力寻找长生之药,所以道教徒皆认为"茶乃养生之仙药,延龄之妙术",茶是"草木之仙骨"。

早在晋代时,著名的道教理论家、医药学家、炼丹家葛洪,就在《抱朴子》一书中留下了"盖竹山,有仙翁茶园,旧传葛元植茗于此"的记载。壶居士《食忌》也记载:"苦茶,久食羽化(羽化即成仙的意思)。"因此,在魏晋南北朝时期,道教徒中流传着很多把饮茶与神仙故事结合起来的传说。如《广陵耆老传》讲述了这样一个故事,晋代有一位以卖茶为生的老婆婆,官府以败坏风气为名将她逮捕,没想到的是,夜间老婆婆居然带着茶具从窗户中飞走了。《天台记》中也记载:"丹丘出大茗,服之羽化。"这里的丹丘是汉代一位喜以饮茶养生的道士,传说他饮茶后得道成仙。唐代和尚皎然曾作诗《饮茶歌送郑容》曰:"丹丘羽人轻玉食,采茶饮之生羽翼。"再现了丹丘饮茶的往事。

华山栈道 道教观多建于名山胜地,环境清幽,盛产佳茗,其栽茶、制茶之功自然得天独厚。

图说

道教茅山派陶弘景在《杂录》中说茶能轻身换骨,可见茶已被夸大为轻身换骨和羽化成仙的"妙药"。

由于饮茶具有"得道成仙"的神奇功能,所以道教徒都将茶作为修炼时重要的辅助工具。根据《宋录》的记载,道教把茶引进他们的修炼生活,不但自己以饮茶为乐,还提倡以茶待客,提倡以茶代酒,把茶作为祈祷、祭献、斋戒甚至"驱鬼捉妖"的贡品及延年益寿、祛病除疾的养生方法,此举也间接促进了民间饮茶习惯的形成。

道教徒之所以饮茶、爱茶、嗜茶,这与道教对人生的追求及生活情趣密切相关。道教以生为乐,以长寿为大乐,以不死成仙为极乐。饮茶的高雅脱俗、潇洒自在恰恰满足了道教对生活的需要,所以道教徒喜茶就不言而喻了。另外,道教徒喜欢闲云野鹤般的隐士生活,向往"野""幽"的境界,这也正是茶生长的环境,具有"野""幽"的禀性,因此,饮茶也是道士对最高生活境界的追求。

258 茶道与佛教有什么关系?

　　自佛教传入中国后，由于佛教教义及僧侣生活的需要，就与茶结下深缘。苏东坡曾作诗曰："茶笋尽禅味，松杉真法音"，就说明了茶中有禅，禅茶一味的奥妙。而僧人在坐禅时，茶叶还是最佳饮料，具有清火、提神、明目、解渴、消疲解乏之效。因此，饮茶是僧人日常生活中不可缺少的重要内容，在中国茶文化中，佛的融入是独具特色的亮点。

　　佛教徒饮茶史最迟可追溯到东晋。《晋书·艺术传》记载，单道开在后赵的都城邺城昭德寺坐禅修行，不分寒暑，昼夜不眠，每天只"服镇守药数丸""复饮茶苏一、二升而已"。茶在寺院的普及则是在唐代禅宗兴起后，并随着僧人的饮茶而推广到北方饮茶习俗。

　　经过五代的发展，至宋代禅僧饮茶已十分普遍。据史书记载，南方凡有种植茶树的条件，寺院僧人都开辟为茶园，僧人已经到了一日几遍茶，不可一日无茶的地步。普陀山僧侣早在五代时期就开始种植茶树。一千多年来，普陀山温湿、阴潮，长年云雾缭绕的自然条件为普陀山的僧侣植茶、制茶创造了良好的条件，普陀山僧人烹茶成风，茶艺甚高，形成了誉满中华的"普陀佛茶"。

禅机需要用心去"悟"，而茶味则要靠"品"，悟禅与品茶便有了说不清的共同之处。

　　茶与佛在长期的融合中，形成了中国特有的茶文化。因为寺院中以煮茶、品茶闻名者代不乏人，如唐代的诗僧皎然，不但善烹茶、与茶圣陆羽是至交，而且留下许多著名的茶诗。

259 茶道与儒家有什么关系?

　　中国茶道思想，融合了儒、佛、道诸家精华。儒家思想自从产生之后，就表现出强大的生命力，活跃在人类的历史进程中。茶文化的精神，就是以儒家的中庸为前提，在和谐的气氛之中，边饮茶边交流，抒发志向，增进友情。"清醒、达观、热情、亲和、包容"的特点，构成了儒家茶道精神的欢快格调。

　　佛教在茶宴中伴以青灯孤寂，要明心见性；道家茗饮寻求空灵虚静，避世超尘；儒家以茶励志，沟通人性，积极入世。它们在意境和价值取向上，都不尽相同；但是，它们都要求和谐、平静，这其实仍是儒家的中庸之道。

儒家学派创始人孔子，其"中庸""礼治"的思想对后世茶道、茶礼的影响颇为深远。

260 中国茶道的"四谛"是什么?

中国茶道的四谛,即"和、静、怡、真"。

和,是儒、佛、道所共有的理念,源自于《周易》"保合大和",即世间万物皆由阴阳而生,阴阳协调,方可保全大和之元气。在泡茶之时,则表现为"酸甜苦涩调太和,掌握迟速量适中"。

静,是中国茶道修习的必由途径。中国茶道是修身养性,追寻自我之道。茶须静品,宋徽宗赵佶在《大观茶论》中说:"茶之为物……冲淡闲洁,韵高致静。"静则明,静则虚,静可虚怀若谷,静可内敛含藏,静可洞察明激,体道入微。

怡,是指茶道中的雅俗共赏、怡然自得、身心愉悦,体现的是道家"自恣以适己"的随意性。王公贵族讲"茶之珍",文人雅士讲"茶之韵",佛家讲"茶之德",道家讲"茶之功",百姓讲究"茶之味"。无论何人,都可在茶事中获得精神上的享受。

真,是茶道的终极追求。茶道中的真,范围很广,表现在茶叶上,真茶、真香、真味;环境上,真山、真水、真迹;器具上,真竹、真木、真陶、真瓷;态度上,真心、真情、真诚、真闲。

> 静,恬淡宁静的氛围,空灵虚静的心境。
>
> 怡,和悦之美,怡然自得。
>
> 真,志存高远,率性求真。
>
> 和,是一种恰到好处的中庸之道。

261 中国茶道的四字守则是什么?

中国茶道,是由原浙江农业大学茶学系教授庄晚芳先生所提倡的。它的总纲为四字守则:廉、美、和、敬。其含义是:廉俭育德,美真康乐,和诚处世,敬爱为人。

清茶一杯,推行清廉,勤俭育德,以茶敬客,以茶代酒,大力弘扬国饮。

清茶一杯,名品为主,共品美味,共尝清香,共叙友情,康乐长寿。

清茶一杯,德重茶礼,和诚相处,以茶联谊,美好人际关系。

清茶一杯,敬人爱民,助人为乐,器净水甘,妥用茶艺,茶人修养之道。

> 廉,廉俭育德。
>
> 美,美真康乐。
>
> 和,和诚处世。
>
> 敬,敬爱为人。

262 茶人精神是什么?

茶人,最早现于唐代诗人皮日休的《茶中杂咏》和陆龟蒙的《奉和袭美茶具十咏》诗中。刚开始是指采茶制茶的人,后来又扩展到从事茶叶贸易、教育、科研等相关行业的人,现在也指爱茶之人。

茶人精神即是以茶树喻人,指的是茶人应有的形象或茶人应有的精神风貌,提倡一种心胸宽广、默默奉献、无私为人的精神。这个概念是原上海茶叶学会理事长钱梁教授在上世纪 80 年代初所提出,从茶树的风格与品性引申而来,即为:"默默地无私奉献,为人类造福"。

图说

茶树,不计较环境的恶劣与严寒,绿化大地;春天抽发新芽,任人采用,年复一年,给人们带来健康。

263 怎样对茶道进行分类?

中华茶道是以养生修心为宗旨的饮茶艺术,包含有"饮茶有道、饮茶修道、饮茶即道"三重含义。大体而言,茶道是由环境、礼法、茶艺、修行四方面所构成。

由于分类方法的不同,茶道划分不尽相同。如以茶为主体可分为乌龙茶道、绿茶茶道等;从功能上可分为修行类茶道、茶艺类茶道等;还可分为表演型茶道、非表演型茶道;从茶人身份上,可分为宫廷茶道、文士茶道、宗教茶道、民间茶道。

历史发展中的中华茶道形式变化过程

形式

煎茶道 ⊗

点茶道 ⊗

泡茶道 ⊙

时间　　唐　宋　元　明　清　今天

⊗ 消亡
⊙ 延续

264 什么是修行类茶道?

修行类茶道形成于唐代,它的宗旨是通过饮茶而得道,以诗僧皎然和卢仝为代表人物。这个道,可能是参禅修行的道,也可能是得道成仙的道。该茶道类型是以饮茶、品茗作为一种感悟"道"的手段,是从人的生理至心理直至心灵的多层次感受,有一个量变渐进的过程。

从观赏茶器、茶叶及沏茶的过程,到观茶色、嗅闻茶香、品味茶汤……品茗感受的过程是茶与心灵的和谐过程,使人返璞归真,从而体验类似羽化成仙或超凡入圣的美妙境界。

图说

修行类茶道,是把饮茶活动作为修行悟道的一条捷径,借助于饮茶来达到物我两忘的境界。

265 什么是修身类茶道?

古时候，一些文人把饮茶当作陶冶情操、修身养性的一种手段，他们通过茗饮活动体悟大道、调和五行，不伍于世流，不污于时俗。他们的饮茶之道被称为修身类茶道。

修身类茶道，作为一种茶文化，室内的茶道场地要洁净雅致，装饰风格要有意境，物品、壁画都要有情趣。室外的场地也要讲究，如风景秀美的山林野地、松石泉边、茂林修竹、皓月清风。茶道环境包括茶室建筑风格、装饰格调空间的感觉意境、陈列物品、壁面布置等。

图说

修身类茶道的茶人，往往表现为志向高远、仪表端庄、气质高雅、待人真诚、举止优雅大气、谈吐儒雅、虚怀若谷等气质。修身类茶道，寓含着中华民族精神和五行生克思想，揭示了中国古代文人修身、齐家、治国、平天下的传统思想以及朴素的世界观与方法论。

修身类茶道不仅需要茶好、水美、器雅，还需要与茶道活动相适应的环境。

266 什么是礼仪类茶道?

礼仪性茶道是偏重于礼仪、礼节，以表达主客之间诚恳、热情与谦恭的一种茶道类型。中国自古以来，即有"礼仪之邦"的美誉，人们在彼此相待、迎来送往过程中特别注重敬茶的习俗，这更像是知书达理的准绳或主客沟通的纽带，作为一种约定俗成的规范多少年来一直延续到今天。在这些礼仪性的茶道活动中，人们的服饰、妆容、言语、举止，甚至表情都有着较为严格的约定。潮汕的功夫茶、昆明的九道茶、白族三道茶等都是较为著名的礼仪性茶道。

图说

外表、肢体语言等表现出的诚恳、谦逊、大度都能体现出主客双方的道德品质与文化修养。

267 什么是表演类茶道?

表演类茶道是为了满足观众观摩和欣赏需要而进行演示的一种茶道类型。表演类茶道是展示与传授沏茶技法和品饮艺术的一种方式，也是人们了解茶文化和中国传统文化的一条途径。

表演类茶道也是一种综合的艺术活动，表演中的动作、乐器、器具、整体环境都需要精心设计。表演类茶道种类繁多：宗教类的有佛教的禅茶、童子茶、佛茶、观音茶，民俗类的有白族三道茶、阿婆茶、傣族竹筒茶等。

第六章
饮茶的方法

　　茶之味在于"品"，不同的茶风格各异，滋味也大不相同，然而众多茶类唯有一点万变不离其宗、始终如一，就是茶的自然之味。品茶之道就如同一道紧锁的门，每个人都期待着有一天能打开那扇门，看到更广阔、更不一样的世界。本章将从茶叶的选购、鉴别、存储以及评水论泉出发，一步步带领你准确、快速地找到这扇通往梦想之地的门。

268 怎样选购茶叶？

茶叶是生活中的必需品，怎么选择上好的茶叶、选择哪种茶叶显得尤其重要，下面介绍相关茶叶选购常识。

1. **检查茶叶的干燥度**　以手轻握茶叶微感刺手，轻捏会碎的茶叶，表示茶叶干燥程度良好，茶叶含水量在5%以下。

2. **观察茶叶叶片整齐度**　茶叶叶片形状、色泽整齐均匀的较好，茶梗、簧片、茶角、茶末和杂质含量比例高的茶叶，一般会影响茶汤品质，多是次级品。

3. **试探茶叶的弹性**　以手指捏叶底，一般以弹性强者为佳，表示茶菁幼嫩，制造得宜；而触感生硬者为老茶菁或陈茶。

4. **检验发酵程度**　红茶是全发酵茶，叶底应呈红鲜艳为佳；乌龙茶属半发酵茶，绿茶镶红边以各叶边缘有红边，叶片中部淡绿为上；清香型乌龙茶及包种茶为轻度发酵茶，叶在边缘锯齿稍深位置呈红边，其他部分呈淡绿色为正常。

5. **看茶叶外观色泽**　各种茶叶成品都有其标准的色泽。一般来说，以带有油光宝色或有白毫的乌龙及部分绿茶为佳，包种茶以呈现有灰白点之青蛙皮颜色为贵。茶叶的外形条索则随茶叶种类而异，如龙井呈剑片状，文山包种茶为条形自然卷曲，冻顶茶呈半球形紧结，铁观音茶则为球形，香片与红茶呈细条或细碎形。

6. **闻茶叶香气**　绿茶清香，包种茶花香，乌龙茶的熟果香，红茶的焦糖香，花茶则应有熏花之花香和茶香混合之强烈香气。如茶叶中有油臭味、焦味、菁臭味、陈旧味、火味、闷味或其他异味者，为劣品。

7. **尝茶滋味**　以少苦涩、带有甘滑醇味，能让口腔有充足的香味或喉韵者为好茶。苦涩味重、陈旧味或火味重者，则非佳品。

8. **观茶汤色**　一般绿茶呈蜜绿色，红茶鲜红色，白毫乌龙呈琥珀色，冻顶乌龙呈金黄色，包种茶呈蜜黄色。

9. **看泡后茶叶叶底**　冲泡后很快展开的茶叶，多是粗老之茶，条索不紧结，泡水薄，茶汤多平淡无味，且不耐泡。冲泡后叶面不开展或经多次冲泡仍只有小程度之开展的茶叶，不是焙火失败就是已放置一段时间的陈茶。

汤色澄清鲜亮带油光。

冲泡后茶叶逐次舒展。

◀图说
茶汤以没有浑浊或沉淀物产生者为佳。

▶图说
此类茶多由幼嫩鲜叶所制成，且制造技术良好，茶汤浓郁。

269 茶叶的鉴别标准是什么?

茶叶的鉴别标准主要有五个方面，即嫩度、条索、色泽、整碎和净度。

1. 嫩度　茶叶品质的基本因素就是嫩度，一般来说嫩度好的茶叶，外形也很符合茶叶的要求，锋苗好，白毫比较明显。嫩度差的茶叶，即使做工很好，可是茶条上也没有锋苗和白毫。

2. 条索　条索就是指各类茶的外形规格，例如炒青条形、珠茶圆形、龙井扁形、红碎茶颗粒形等。长条形茶，从松紧、弯直、壮瘦、圆扁、轻重来看；圆形茶从颗粒的松紧、匀正、轻重、空实来看；扁形茶，要看平整和光滑的程度。

3. 色泽　从茶叶的色泽可以看出茶叶的嫩度和加工技术。一般来说，好的茶叶色泽一致，光泽明亮，油润鲜活，如果出现色泽不一，有深有浅，暗淡无光的情况，那么茶叶质量必然不佳。

4. 整碎　整碎指的是茶叶的外形和断碎程度，匀整的为好，断碎的为次。

5. 净度　净度就是看茶叶中的杂物含量，例如茶片、茶梗、茶末、茶子以及在制作过程中混入的竹屑、木片、石灰、泥沙等杂物，好的茶叶应当是不含任何杂质的。

270 怎样辨别新茶与陈茶?

看色泽。茶叶在储藏的过程中，构成茶叶色泽的一些物质会在光、气、热的作用下，发生缓慢分解或氧化，失去原有的色泽。如新绿茶则色泽青翠碧绿，汤色黄绿明亮；陈茶则叶绿素分解、氧化，色泽变得枯灰无光，汤色黄褐不清。

捏干湿。取一两片茶叶用大拇指和食指稍微用劲一捏，能捏成粉末的是足干的新茶。

闻茶香。构成茶香的醇类、酯类、醛类等特质会不断挥发和缓慢氧化，时间越久，茶香越淡，由新茶的清香馥郁变成陈茶的低闷浑浊。

品茶味。茶叶中的酚类化合物、氨基酸、维生素等构成滋味的特质会逐步分解挥发、缩合，使滋味醇厚鲜爽的新茶变成淡而不爽的陈茶。

271 怎样识别春茶?

历代文献都有"以春茶为贵"的说法，由于春季温度适中，雨量充沛，加上茶树经头年秋冬季的休养，使得春茶芽叶硕壮饱满，色泽润绿，条索结实，身骨重实，所泡的茶浓醇爽口，香气高长，叶质柔软，无杂质。

▶图说

春茶冲泡后，香浓味厚，汤色清澈明亮，叶底厚实。

叶脉细密，叶片边缘锯齿不明显。

272 怎样识别夏茶?

夏季炎热，茶树新梢芽叶迅速生长，使得能溶解于水的浸出物含量相对减少，因此夏茶的茶汤滋味没有春茶鲜爽，香气不如春茶浓烈，反而增加了带苦涩味的花青素、咖啡喊、茶多酚的含量。从外观上看，夏茶叶肉薄，且多紫芽，还夹杂着少许青绿色的叶子。

外观略松散，叶质轻飘。

▲ 图说

夏茶香气欠缺，叶脉尽显，叶底叶片边缘锯齿明显。

273 怎样识别秋茶?

秋天温度适中，且茶树经过春夏两季生长、采摘，新梢内物质相对减少。从外观上看，秋茶多丝筋，身骨轻飘。所泡成的茶汤淡，味平和，微甜，叶质柔软，单片较多，叶张大小不一，茎嫩，含有少许铜色叶片。

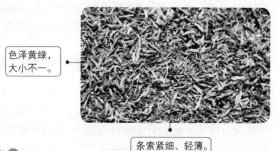

色泽黄绿，大小不一。

条索紧细、轻薄。

274 怎样识别花茶?

花茶的外形一般都是条索紧实，色泽明亮均匀，如果外形粗松不整，色泽暗淡，则为劣质茶；优质的花茶一般没有杂质，掂量时会有沉实的感觉，如果杂质很多，掂量时感觉很轻，则为劣质茶。

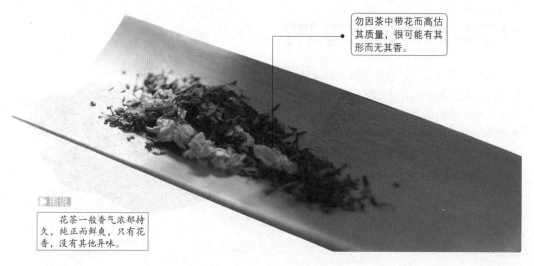

勿因茶中带花而高估其质量，很可能有其形而无其香。

▶ 图说

花茶一般香气浓郁持久，纯正而鲜爽，只有花香，没有其他异味。

275 怎样识别高山茶与平地茶?

高山茶和平地茶的生态环境有很大差别,除了茶叶形态不同,茶叶的质地也有很大差别。

高山茶的外形肥壮紧实,色泽翠绿,茸毛较多,节间长,鲜嫩度良好,成茶有特殊的花香,条索紧实肥硕,茶骨较重,茶汤味道浓稠,冲泡时间长;平地茶一般叶子短小,叶底硬薄,茶叶表面平展,呈黄绿色没有光泽,成茶香味不浓郁,条索瘦长,茶骨相对于高山茶较轻,茶汤滋味较淡。

图说

高山茶最显著的特征在于其香高味浓、尤耐冲泡。

276 怎样识别劣变茶?

识别劣变茶的方法有以下几个:

1. 烟味 冲泡出的茶汤嗅时烟味很重,品尝时也带有烟味则为劣变茶。

2. 焦味 干茶叶散发有很重的焦味,冲泡后仍然有焦味而且焦味持久难消则为劣变茶。

3. 酸馊味 无论是热嗅、冷嗅和品尝茶叶都有一股严重的酸馊味则为劣变茶,不能饮用。

4. 霉味 茶叶干嗅时有很重的霉味,茶汤的霉味更加明显则为劣变茶,不能饮用。

如有轻微的日晒气则为次品茶,如日晒气很重则为劣变茶。

277 怎样甄别真假茶叶?

真茶和假茶,一般都是通过眼看、鼻闻、手摸、口尝的方法来综合判断。

1. 眼看 绿茶呈深绿色,红茶色泽乌润,乌龙茶色泽乌绿,茶叶的色泽细致均匀,则为真茶。如果茶叶颜色不一,则可能为假茶。

2. 鼻闻 如果茶叶的茶香很纯,没有异味,则为真茶;如果茶叶茶香很淡,异味较大,则为假茶。

3. 手摸 真茶一般摸上去紧实圆润,假茶都比较疏松;真茶用手掂量会有沉重感,而假茶则没有。

4. 口尝 冲泡后,真茶的香味浓郁醇厚,色泽纯正;假茶香气很淡,颜色略有差异,没有茶滋味。

茶香纯正、无异味。

真茶色泽自然、均匀。

手感紧实。

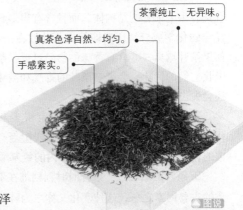

图说

将茶叶放在白纸或白盘子中,将茶叶摊开。

278 影响茶叶品质的因素有哪些?

由于空气、光线、水分等的影响，茶叶很容易受潮，或吸收异味，或其中的叶绿素被破坏而茶叶颜色枯黄发暗，品质变坏，最终导致茶叶、茶汤颜色发暗，香气散失，严重影响了茶味，严重时甚至发霉不能饮用。因此，掌握一些妥善保藏茶叶常识就显得很重要。

由于茶叶中的一些成分很不稳定，很容易发生变化，产生茶变。因此，放置茶叶的容器就非常重要，一般以锡瓶、瓷坛、有色玻璃瓶为最佳；塑料袋、纸盒最次；同时注意保存茶叶的容器要干燥、洁净、远离樟脑、药品、化妆品、香烟、洗涤用品等有强烈气味、异味的物品；不同级别的茶叶也不能混在一起保存。

总的来说，引起茶叶变质的主要因素有光线、温度、茶叶水分含量、大气湿度、氧气、微生物、异味等七种，所以防止茶叶劣变必须尽量避免这七种环境。

▲图说
茶叶在贮存时应避免放在潮湿、高温、不洁、暴晒的地方。

279 茶叶有哪些特异性?

茶叶之所以容易变质，就是由于茶叶的特异性。茶叶具有吸收异味的特性、吸湿性和超强的氧化性，茶叶的这些特性与茶叶本身的组织结构和成分是密切相关的。

1. 茶叶吸收异味的特性　由于茶叶是疏松而且具有多毛细管的结构体，而且含有很多具有吸附异味的化学成分，所以即使把茶叶放在茶叶罐里，如果茶叶罐离一些含有香味的物品过近，茶叶也会吸收它们的气味，会影响茶叶的香气和滋味，甚至还会失去茶叶的饮用价值。

2. 茶叶的吸湿性　茶叶中含有很多亲水性的化学物质，如蛋白质和糖类，茶叶吸湿后会使茶叶内的化学物质发生氧化，使茶叶内的氨基酸、叶绿素等转化成别的物质，影响茶叶的味道。

▲图说
即使将茶叶装在密封的茶叶罐中，其自身缓慢的氧化以及存放环境的特殊气味也会对茶叶造成一定的影响。

3. 茶叶的氧化性　茶叶时时刻刻都在不断地自行氧化。除了湿度以外，温度也是茶叶变质的主要因素之一，这种变化又称之为陈化，这种陈化会使茶汤的颜色加深，而且还会失去茶叶的鲜爽度。

280 为什么保管茶叶忌含水较多?

茶叶在储存时一定要注意干燥，不要使茶叶受潮。茶叶中的水分是茶叶内的各种成分生化反应必需的媒介，茶叶的含水量增加，茶叶的变化速度也会加快，色泽会随之逐渐变黄，茶叶滋味和鲜爽度也会跟着减弱。如果茶叶的含水量达到 10%，茶叶就会加快霉变速度。

茶叶在保存时，一定要保持环境的相对湿度要低，这是茶叶保持干燥的另一个条件。如果保存环境潮湿不堪，那么即使在包装时茶叶的含水量达标，也会使茶叶变质。在储存前，可以先检查一下干燥度，抓一点茶叶用手指轻轻搓捻，如果茶叶能立刻变成粉末，那么就表示比较干燥可以储存。

▶图说

茶叶包装前必须把含水量控制在 5%～6%，以先进的包装材料和保鲜技术保持住其新鲜风味。

281 为什么保管茶叶忌接触异味?

茶叶在保管时，一定要注意不能接触异味，茶叶如果接触异味，不仅会影响茶叶的味道，也会加速茶叶的变质。茶叶在包装时，就要保证严格按照卫生标准执行，确保在采摘、加工、储存的过程中没有异味污染，如果在前期有异味污染，那么后期保管无论多么注意，茶叶依然会很快变质。

▶图说

需注意透明玻璃容器的避光性欠佳。

保管茶叶时一定要确保盛装茶叶的容器卫生洁净无异味。

茶叶自身具有很强的异味吸附特性。

282 为什么保管茶叶忌置于高温环境中?

茶叶在保管时，一定要保持合适的低温环境，才能使茶叶的香味持久不变，如温度过高会使茶叶变质。

温度是茶叶保管中一个很重要的因素，茶叶内含成分的化学变化随着温度的升高而变化。经过试验证明，随着温度的升高，茶叶内含化学物质变化速度加快，茶叶的品质也会随之变化，茶叶变质的速度也就会变快，对茶叶的保管很不利。

▶图说

茶叶的保管温度一般应控制在5℃以下，零下10℃的冷库或冷柜中是最适宜的环境。

283 为什么保管茶叶忌接受阳光照射?

在保管茶叶时,一定要注意避光保存,因为阳光使茶叶中的叶绿素物质氧化,从而使茶叶的绿色减退而变成棕黄色。阳光直射茶叶还会使茶叶中的有些芳香物质氧化,会使茶叶产生"日晒味",茶叶的香味自然也会受到影响,严重的还会导致茶叶变质。

在保管茶叶时,要选择阴凉避光的地方,重要的是不要将茶叶氧化,氧化的茶叶只能使茶叶变质更快,保质期缩短。

阳光照射会使茶芳香物质遭氧化,产生"日晒味"。

▶图说
茶叶在保管时,要避免太阳照射,太阳照射时间长会加速茶叶变质。

284 为什么保管茶叶忌长时间暴露?

茶叶如果长时间暴露在外面,空气中的氧气会促进茶叶中的化学成分如脂类、茶多酚、维生素 C 等物质氧化,进而使茶叶加速变质。茶叶在包装保管的容器中氧气含量应该控制在 0.1%,也就是说要基本上没有氧气,这样就能很好地保持茶叶的新鲜状态。此外,暴露在外的茶叶也更易于接触到空气中的水分,从而不再干燥,吸湿还潮,降低茶叶所原有的质量。

▶图说
茶叶不适合长时间暴露在外面,因此在保管茶叶时,一定不要将其暴露在外面,取完茶叶后,要把茶叶继续密封保存。

285 茶叶的铁罐储存法是什么?

在一般的茶叶市场上都可以买到铁罐,铁罐在质地上没有什么区别,造型却很丰富。方的、圆的、高的、矮的、多彩的、单色的,而且在茶叶罐上还有丰富的绘画,大多都是跟茶相关的绘画,可以根据自身需求进行选择。

在用铁罐储存前,首先要检查一下罐身与罐盖的密封度,如果漏气则不可以使用。如果铁罐没有问题,可以将干燥的茶叶装入,并将铁罐密封严实。铁罐储存法方便实用,适合平时家庭使用,但是却不适宜长期储存。

要格外注意铁罐的密闭性。

▶图说
茶叶的储存方法有很多,其中最常见的是用铁罐来储存茶叶。

286 茶叶的热水瓶储存法是什么?

热水瓶储存法是一种很实用的茶叶储存法,一般家庭用的热水瓶就可以,但是保暖性能一定要好。

在储存之前要检查一下热水瓶的保暖性能,如果热水瓶不保暖则不能采用。选择好热水瓶后,将干燥的茶叶装入瓶内,切记一定要装充足,尽量减少瓶内的空间。装好茶叶后,将瓶口用软木塞盖紧,然后在塞子的边缘涂上白蜡封口,再用胶布裹上,主要的目的是防止漏气。

镀银的玻璃内壁与真空隔层可有效保持温度的恒定。

▶图说

热水瓶储存法,由于瓶内的空气少,温度相对稳定,保质效果好,且简单易行,很适合家庭储存。

287 茶叶的陶瓷坛储存法是什么?

陶瓷坛储存法就是用陶瓷坛储存茶叶,用以保持茶叶的鲜嫩,防止变质。

茶叶在放入陶瓷坛之前要用牛皮纸把茶叶分别包好,分置在坛的四周,在坛中间摆放一个石灰袋,再在上面放茶叶包,等茶叶装满后,再用棉花盖紧。石灰可以吸收湿气,能使茶叶保持干燥不受潮,储存的效果很好,茶叶的保质时间可以延长。陶瓷坛储存方法,特别适合一些名贵茶叶,尤其是龙井、大方这些上等茶。

以干燥、无异味、密闭性好为佳。

▶图说

储存茶叶的陶瓷坛如果潮湿、有异味、密封性差,就会影响到茶叶的质量。

288 茶叶的玻璃瓶储存法是什么?

玻璃瓶储存法是将茶叶存放在玻璃瓶中,以保持茶叶的鲜嫩,防止茶叶变质。这种方法很常见,一般家庭中经常采用这种方法,既简单又实用。

玻璃瓶要选择有色、清洁、干燥的。玻璃瓶准备好后,将干茶叶装入瓶子至七八成满即可,然后用一团干净无味的纸团塞紧瓶口,再将瓶口拧紧。如果能用蜡或者玻璃膏封住瓶口,储存效果会更好。

有色玻璃可以避免光线直射,防止茶叶被氧化。

▶图说

玻璃瓶一般要采用有色的,而不用透明的。

289 茶叶的食品袋储存法是什么?

食品袋储存法是指用食品塑料袋储存茶叶的方法。先准备一些洁净没有异味的白纸、牛皮纸,没有空隙的塑料袋。用白纸将茶叶包好,再包上一张牛皮纸,接着装入塑料食品袋中,然后用手轻轻挤压,将袋中的空气排出,用细绳子将袋口捆紧,然后再将另一只塑料食品袋套在第一只袋外面,和第一个袋子同样的方法将空气挤出,再用细绳子把袋口扎紧。然后将茶包放入干燥无味、密闭性好的铁筒中即可。

食品袋储存法操作流程

准备一些洁净没有异味的白纸、牛皮纸,没有空隙的塑料袋。

↓

用白纸将茶叶包好,再包上一张牛皮纸,装入塑料食品袋中。

↓

用手轻轻挤压,将袋中的空气排出,用细绳子将袋口捆紧。

↓

将另一只塑料食品袋套在第一只袋外面,同样将空气挤出,用细绳把袋口扎紧。

↓

最后将茶包放入干燥无味、密闭性好的铁筒中即可。

290 茶叶的低温储存法是什么?

低温储存法是指将茶叶放置在低温环境中,用以保持茶叶的鲜嫩,防止变质。

低温储存法,一般都是将茶叶罐或者茶叶袋放在冰箱的冷藏室中,温度调为5℃左右为最适宜的温度。在这个温度下,茶叶可以保持很好的新鲜度,一般都可以保存1年以上。这个方法比较适合名贵的茶品,特别是茉莉花茶。

▶图说

冰箱中环境有点潮湿,在放茶叶时,一定要将茶叶罐或者茶叶袋密封好,以防受潮变质。

291 茶叶的木炭密封储存法是什么?

木炭密封储存法是利用木炭的吸潮性来储存茶叶的方法,这个方法也是比较常用的,总体来说效果还是很不错的。

首先,要将木炭处理一下,将木炭放入火盆中烧起来,然后用铁锅立即覆盖上,将火熄灭,然后将木炭晾干后,用干净的白布把木炭包起来;将茶叶分包裹好,放入瓦缸或小口铁箱中,然后将包裹好的木炭放入。

◀图说

因为木炭的吸潮功能很强,所以保鲜效果不错,但是木炭要及时更换,以免木炭潮湿影响茶叶的干燥度。

292 为什么中国人历来讲究泡茶用水？

中国人历来对泡茶的用水都很讲究，从中国古代的茶典对泡茶用水的记录中，就可以看出爱茶人对泡茶用水的重视。一般来说，好水的标准是洁净、味甘、水活、清冽等。从科学的角度来看，水质过硬或过软都不适合用来泡茶，会使茶汤变味变色，中性的水最适合泡茶。

陆羽在《茶经》中对水有这样的说法："山水上、江水中、井水下，砾乳泉、石池、漫流者上。"明代的许次纾在《茶疏》中说道："精茗蕴香，借水而发，无水不可与论茶也。又谓：茶性必发于水，八分之茶遇十分之水，茶亦十分矣；八分之水，试十分之茶，茶只八分耳。"

图说

从古到今，品茗都是中国人喜爱的活动，若想泡出好茶，水质的好坏非常关键。

293 古代人怎样论水？

中国古代的茶典中，有很多关于泡茶用水的论著，这些茶典中不仅有水质好坏和茶的关系的论述，还有对水品做分类的著作。

比较著名的是唐代茶圣陆羽的著作《茶经》中的"五之煮"，唐代张又新的《煎茶水记》，宋代欧阳修的《大明水记》，宋代叶清臣的《述煮茶小品》，明代徐献忠的《水品》，田艺蘅的《煮泉小品》，清代汤蠹仙的《泉谱》等。

古代文人墨客靠品尝，排出了煮茶之水的座次。陆羽将煮茶分为三等：泉水为上等，江水为中等；井水为下等。其中将泉水分为九等。陆羽提到的天下第一泉共有七处，分别是：济南的趵突泉、镇江的中泠泉、北京的玉泉、庐山的谷帘泉、峨眉山的玉液泉、安宁碧玉泉、衡山水帘洞泉。天下第九泉：淮水源，地处鄂豫交界桐柏山北麓，河南桐柏县（唐代属山南东道唐州）境内。陆羽在唐玄宗后期，在荆楚大地沿江淮、汉水流域进行访茶品泉期间，曾前往桐柏县品鉴过淮水源头之水，并评为"天下第九佳水"。天下第十泉：庐山天池山顶龙池水。十大名泉庐山占其三，由此可见陆羽对庐山的水情有独钟。

图说

从科学的角度讲，煮茶之水可按相同容积下的重量排序，重量越轻越好；按颜色排序，越清澈越好；按寒度排序，越寒冽越好；活水好于死水。

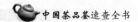

294 古代人择水的标准是什么?

尽管地域环境、个人喜恶的差别造成古人择水标准说法不一,但对水品"清""轻""甘""冽""鲜""活"的要求都是不谋而合的。

1. **水要甘甜洁净** 古人认为泡茶的水首要就是洁净,只有洁净的水才能泡出没有异味的茶,而甘甜的水质会让茶香更加出色。宋蔡襄在《茶录》中说道:"水泉不甘,能损茶味。"赵佶的《大观茶论》中说过:"水以清轻甘洁为美。"

2. **水要鲜活清爽** 古人认为水质鲜活清爽会使茶味发挥更佳,死水泡茶,即使再好的茶叶也会失去茶滋味。明代张源在《茶录》中指出:"山顶泉清而轻,山下泉清而重,石中泉清而甘,砂中泉清而冽,土中泉清而白。流于黄石为佳,泻出青石无用。流动者愈于安静,负阴者胜于向阳。真源无味,真水无香。"

图说

水质清澈、洁净是古人择水的基本标准,在此基础上求真的诉求则更贴合茶道的初衷。

3. **适当的贮水方法** 古代的水一般都要储存备用,如果在储存中出现差错,会使水质变味,影响茶汤滋味。明代许次纾在《茶疏》中指出:"水性忌木,松杉为甚,木桶贮水,其害滋甚,洁瓶为佳耳。"

295 现代人的水质标准是什么?

现代科学越来越发达了,人们的生活层次也在不断提高,对水质的要求也提出了新的指标。现代科学对水质提出了以下四个指标:

1. **感官指标** 水的色度不能超过15度,而且不能有其他异色;浑浊度不能超过5度,水中不能有肉眼可见的杂物,不能有臭味异味。

2. **化学指标** 微量元素的要求为氧化钙不能超过250毫克/升,铁不能超过0.3毫克/升,锰不能超过0.1毫克/升,铜不能超过1.0毫克/升,锌不能超过1.0毫克/升,挥发酚类不能超过0.002毫克/升,阴离子合成洗涤剂不能超过0.3毫克/升。

3. **毒理学指标** 水中的氟化物不能超过1.0毫克/升,适宜浓度0.5～1.0毫克/升,氰化物不能超过0.05毫克/升,砷不能超过0.04毫克/升,镉不能超过0.01毫克/升,铬不能超过0.5毫克/升,铅不能超过0.1毫克/升。

4. **细菌指标** 每1毫升水中的细菌含量不能超过100个;每1升水中的大肠菌群不能超过3个。

图说

饮用水的pH值应当为6.5～8.5,硬度不能高于25度。

296 什么是硬水?

水的软、硬取决于水中钙、镁矿物质的含量,硬水是指含有较多钙、镁化合物的水。硬水分为暂时硬水和永久硬水,暂时硬水在煮沸之后就会变为软水,而永久硬水经过煮沸也不会变为软水。

硬水是相对于软水而言的,生活中一般不使用硬水。饮用硬水不会对健康造成直接危害,但是长期饮用会造成肝胆或肾结石。如果用硬水泡茶,茶汤的表面会有一层明显的"锈油",茶的滋味会大打折扣,茶色也会变得暗淡无光。

▶图说

当水体硬度较高时,肥皂不易起沫,降低了去污能力。

297 什么是软水?

软水就是指不含或含很少可溶性钙、镁化合物的水,天然软水包括江水、河水、湖水等。

日常生活中,人们通过将暂时硬水加热煮沸,使水中的碳酸氢钙或碳酸氢镁析出不溶于水的碳酸盐沉淀,从而获得软水作为家庭洗澡、洗衣服的专门用水。生活中使用的水一般都是软水,软水可以加强洗涤效果,令其泡沫丰富;可以有效清洁皮肤、抑制真菌、促进细胞组织再生。但由于所含的矿物质过少,不适合人体长期饮用。

▶图说

软水中离子(特别是钙镁离子)浓度低,其水体表面的张力更大。

298 现代的饮用水怎样分类?

1. 自来水 生活中最常见的饮用水,来源于天然水,经过加工处理后成为暂时硬水,饮用前煮沸,水质就可以达标。

2. 矿泉水 矿泉水是直接从地底深处自然涌出的或者人工开发的地下矿泉水,含有一定量的矿物盐、微量元素等物质。

3. 纯净水 纯净水是蒸馏水、太空水等的统称,属于安全无害的软水。纯净水纯度很高,没有任何添加物,可以直接饮用。

4. 活性水 活性水通常以自来水为水源,经过滤、精制、杀菌、消毒形成特定的活性,其功效有渗透性、溶解性、富氧化等。

5. 净化水 净化水就是将自来水管网中的红虫、铁锈、悬浮物等杂物除掉的水。净化水可以降低水的浑浊度、余氧和有机杂质,并可以将细菌、大肠杆菌等微生物截留。

▶图说

现代生活饮用水大致可以分为自来水、矿泉水、纯净水、活性水、净化水五大类。

299 什么是纯净水?

纯净水的水质清纯，没有任何有机污染物、无机盐、添加剂和各类杂质，这样的水可以避免各类病菌入侵人体。纯净水一般采用离子交换法、反渗透法、精微过滤等方法来进行深度处理。纯净水将杂质去除之后，原水只能有 50% ~ 75% 被利用。

纯净水的优点是安全，溶解度强，与人体细胞亲和力强，能有效促进人体的新陈代谢。虽然纯净水在除杂的同时，也将对人体有益的微量元素分离出去，但是对人体的微量元素吸收并无太大妨碍。总体来说，纯净水是一种很安全的饮用水。

▲图说

纯净水，就是指不含任何有害物质和细菌的水。

300 什么是自来水?

自来水，是指将天然水通过自来水处理净化、消毒后生产出符合国家饮用水标准的水，以供人们生活、生产使用。家庭中可以直接将自来水用于洗涤，但是饮用时一般都要煮沸。

自来水的来源主要是江河湖泊和地下水，水厂用取水泵将这些水汲取过来，将其沉淀、消毒、过滤等，使这些天然水达到国家的饮用水标准，然后通过配水泵站输送到各个用户。

▲图说

自来水都是暂时硬水，需要加热煮沸后变为软水才能适宜饮用。

301 什么是矿泉水?

矿泉水含有一定量的矿物盐、微量元素或二氧化碳气体。相对于纯净水来说，矿泉水含有多种微量元素，对人体健康有利。

从国家标准看，矿泉水按照特征可分为偏硅酸矿泉水、锶矿泉水、锌矿泉水、锂矿泉水、硒矿泉水、溴矿泉水、碘矿泉水、碳酸矿泉水、盐类矿泉水九大类；按照矿化度可分为低矿化度、中矿化度、高矿化度三种；按照酸碱性可分为强酸性水、酸性水、弱酸性水、中性水、弱碱性水、碱性水、强碱性水七大类。每个人的体质不同，在选择矿泉水时，要根据自身的需求来选择，就可以起到补充矿物质的作用。

▲图说

矿泉水，就是指直接从地底深处自然涌出的或者人工开发的无污染的地下矿泉水。

302 什么是活性水?

活性水,也称为脱气水,就是指通过特定工艺使水中的气体减掉一半,使其具有超强的生物活性。活性水的表面张力、密度、黏性、导电性等物理性质都发生了变化,因此它很容易就能穿过细胞膜进入细胞,渗入量是普通水的好几倍。

活性水可以利用加热法、超声波脱气、离心去气法等制作而成。活性水包括磁化水、矿化水、高氧水、离子水、自然回归水、生态水等。活性水的功效有渗透性、扩散性、溶解性、代谢性、排毒性、富氧化和营养性。

▶图说
活性水通常以自来水为水源,然后过滤、精制、杀菌、消毒,形成特定的活性。

303 什么是净化水?

净化水就是将自来水管网中的红虫、铁锈、悬浮物等杂物除掉的水。净化水可以降低水的浑浊度、余氧和有机杂质,并可以将细菌、大肠杆菌等微生物截留。

净化水的原理和处理工艺一般包括粗滤、活性炭吸附和薄膜过滤三级系统。在净水过程中,要注意经常清洗净水器中的粗滤装置,常常更换活性炭,否则,时间久了,净水器内胆中就会有污染物堆积,滋生细菌,不仅起不到净化水的作用,反而会进一步污染水。

▶图说
净化水是利用净化器将自来水通过二次过滤后所取得的健康饮水。

304 什么是天然水?

天然水,就是指构成自然界地球表面各种形态的水相,包括江河、海洋、冰川、湖泊、沼泽、泉水、井水等地表水以及土壤、岩石层内的地下水等。

地球上的天然水总量大约为13.6亿立方米,其中海水占97.3%,冰川和冰帽占2.14%,江、河、湖泊等地表水占0.02%,地下水占0.61%。这些水中既有淡水也有咸水,其中淡水大约占天然水的2.7%。天然水的化学成分很复杂,含有很多可溶性物质、胶体物质、悬浮物,例如盐类、有机物、可溶气体、硅胶、腐殖酸、黏土、水生生物等。

◀图说
取用自然界中的天然水需密切留意水源、环境、气候等特定因素,以确保适宜饮用。

305 西山玉泉在什么地方？

　　西山玉泉位于北京玉泉山西南麓。玉泉水从山根流出，在主泉口的大石上镌着"玉泉"二字。

　　金章宗将西山玉泉归纳入燕山八景，取名为"玉泉垂虹"。但是好景不常在，因为后来大石碎化，风景也发生了变化。在清朝乾隆时于是将"垂虹"改为了"趵突"，并且在旁边立了一块石碑，名为《御制玉泉山天下第一泉记》。西山玉泉的水质清澈甘甜，泡出的茶汤香味浓郁，色泽清亮，是泡茶的上佳用水。

306 晋祠泉在什么地方？

　　晋祠泉位于山西省太原市南郊约 25 千米的悬瓮山麓的晋祠内，所处的地段是一个断裂带，是一个断层泉，由难老泉、鱼沼泉和善利泉组成，水温大约为 17.5℃。其中的难老泉常年川流不息，就像是青春永驻，永远不老一样，这也是它的名字"难老"的来历。

　　晋祠泉的水质很好，自古都被人们用于生活饮水和生活用水，赞美之词也颇多。北宋时期的文学家范仲淹曾说过"千家灌禾稻，满目江南田，皆知晋祠下，生民无旱年"，就是在赞美晋祠泉的水质好。

● 图说

唐代诗人李白曾用"晋祠流水如碧玉，百尺清潭泻翠娥"来赞美晋祠泉。

　　晋祠泉是晋祠名胜的一个部分，晋祠周围的环境虽美，晋祠泉却是最值得欣赏的美景。晋祠泉还有着很多传说，例如"饮马抽鞭，柳氏坐瓮""中流砥柱"等，这些美丽的传说更加增添了晋祠泉的神秘性，更加令人向往。

307 中泠泉在什么地方？

　　中泠泉被誉为"天下第一泉"，位于江苏省镇江市金山脚下。中泠泉原来在江水之中，泉眼也是时隐时现，后来由于河道变迁，泉口才完全露出地面，成为陆地泉，现在泉口地面标高为 4.8 米。

　　根据《煎茶水记》记载，当时的品茶专家将适合煮茶的水分为七等，而中泠泉排名第一，因而得了"天下第一泉"的美名。这个"天下第一泉"之所以为第一，也在于其泉水很难得到，当时的泉眼时隐时现，要取到泉水实在不易。苏东坡曾说过"中泠南畔石盘陀，古来出没随涛波"，可见其独特之处。

　　中泠泉的水质很好，绿如翡翠，浓似琼浆，满杯不溢，南宋名将文天祥曾写过这样一首诗"扬子江心第一泉，南金来北铸文渊，男儿斩却楼兰首，闲品茶经拜羽仙。"

308 惠山泉在什么地方？

惠山泉，别名陆子泉，传说茶圣陆羽亲自品尝过其泉水，后被乾隆御封为"天下第二泉"，位于江苏省无锡市西郊惠山山麓锡惠公园中。

惠山泉的水天下闻名，很多茶客慕名而来，为的就是取其泉水，尤其是很多达官贵人，纷纷前来，泉旁的二泉亭，就是地方官员为了迎接南宋皇帝赵构而修建的。历史上对惠山泉的评价很高，也有人认为将其评为第二泉实在委屈，天下第一泉的美誉应该属于它。

图说

唐代茶圣陆羽在评定天下水品二十等时，将惠山泉评为"天下第二泉"，所以人们也将其称为二泉。

自古赞美惠山泉的诗句很多，例如唐代李绅曾赞它："惠山书堂前，松竹之下，有泉甘爽，乃人间灵液，清鉴肌骨。漱开神虑，茶得此水，皆尽芳味也。"刘远的《惠山泉》一诗："灵脉发山根，涓涓才一滴。宝剑护深源，苍珉环甃壁。鉴形须眉分，当暑挹寒冽。一酌举瓢空，过齿如激雪。不异醴泉甘，宛同神潢洁。快饮可洗胸，所惜姑濯热。品第冠寰中，名色固已揭。世无陆子知，淄渑谁与别。"

309 天下第五泉指的是哪一泉？

天下第五泉就是指大明寺泉水，位于江苏扬州大明寺西园。大明寺位于江苏扬州市西北约4千米的蜀岗中峰上，东临观音山。

大明寺泉被唐代茶圣陆羽列为天下第十二佳水。后来又被唐代品泉家刘伯刍评为"天下第五泉"，得到世人的关注。大明寺泉水的侧边有石刻的"第五泉"三个字，是明御史徐九皋所写。大明寺泉水水质清澈甘甜，泡出的茶汤茶味醇厚，鲜爽清新，是泡茶的上佳用水。

310 虎跑泉在什么地方？

虎跑泉，位于浙江省杭州市西南大慈山白鹤峰下慧禅寺的侧院中，距离市区大约有5千米，被称为"天下第三泉"。

关于虎跑泉的名字，有一个传说。相传，在唐元和十四年（819年）高僧寰中来到这里，看见这里风景优美秀丽，于是就居住了下来。但是这里却没有水源，这让他很苦恼。有一个夜里，他梦见神仙告诉他说："南岳有一个童子泉，会派遣二虎将其搬到这里来。"果然，在第二天有两只老虎刨地作穴，清澈的泉水便即刻涌出，因此得名虎跑泉。

"龙井茶叶虎跑水"已经被誉为"西湖双绝"，甜美的虎跑泉水冲泡清香的龙井名茶，鲜爽清心，茶香宜人。宋代诗人苏轼曾赞美道"道人不惜阶前水，借与匏尊自在尝"。

311 龙井泉在什么地方?

龙井泉，位于浙江省杭州市西湖的风篁岭上，是一个裸露型岩溶泉。龙井泉本名龙泓泉，又名龙湫泉，从三国时就是一个闻名于世的名泉，此泉大旱时也不会干涸，古人认为此泉和大海相连，有神龙驻守，因此称它为龙井。

龙井泉出自山岩中，水味甘甜，四季不干，清如明镜。在泉周围有神运石、涤心沼、一片云诸等名胜古迹。龙井泉的西边是龙井村，此地就是著名的西湖龙井茶产地。

龙井泉的水是由地下水与地面水两部分组成。如果用棍子搅动井内泉水，下面的地下水会翻到水面，形成一圈分水线，当地下泉水沉下时，分水线会渐渐缩小，最终消失，看上去很有趣。

312 金沙泉在什么地方?

金沙泉，位于浙江省湖州市长兴县城西北约 17 千米处，海拔为 355 米，泉眼在顾渚山东南麓，直径约为 120 厘米。泉眼水流涌动，一年四季不断。根据清代的《长兴县志》记载，"顾渚贡茶院侧，有碧泉涌沙，灿如金星"，因此得名金沙泉。

金沙泉泉水口味甘甜，口感良好，其中含有偏硅酸和锶、氡、锌、锰、锂、铁等 40 多种微量元素，是未受任何污染的优质矿泉水。这里盛产紫笋茶，用金沙泉水冲泡紫笋茶，茶汤浓稠，香气扑鼻，啜之甘洌，沁人心脾，因而有"紫笋茶、金沙泉"的说法。

《新唐书·地理志》中记载，"湖州金沙泉以贡"。杜牧的诗作中也提到过金沙泉："泉濑黄金涌，芽茶紫壁截。"

313 黄山温泉在什么地方?

黄山温泉，是黄山四绝之一，古时称为汤泉、朱砂泉，有两个出水口。温泉位于紫石峰南麓，汤泉溪北岸，海拔为 650 米，温泉主泉泉口的平均温度为 42.5℃，副泉泉口水温为 41.1℃，水温会随着气温、降水量的变化而变化。温泉原池昼夜最大流量为 219.51 吨，最小流量为 145.23 吨。

根据宋景佑《黄山图经》的记载，传说中华始祖轩辕黄帝曾在此沐浴后，皱纹消失，返老还童，因而使温泉的名声大振，被称为"灵泉"。

黄山温泉的水质中含有大量重碳酸，而且无硫，从唐代开始就颇受世人喜欢。黄山温泉有很大的医疗价值，在温泉中沐浴浸泡，有助于治疗消化、神经、心血管、运动等系统的疾病。

314 白乳泉在什么地方?

白乳泉，位于安徽省怀远县城南郊荆山北麓，因其"泉水甘白如乳"而得名，对于嗜茶之人是上等的饮茶用水。

白乳泉水质富含矿物质，水体表面的张力很强，当水注满杯时，水高出杯沿一点儿也不会外溢，将硬币放入也能浮起，这是泉水的独特之处。白乳泉甘洌清爽，烹茶香醇怡人，苏东坡游历路过时曾赞赏不已，被其誉为"天下第七泉"。

白乳泉是如何形成的呢? 荆山是岩浆侵入而形成的，在冷凝形成过程中及形成后受内外地质应力的作用，产生了一系列节理和断裂，泉坑就是三组密集的节理交会形成的。大气降水顺着岩体的节理和风化裂隙渗入地下后，沿着断裂层汇入了泉坑，就形成了白乳泉。

白乳泉的泉水乳白，这是因周围花岗岩在风化后，地表会形成白色的高岭土，下雨时，细小的高岭土会汇入水中，因而使水呈现"牛乳"状。泉坑里的水一般都是清澈的，但是在下过雨后，泉水就会变为乳白色。泉水流量随着季节、气候的变化而变化，雨季时水量较大，旱季水量减少，甚至还有在大旱之时断流的情况发生。

🔴图说

白乳泉原名"白龟泉"，泉水色白如牛乳，相传唐朝时泉水随白龟涌出而得名，郭沫若曾亲手为其题名。

315 谷帘泉在什么地方?

谷帘泉,位于庐山的主峰大汉阳峰南面的康王谷中,也被称为"天下第一泉"。谷帘泉发源于汉阳峰,中途被岩山阻拦,水流呈数百缕细水纷纷散落洒下,远远望去就好像一个晶莹亮丽的珠帘悬挂在谷中,因而得名谷帘泉。

唐代茶圣陆羽游遍了祖国的名山大川,品尝了各地的碧水清泉,将谷帘泉评为"天下第一泉"。谷帘泉经过陆羽评定后,吸引了大量的文人墨客前来品水,宋代学者王禹偁在《谷帘泉序》中说到:"其味不败,取茶煮之,浮云散雪之状,与井泉绝殊。"宋代名士王安石、朱熹等到过此地,并留下了赞美的诗词。白玉蟾在其诗词中提到:"紫岩素瀑展长霓,草木幽深雾雨凄。竹里一蝉闯竹外,溪东双鹭过溪西。步入青红紫翠间,仙翁朝斗有遗坛。竹梢露重书犹湿,松里云深复亦寒。"

316 胭脂井出产的泉水有什么特点?

胭脂井,位于天柱山下的潜山县城东郊 1000～1500 米处。这里曾有一座广教寺,在寺的后院有一口古井,这就是胭脂井。胭脂井的水终年呈粉红色,井水甘甜清香,如果向井中投石,井中会吐出一串美丽的桃花水泡。

胭脂井从东汉年间就存在了,至今已经有两千多年。关于这口井,还有一段美丽的传说。东汉末年时,广教寺住着大诸侯乔玄,他有两个女儿,分别叫作大乔、二乔。女儿长得如花似玉,聪慧贤淑,琴棋书画皆通,是远近闻名的佳人。她们二人从小在井边长大,每天都要到井边梳洗化妆,化完妆之后,就会将剩余的脂粉撒入井中,这样长年下来,井中水就被染成了粉红色。后来,她们分别嫁给了孙策和周瑜。出嫁前,她们来到井边梳洗,因为远嫁而伤心,就将胭脂全部倒入井中,决定从此不再梳妆。

317 陆游泉在什么地方?

陆游泉,位于湖北省宜昌市大约 10 千米的西陵峡西陵山腰上。泉水从岩壁石罅中流出,然后汇入长、宽各 1.5 米、深约 1 米的正方形泉坑中。泉水清澈透明,水质甘甜,一年四季不断,冬天也不会结冰,取用后会盈满,却不会溢出,因而有"神水"之称。

陆游泉的泉水是煮茶的上佳水品,煮出的茶,香味醇厚适口。吸引了很多爱茶之人前来取水。陆游泉早在唐代就被世人发现,当时白居易和其弟白行简、元稹来到此处,发现这个泉眼。白居易曾在《三游洞序》中记过此泉:"次见泉,如泻、如洒。其怪者如悬练,如不绝线……且水石相搏,嶙嶙凿凿,跳珠溅玉,惊动耳目,自未讫戍,爱不能去。"

318 湖北玉泉在什么地方?

　　湖北玉泉,位于湖北省当阳城西南10千米的玉泉山。玉泉山下有一股清泉,从地下涌出,水质晶莹透彻,水泡似连珠涌出,因而得名珍珠泉,也称为玉泉。

　　玉泉山形似巨船覆地,又名覆船山。山上林木苍冥,四季青翠,山腰山顶,常有云雾缭绕,蔚为大观。玉泉寺为我国早期的佛教寺院之一,列入全国重点文物保护单位,经历代修葺增建。北宋天禧年间,寺院规模达到9楼、18殿、3700僧舍。后又经多次修建,现玉泉寺院占地5.3万平方米,建筑面积1.6万平方米。寺内古建筑群造型古朴雄伟,结构美观严谨;花木峥嵘,古树参天,特别是唐代银杏、月月桂、千瓣莲,更是珍贵稀有。殿门前的大镬,铸于隋大业十一年(公元615年),重1500千克,还有元代铸的大钟、铁釜,以及清鼎炉和唐吴道子所绘观音像碑刻等,都具有重大的考古价值。

　　坐落在寺门外左侧的玉泉铁塔,是玉泉寺景区整个建筑的重要组成部分。铁塔铸于宋嘉祐六年(公元1061年),高17.9米,13层,重53.3吨,全部用生铁铸成,每层均有八角棱头,故称"棱金铁塔"。整座铁塔造型玲珑剔透,铸艺精巧,历经千年风雨霜雪,至今形态完好,纹饰清晰,光泽夺目。此乃我国古代铸造艺术之珍品。玉泉寺景区还有珠泉跳玉、画阁朝阳、邮亭夕照、关公显圣处等景观,都值得游人欣赏。

🔸图说

　　玉泉寺因泉得名,始于东汉普净禅师结茅建寺,智者大师奉隋文帝之命亲自修缮,时至唐时与山东灵岩寺、江苏栖霞寺、浙江国清寺并称"天下四绝"。

319 白沙井在什么地方？

白沙井，位于湖南省长沙市城南白沙街，为江南名泉之一，有着"长沙第一泉"的美称，和济南趵突泉、杭州虎跑泉、江苏中泠泉并称为四大名泉。白沙井有四口泉眼，终年不溢不竭，泉水清澈甘甜，是泡茶的佳水，泡出的茶口感甘醇、色泽诱人，用泉水酿酒，则酒香浓郁。有则民谣中这样写道："无锡锡山山无锡，平湖湖水水平湖，常德德山山有德，长沙沙水水无沙。"其中的沙水就是指白沙井之水。

从古至今，白沙井深受文人墨客爱戴，很多诗词中都有赞美白沙井的诗句。例如：晋代谢惠的"饮湘美之醇酵"之赋；唐代杜甫诗作中的"夜醉长沙酒，晓行湘水春"；毛泽东曾写过"才饮长沙水，又食武昌鱼"。

320 玉液泉在什么地方？

玉液泉，位于四川省峨眉山金顶之下万定桥边、神水阁前，素有"神水第一泉"的美誉。玉液泉的泉水清澈晶莹，久旱不干涸，是一等一的上佳水品，入口后，有荡气回肠的感觉，如同琼浆玉液一般，自古被称为"天上的神水""地下的甘泉"。

在玉液泉的周围，是峨眉极品茶的产地，用玉液泉冲泡峨眉茶，很得爱茶人的喜爱。经过检测，玉液泉中含有微量的氡、二氧化硅等多种矿物质，泉水不但口感佳，对人体还有保健作用，是一种极为难得的优质饮用矿泉水。

从古到今，许多文人墨客到此，留下了众多赞美之词。泉旁石碑上镌刻的"玉液泉"和"神水通楚"的碑文，是出自明代龚廷试之手；泉旁石崖上题写的"神水"两字，是明代御史张仲贤的作品。

321 碧玉泉在什么地方？

碧玉泉，现称为安宁温泉，位于云南省昆明市西南安宁城西北 7 千米处，在螳螂川峡谷间，有"天下第一汤"的美称。

碧玉泉有九个泉眼，从螳螂川东岸石灰岩壁流出，泉在山腰，犹如玉带一般揽在山腰。水温保持在 42 ～ 45℃，水质属弱碳酸盐型，可以直接当作饮料饮用，还能有助于治疗多种疾病。

碧玉泉最早的记载是在元代，元代赵琏著有一首《温泉漱玉》诗："泉出安宁最，潜阳溢至和。盎温深在沼，清沚溆盈科。下土丹沙伏，傍崖碧玉磨。气暄移火井，色莹转银河。洗濯空炎瘴，径行入雅歌。远人沾惠旧，此去足恩波。"从诗中可以看出碧玉泉的特点以及它的医疗价值。

碧玉泉四周的景色秀丽，自古有温泉八景：冰壶濯玉、龙窟乘凉、春圃桃霞、晴江晚棹、烟堤听莺、山楼看雨、云岩御风、溪亭醉月。如今，除了"晴江晚棹"与"春圃桃霞"之外，其余六景依然存在。

第七章
煮茶的器具

古人云，工欲善其事，必先利其器。可见，对于讲求感悟茶中细微之处与烹饮之妙的茶人来说，得心应手的煮茶器具有多么的重要。中国的茶具种类繁多，制作精湛，功用各具特色，本章着重介绍我国历史上的各类茶具、茶具分类、现代茶具特点与功用，以及茶饮生活中所常见的茶具选配、选购、养护与鉴赏知识，古董、名品、大师……其实这些离我们并不遥远。

322 茶具的起源是什么？

中国最早关于茶的记录是在周朝，当时并没有茶具的记载。而茶具是茶文化不可分割的重要组成部分，汉代王褒的《僮约》中，就有"烹茶尽具，酺已盖藏"之说，这是我国最早提到"茶具"的史料。此后历代文学作品及文献多提到茶具、茶器、茗器。

到了唐代，皮日休的《茶具十咏》中列出茶坞、茶人、茶笋、茶籯、茶舍、茶灶、茶焙、茶鼎、茶瓯、煮茶等十种茶具，茶圣陆羽在其著作《茶经》的"四之器"中先后共涉及多达24种不同的煮茶、碾茶、饮茶、贮茶器具。

中国的茶具种类繁多，制作精湛，从最初的陶制到之后的釉陶、陶瓷、青瓷、彩瓷、紫砂、漆器、竹木、玻璃、金属，无论是茶具材质还是制作工艺，茶具都经历了由粗渐精的发展过程。

口小而圆滑。

图说
根据考古研究推论，多数人认为最古老的茶具原型取自可兼作食器或酒器，陶土制成的瓦器——缶。

可供固定或悬挂的把手和拉环。

浑圆的缶体可盛食物或酒浆。

平底内收的底部便于火力均匀、高效加热。

323 唐代的茶具有什么特点？

唐代的茶饮及茶文化已发展成熟，人们以饼茶水煮作饮。湖南长沙窑遗址出土的一批唐朝茶碗，是我国迄今所能确定的最早茶碗。

茶业兴盛带动了制瓷业的发展，当时享有盛名的瓷器有越窑、鼎州窑、婺州窑、岳州窑、寿州窑、洪州窑和邢州窑，其中产量和质量最好的当数越窑产品。越窑是我国著名的青瓷窑，其青瓷茶碗深受茶圣陆羽和众多诗人的喜爱，陆羽评其"类玉""类冰"。当时茶具主要有碗、瓯、执壶、杯、釜、罐、盏、盏托、茶碾等。瓯是中唐时期风靡一时的越窑茶具新品种，是一种体积较小的茶盏。

图说
白瓷瓷碗
碗作为唐时最流行的茶具，造型有花瓣形、直腹式、弧腹式等。

图说
三彩陶杯盘
以黄、赭、绿为基本色调，色彩斑斓。

图说
青瓷执壶
执壶是中唐以后才出现的器形，通常刻有各类纹饰。

324 宋代的茶具有什么特点?

承唐人遗风,宋代茶饮更加普及,品饮和茶具的发展已进入了鼎盛时期,茶成了人们日常生活中的必需品。

宋代的茶为茶饼,饮时须碾为粉末。饮茶的茶具盛行茶盏,使用盏托也更为普遍。其形似小碗,敞口,细足厚壁,适用于斗茶技艺,其中著名的有龙泉窑青釉碗、定窑黑白瓷碗、耀州窑内瓷碗。由于宋代瓷窑的竞争,技术的提高,使得茶具种类增加,出产的茶盏、茶壶、茶杯等品种繁多,式样各异,色彩雅丽,风格大不相同。全国著名的窑口共有五处,即官窑、哥窑、定窑、汝窑和钧窑。

▶图说
青白瓷盖托(北宋),景德镇窑出产。

茶盏外沿精薄。

外口开阔,内底较浅。

下有盏托。

瓷盒内有各式茶具。

盒盖刻有典雅的花纹。

▶图说
青釉剔花瓷盒(宋)

壶盖、壶口处装有银饰,壶盖更以扣环结于把手之上,简洁实用。

壶体光洁圆润,外形简约,壶腹宽敞。

▶图说
青釉银扣执壶(宋)

325 元代的茶具有什么特点?

元代时期,茶饼逐渐被散茶取代。此时绿茶的制作只经适当揉捻,不用捣碎碾磨,保存了茶的色、香、味。茶具也有了脱胎换骨之势,从宋人的崇金贵银、夸豪斗富的误区进入了一种崇尚自然、返璞归真的茶具艺术境界,对茶具去粗存精、删繁就简,为陶瓷茶具成为品饮场中的主导潮流开辟了历史性的通道。尤其是白瓷茶具不凡的艺术成就,把茶饮文化及茶具艺术的发展推向了全新的历史阶段,直到今天,元朝的白瓷茶具依然还有着势不可挡的魅力。

罐盖如荷叶般宽平,边缘微翘。

罐体上部宽圆,罐脚内收。

▶图说
青釉荷叶盖罐(元),可作贮茶器具。

326 明代的茶具有什么特点?

明代饮用的茶是与现代炒青绿茶相似的芽茶,"茶以青翠为胜,陶以蓝白为佳,黄黑红昏,俱不入品",人们在饮绿茶时,喜欢用洁白如玉的白瓷茶盏来衬托,以显清新雅致。

自明代中期开始,人们不再注重茶具与茶汤颜色的对比,转而追求茶具的造型、图案、纹饰等所体现的"雅趣"上来。明代制瓷业在原有青白瓷的基础上,先后创造了各种彩瓷、钧红、祭红和郎窑红等名贵色釉,使造型小巧、胎质细腻、色彩艳丽的茶具成了珍贵之极的艺术品。名噪天下的景德镇瓷器甚至为中国博得了"瓷器王国"的美誉。

明朝人的饮茶习惯与前代不同,在饮茶过程中多了一项内容,就是洗茶。因此,茶洗工具也成了茶具的一个组成部分。茶盏在明代也出现了重大的改进,就是在盏上加盖。加盖的作用一是为了保温,二是出于清洁卫生。自此以后,一盏、一托、一盖的三合一茶盏,就成了人们饮茶不可缺少的茶具,这种茶具被称为盖碗。

图说 螭纹白玉水盂(明)

> 外侧浮刻有螭龙纹,螭龙传说是龙子之一,有防火之能。

图说 蓝釉执壶(明)

327 清代的茶具有什么特点?

清代的饮茶习惯基本上仍然继承明代人的传统风格,淡雅仍然是这一时期的主格调。

紫砂茶具的发展经历了明供春始创、"四名家"及"三妙手"的成就过程终于达到巅峰。茶具以淡、雅为宗旨,以"宛然古人"为最高原则的紫砂茶具形成了泾渭分明的三大风格——讲究壶内在朴素气质的传统文人审美风格、施以华美绘画或釉彩的市民情趣风格以及镶金包银专供贸易的外销风格。

一贯领先的瓷具也不甘寂寞,制作手法、施釉技术不断翻新,到清代已形成了陶瓷争艳、比肩前进的局面。而文人对茶具艺术的参与,则直接促进了其艺术含量的提高,使这一时期的作品,成了传世精品。

> 以海龟科动物的背甲制成。质地半透明,光润圆滑,有黄、黑、褐色的斑纹。

图说 玳瑁镶银里盖碗(清)

图说 素三彩鸭形壶(清)

> 绿、黄、紫三色交相辉映。造型栩栩如生,极富表现力。

328 茶具按照用途怎样分类?

1. 制茶用具　如古代的茶碾、罗合，现代的炙茶罐。

2. 贮物器具　如古代的具列、都篮，现代的茶具柜、茶车、茶包。

3. 贮水用具　即贮水类器物，如古代的水方，现代的水缸。

4. 生火用具　即燃具类，如古代的风炉，现代的电炉、酒精炉等。

5. 量辅用具　即置茶类物品，如茶匙、茶则。

6. 煮茶用具　即煮水类茶具，如古代的茶铛、茶釜、茶铫，现代的随手泡、玻璃壶、陶瓷壶、铜茶壶。

7. 泡茶用具　如紫砂壶、盖碗杯、玻璃杯等。

8. 调味器具　如古代的盛盐罐，现代英式红茶中的糖缸、奶盅。

9. 饮茶用具　如茶碗、茶盅、茶杯等。

10. 清洁用具　如古代的滓方、涤方、茶帚，现代的茶巾、消毒锅等。

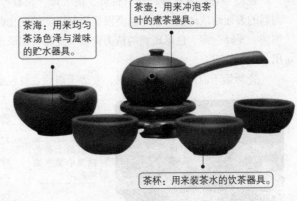

茶海：用来均匀茶汤色泽与滋味的贮水器具。

茶壶：用来冲泡茶叶的煮茶器具。

茶杯：用来装茶水的饮茶器具。

329 陶质茶具有什么特点?

陶质茶具是指用黏土烧制而成的饮茶用具，分为泥质和夹砂两大类。由于黏土所含各种金属氧化物的不同百分比，以及烧成环境与条件的差异，可呈红、褐、黑、白、灰、青、黄等不同颜色。陶器成形，最早用捏塑法，再用泥条盘筑法，特殊器形用模制法，后用轮制成形法。

7000年前的新石器时代已有陶器，但陶质粗糙松散。公元前3000年至公元前1世纪，出现了有图案花纹装饰的彩陶。商代，开始出现胎质较细洁的印纹硬陶。战国时期盛行彩绘陶，汉代创制铅釉陶，为唐代唐三彩的制作工艺打下基础。

至唐代，茶具逐渐从酒食具中完全分离，《茶经》中记载的陶质茶具有熟盂等。北宋时，江苏宜兴采用紫泥烧制成紫砂陶器，使陶质茶具的发展在明代走向高峰，成为中国茶具的主要品种之一。

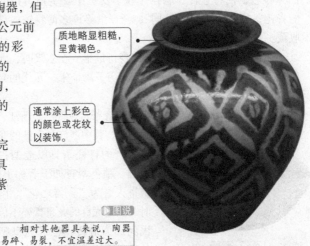

质地略显粗糙，呈黄褐色。

通常涂上彩色的颜色或花纹以装饰。

▶图说

相对其他器具来说，陶器易碎、易裂，不宜温差过大。

330 瓷质茶具有什么特点?

在陶器烧结过程中，含有石英、绢云母、长石等矿物质的瓷土经过高温焙烧后，会在陶器的表面结成薄釉，釉色也会根据烧制温度的变化而呈现出不同的效果，从而诞生出胎质细密、光泽莹润、色彩斑斓的精美瓷器。瓷器食器质地坚硬、不易涸染、便于清洁、经久耐用、成本低廉。

瓷器始于商周，成熟于东汉，发展于唐代。瓷脱胎于陶，初期称原始瓷，至东汉才烧制成真正的瓷器。瓷分为硬瓷和软瓷两大类，硬瓷者如景德镇所产白瓷，软瓷如北方窑产的骨灰瓷。瓷茶具有碗、盏、杯、托、壶、匙等，中国南北各瓷窑所产瓷器茶具有青瓷茶具、白瓷茶具、黑瓷茶具和青花瓷茶具等。

青瓷是在坯体上施含有铁成分的釉，烧制后呈青色，发现于浙江上虞一带的东汉瓷窑。白瓷是以含铁量低的瓷坯，施以纯净的透明釉烧制而成，成熟于隋代。唐代民间使用的茶器以越窑青瓷和邢窑白瓷为主，形成了陶瓷史上著名的南青北白对峙格局。

可以绘上各色精美的颜色或图案。

质地坚硬致密。

图说 形态各异、精薄温润、流光溢美的瓷器更兼具着一定的艺术价值。

331 青瓷茶具有什么特点?

青瓷茶具胎薄质坚，造型优美，釉层饱满，有玉质感。明代中期传入欧洲，在法国引起轰动，人们找不到恰当的词汇称呼它，便将它比作名剧《牧羊女》中女主角雪拉同穿的青袍，而称之为"雪拉同"，至今世界许多博物馆内都有收藏。

在瓷器茶具中，青瓷茶具出现得最早。在东汉时，浙江的上虞已经烧制出青瓷茶具，后经历了唐、宋、元代的兴盛期，至明、清时期略受冷落。

青瓷茶具主要产于浙江、四川等地，其中浙江龙泉县的龙泉窑生产的青瓷茶具以造型古朴挺健，釉色翠青如玉著称于世，被世人誉为"瓷器之花"。南宋时，质地优良的龙泉青瓷不但在民间广为流传，也成为皇朝对外贸易交换的主要商品。

线条流畅，造型典雅。

图说 龙泉窑豆青釉盖罐（明）

胎质圆滑细腻。

图说 龙泉窑瓷碗（元）

332 白瓷茶具有什么特点?

白瓷,以其色白如玉而得名。白居易曾盛赞四川大邑生产的白瓷茶碗:"大邑烧瓷轻且坚,扣如哀玉锦城传。君家白碗胜霜雪,急送茅斋也可怜。"

白瓷的主要产地有江西景德镇、湖南醴陵、四川大邑、河北唐山、安徽祁门等,其中以江西景德镇产品最为著名,这里所产的白瓷茶具胎色洁白细密坚致,釉色光莹如玉,被称为"假白玉"。明代以来,人们转而追求茶具的造型、图案,纹饰等,白瓷造型的千姿百态正符合人们的审美需求。

白瓷双螭耳瓶(唐)
白瓷茶具约始于公元6世纪的北朝晚期,至唐代已发展成熟,早在唐代就有"假玉器"之称。

333 黑瓷茶具有什么特点?

黑瓷茶盏古朴雅致,风格独特,瓷质厚重,保温良好,是宋朝斗茶行家的最爱。斗茶者认为黑瓷茶盏用来斗茶最为适宜,因而驰名。据北宋文献《茶录》记载:"茶色白(茶汤色),宜黑盏,建安(今福建)所造者绀黑,纹如兔毫,其坯微厚,……其青白盏,斗试家自不用。"

黑瓷茶具产于浙江、四川、福建等地,其中四川广元窑的黑瓷茶盏,其造型、瓷质、釉色和兔毫纹与建瓷也不相上下。

茶壶的嘴呈鸡头状。

黑釉盘口鸡首壶
浙江余姚、德清一带也生产过漆黑光亮、美观实用的黑釉瓷茶具,其中最流行的是这种鸡头壶。

334 青花瓷茶具有什么特点?

青花瓷茶具蓝白相映,色彩淡雅宜人,华而不艳,令人赏心悦目,是现代中国人心中瓷器的代名词。

青花瓷茶具是在器物的瓷胎上以氧化钴为呈色剂描绘纹饰图案,再涂上透明釉,经高温烧制而成。它始于唐代,盛于元、明、清,曾是那一时期茶具品种的主流。北宋时,景德镇窑生产的瓷器,质薄光润,白里泛青,雅致悦目,并有影青刻花、印花和褐色点彩装饰。元代出现的青花瓷茶具,幽靓典雅,不仅受到国人的珍爱,而且还远销海外。

胎质薄润。　纹饰繁杂、典雅。

宣德款青花缠枝莲纹瓷碗(明)

335 玻璃茶具有什么特点?

玻璃茶具是指用玻璃制成的茶具，玻璃质地硬脆而透明，玻璃茶具的加工分为两种：价廉物美的普通浇铸玻璃茶具和价昂华丽的水晶玻璃。

玻璃，古人称之为琉璃，我国的琉璃制作技术虽然起步较早，但直到唐代，随着中外文化交流的增多，西方琉璃器的不断传入，我国才开始烧制琉璃茶具。近代，随着玻璃工业的崛起，玻璃茶具很快兴起，这是因为玻璃质地透明，光泽夺目，可塑性大，因此，用它制成的茶具，形态各异，用途广泛，加之价格低廉，购买方便，受到茶人好评。在众多的玻璃茶具中，以玻璃茶杯最为常见，也最宜泡绿茶，杯中茶汤的色泽，茶叶的姿色，以及茶叶在冲泡过程中的沉浮移动尽收眼底。但玻璃茶杯质脆，易破碎，比陶瓷烫手，是美中不足。

▶图说
玻璃茶具可以作为茶水的盛器或贮水器，由于其制品透明，是品饮绿茶时的最佳选择。

336 搪瓷茶具有什么特点?

搪瓷茶具是指涂有搪瓷的饮茶用具。这种器具制法由国外传来，人们利用石英、长石、硝石、碳酸钠等烧制成珐琅，然后将珐琅浆涂在铁皮制成的茶具坯上，烧制后即形成搪瓷茶具。

搪瓷茶具安全无毒，有着一定的坚硬、耐磨、耐高温、耐腐蚀的特征，表面光滑洁白，也便于清洗，是家庭日常生活中所常见的器具。搪瓷可烧制不同色彩，更可以拓字或图案，也能刻字。搪瓷茶具种类较少，大多数为杯、碟、盘、壶等。

▶图说
由于搪瓷茶具导热快，容易烫手，因此真正讲究茶趣的人较少使用它泡茶。

337 不锈钢茶具有什么特点?

不锈钢茶具是指用不锈钢制成的饮茶用具。不锈钢茶具耐热、耐腐蚀、便于清洁的特性，外表光洁明亮，造型规整，极富有现代元素的外表让其深受年轻人的喜爱。由于不锈钢茶具传热快、不透气，因此大多用来作旅游用品，如带盖茶缸、行军壶以及双层保温杯等。讲究品茶质量的茶人，一般不使用不锈钢茶具。

◀图说
由于不锈钢茶具相对其他茶具在泡茶过程中优势不明显，加之不透光，因而某些时候可能还不如玻璃茶具。

338 漆器茶具有什么特点?

漆器茶具是以竹木或他物雕制，并经涂漆的饮茶器具。虽具有实用价值，但人们还是多将其作为工艺品陈设于室内。

漆器的起源甚早，在六七千年前的河姆渡文化遗址中已发现有漆碗。唐代瓷业发达，漆器开始向工艺品方向发展。河南偃师杏园李归厚墓出土的漆器中发现有一贮茶漆盒，宋元时将漆器分成两大类：一类以髹黑、酱色为主，光素无纹，造型简朴，制作粗放，多为民众所用；另一类为精雕细作的产品，有雕漆、金漆、犀皮、螺钿镶嵌诸种，工艺奇巧，镶镂精细，还有的以金银作胎，如浙江瑞安仙岩出土的北宋泥金漆器。明朝时期，髹漆有新发展，名匠时大彬的"六方壶"髹以朱漆，名为"紫砂胎剔红山水人物执壶"，为宫廷用茶具，是漆与紫砂合一的绝品。清乾隆年间，福州名匠沈绍安创制脱胎漆工艺，所制茶具乌黑清润轻巧，成为中国"三宝"之一。

部分漆器嵌金填银，绘以人物花鸟，具有很高的艺术收藏价值。

图说 镶螺钿漆盒（清）

漆器茶具表面晶莹光洁，质轻且坚，散热缓慢。

图说 彩绘云凤纹漆盂（西汉）

339 金银茶具有什么特点?

金银茶具按质地分为金茶具和银茶具，以银为质地者称银茶具，以金为质地者称金茶具，银质而外饰金箔或鎏金称饰金茶具。金银茶具大多先锤成型或浇铸焊接，再加以刻饰或镂饰。金银延展性强，耐腐蚀，又有美丽色彩和光泽，故制作极为精致，价值高，多为帝王富贵之家使用，或作供奉之品。

杯体雕有胡人乐伎八人，形态各异，惟妙惟肖。

图说 伎乐纹八棱金杯（唐）

中国自商代始用黄金作饰品，春秋战国时期金银器技术有所进步。据考证，茶具从金银器皿中分化出来约在中唐前后，陕西扶风县法门寺塔基地宫出土的大量金银茶具可为佐证。从唐代藏身帝王富贵之家，到宋代的崇尚金银风气，时至明清时期的金银茶具使用更为普遍，工艺精美。

器形圆滑规整，光润如新。

图说 罐形单环柄银杯（唐）

340 锡茶具有什么特点？

锡茶具是用锡制成的饮茶用具，采用高纯精锡，经焙化、下料、车光、绘图、刻字雕花、打磨等多道工序制成。精锡刚中带柔，早在我国古代人们就使用锡与其他金属炼成合金来制作器具。由于密封性能好，所制茶具多为贮茶用的茶叶罐。茶叶罐形式多样，有鼎币形、长方形、圆筒形及其他异形，大多产自中国云南、江西、江苏等地。

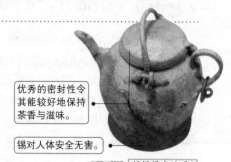

优秀的密封性令其能较好地保持茶香与滋味。

锡对人体安全无害。

▲图说 锡提梁壶（明）

341 镶锡茶具有什么特点？

镶锡茶具是清代康熙年间由山东烟台民间艺匠创制，通常作为工艺茶具使用。其装饰图案多为松竹梅花、飞禽走兽，金属光泽的锡浮雕与深色的器坯对比强烈，富有民族工艺特色。镶锡茶具大多为组合型，由一壶四杯和一茶盘组成。壶的镶锡外表装饰考究，流、把的锡饰，华丽富贵。

342 铜茶具有什么特点？

铜茶具是指铜制成的饮茶用具。以白铜为上品，少锈味，器形以壶为主，少数民族使用较多。四川等地的茶馆里即可见到长嘴铜壶，云南哈尼族人将茶投入铜壶，煮好的茶称"铜壶茶"。藏族茶具中的紫铜釜、铜壶、紫铜勺等均为铜制品。蒙古族、哈萨克族、维吾尔族等民族的茶具中也有数量不等、用途各异的铜茶具。

▶图说

提梁铜盉（战国）
中国在三千年前已有铜器，但因铜器生锈气、损茶味，故很少应用。

343 景泰蓝茶具有什么特点？

景泰蓝茶具实际是铜胎掐丝珐琅茶具，是北京著名的特种工艺品，用铜胎制成。其经过制胎、掐丝、点蓝、烧蓝、磨光、镀金等八道工序，因以蓝色珐琅烧制而著名，且流行于明代景泰年间，故得名景泰蓝。此类茶具大多为盖碗、盏托，内壁光洁，具有浓厚的民族特色。

制作精细，花纹繁缛，蓝光闪烁，气派华贵。

▲图说 掐丝珐琅缠枝莲茶具（清）

344 玉石茶具有什么特点?

玉石茶具是用玉石雕制的饮茶用具,玉石包括硬玉、软玉、蛇纹石、绿松石、孔雀石、玛瑙、水晶、琥珀、红绿宝石等,这些都可以做玉石茶具的原料。

中国玉器工艺历史悠久,玉石茶具最早出现于唐朝,有河南偃师杏园李归厚墓中出土的玉石杯为证。明神宗御用玉茶具由玉碗、金碗盖和金托盘组成,玉碗底部有一圈玉,玉色青白,洁润透明,壁薄如纸,光素无纹,工艺精致。清代皇室亦用玉杯、玉盏作茶具。当代中国仍生产玉茶具,如河北产黄玉盖碗茶具通身透黄而光润,纹理清晰。

玉石茶具质地坚韧、光泽晶润、色彩绚丽、细密透明。

▶图说

青玉灵芝耳寿字乳丁纹杯(明)

345 石茶具有什么特点?

石茶具是用石头制成的茶具。石茶具的特点是,石料丰富,富有天然纹理,色泽光润美丽,质地厚实沉重,保温性好,有较高的艺术价值。在制作石茶具时,先选料,选料要符合"安全卫生,易于加工,色泽光彩"的要求,而后经过人工精雕细琢、磨光等多道工序而成。产品多为盏、托、壶和杯,以小型茶具为主。石茶具根据原料命名产品,有大理石茶具、磐石茶具、木鱼石茶具等。

346 果壳茶具有什么特点?

果壳茶具是用果壳制成的茶具,其工艺以雕琢为主。主要原料是葫芦和椰子壳,将其加工成茶具,大多为水瓢、贮茶盒等用具。水瓢主要产自北方,椰壳茶具主产海南。果壳茶具虽然很少,但唐朝时期已经开始使用,并沿用至今,《茶经》中有用葫芦制瓢的记载。椰壳茶具主要是工艺品,外形黝黑,雕刻山水或字画,内衬锡胆,能贮藏茶叶。

▶图说

在中国葫芦寓意吉祥美满、福禄绵长而深受人们喜爱。

347 塑料茶具有什么特点?

塑料茶具是用塑料压制成的茶具,其主要成分是树脂等高分子化合物与配料。塑料茶具色彩鲜艳,形式多样,质地轻,耐腐耐摔耐磨,成本低廉,导热性较差,耐热性较差,容易变形。在现实生活中,塑料茶具的种类不多,多数为水壶或水杯,尤其以儿童用具居多。

▶图说

塑料茶壶材质紧密不透气,会影响茶质。

348 当代茶具都包括哪些?

饮茶离不开茶具,茶具就是指泡饮茶叶的专门器具。我国地域辽阔,茶类繁多,又因民族众多,民俗也有差异,饮茶习惯便各有特点,所用器具更是精彩纷呈,很难做出一个模式的规定。随着饮茶之风的兴盛以及各个时代饮茶风俗的演变,茶具的品种越来越多,质地越来越精美。

当代茶具主要分为六部分:

1. 主茶具 是泡茶、饮茶的主要用具,包括茶壶、茶船、茶盅、小茶杯、闻香杯、杯托、盖置、茶碗、盖碗、大茶杯、同心杯、冲泡盅。

2. 辅助用品 泡茶、饮茶时所需的各种器具,以增加美感,方便操作,包括桌布、泡茶巾、茶盘、茶巾、茶巾盘、奉茶盘、茶匙、茶荷、茶针、茶箸、渣匙、箸匙筒、茶拂、计时器、茶食盘、茶叉、餐巾纸、消毒柜。

3. 备水器 包括净水器、贮水缸、煮水器、保温瓶、水方、水注、水盂。

4. 备茶器 包括茶样罐、贮茶罐(瓶)、茶瓮(箱)。

5. 盛运器 包括提柜、都篮、提袋、包壶巾、杯套。

6. 泡茶席 包括茶车、茶桌、茶席、茶凳、坐垫。

另外还有茶室用品,包括屏风、茶挂、花器。

茶夹
茶则
茶筒
茶海
茶壶
茶荷
茶杯

349 煮水器的用途是什么?

煮水器由烧水壶和热源两部分组成,热源可用电炉、酒精炉、炭炉等。

为了茶艺表演的需要,港台茶艺馆中经常备有一种"茗炉"。炉身为陶器,可与陶水壶配套,中间置酒精灯,点燃后,将装好开水的水壶放在"茗炉"上,可保持水温,便于表演。

现代使用较多的是电水壶,电水壶以不锈钢材料制成,表面呈颜色有光亮的银白色和深赭色两种。人们还给此种电水壶取名为"随手泡",取其方便之意。

上部为内置电热盘的盛水壶。

下部为盘状通电的承座。

图说

电水壶通常由上、下两部分组成,位于上部的水壶可方便自如地取用。

350 开水壶的用途是什么?

开水壶是用于煮水并暂时贮存沸水的水壶。水壶，古代称注子，现在随着国学的盛行，又有人称之为水注的。开水壶的材质以古朴厚重的陶质水壶最好，通常讲究茶道的人不会选用金属水壶，而对陶质水壶情有独钟。

图说

金属水壶虽然传热快，坚固耐用，但是煮水时所产生的金属离子会影响茶香茶味。

351 茶叶罐的用途是什么?

茶叶罐是专门用来保存茶叶的器具，为密封起见，应用双层盖或防潮盖。锡罐是最好的储茶罐，只是价格昂贵。其次为陶瓷制罐为佳，不宜用塑料和玻璃罐子贮茶，因为塑料会产生异味，而玻璃透光容易使茶叶氧化变色。

密封遮光、隔味隔潮。

图说

茶叶罐以纸罐外套密封纸袋最方便实惠。

352 茶则的用途是什么?

茶则是一种从茶叶罐中取茶叶放入壶盏内的器具，通常以竹子、优质木材制成，还有以陶、瓷、锡等制成的。在茶艺表演中，茶则除了用来量取茶叶以外，另一种用途是用以观看干茶样和置茶分样。

量置茶叶

手柄

图说

茶则的主要功用是衡量茶叶用量，确保投茶量的准确。

353 茶漏的用途是什么?

茶漏是一种圆形小漏斗，用小茶壶泡茶时，把它放在壶口，茶叶从中漏进壶中，以免干茶叶撒到壶外。

内凹形设计

图说

茶漏常用于冲泡乌龙茶时，用以其遮挡、汇拢，防止茶叶外撒。

354 茶匙的用途是什么?

茶匙是一种细长的小耙子，其尾端尖细，可自壶内掏出茶渣，用来清理壶嘴淤塞，茶匙多为竹质，也有黄杨木质和骨、角制成的。

匙面

手柄

图说　茶匙可帮助将茶则中的茶叶耙入茶壶、茶盏。

355 茶壶的用途是什么？

茶壶是用以泡茶的器具。泡茶时，将茶叶放入壶中，再注入开水，将壶盖盖好即可。茶壶由壶盖、壶身、壶底和圈足四部分组成。壶盖有孔、钮、座、盖等细部。壶身有口、延、嘴、流、腹、肩、把等细部。由于壶的把、盖、底、形的细微部分的不同，壶的基本形态就有近200种。茶壶的材质一般选用陶瓷。壶之大小视饮茶人数而定，泡功夫茶多用小壶。

▶图说

唐代的茶壶又称"茶注"，壶嘴称"流子"，形式短小。

356 茶盏的用途是什么？

茶盏又称茶盅，是一种小型瓷质茶碗，可以用它替茶壶泡茶，再将茶汤倒入茶杯供客人饮用。茶盏的应用很符合科学道理，如果茶杯过大，不仅香味易散，且注入开水多，载热量大，容易烫熟茶叶，使茶汤失去鲜爽味。

茶盏可分为三种：一是壶形盅：以代替茶壶用之；二是无把盅：将壶把省略，为区别于无把壶，常将壶口向外延拉成一翻边，以代替把手提着倒水；三是简式盅：无盖，从盅身拉出一个简单的倒水口，有把或无把。

◀图说

茶盏可以泡任何茶类，有利发挥和保持茶叶的香气滋味。

357 品茗杯的用途是什么？

品茗杯俗称茶杯，是用于品尝茶汤的杯子。可因茶叶的品种不同，而选用不同的杯子。茶杯有大小之分，小杯用来品饮乌龙茶等浓度较高的茶，大杯可泛用于绿茶、花茶和普洱茶等。

▶图说

一般品茶以白色瓷杯为佳，以便于观赏茶汤的色泽。

358 闻香杯的用途是什么?

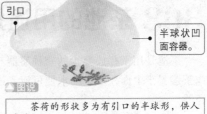

茶香挥发慢

闻香杯,顾名思义,是一种专门用于嗅闻茶汤在杯底留香的茶具。它与饮杯配套,再加一茶托则成为一套闻香组杯。闻香杯是乌龙茶特有的茶具。

保湿效果好

▶图说

闻香杯外形较品茗杯略微细长,很少单独使用,多与品茗杯搭配使用。

359 茶荷的用途是什么?

茶荷又称"茶碟",是用来放置已量定的备泡茶叶,同时兼可放置观赏用样茶的茶具,瓷质或竹质,好瓷质茶荷本身就是一件高雅的工艺品。

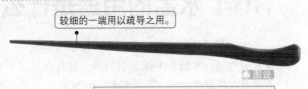

引口

半球状凹面容器。

▶图说

茶荷的形状多为有引口的半球形,供人赏茶之用。

360 茶针的用途是什么?

茶针用于清理疏通壶嘴,以免茶渣阻塞,造成出水不畅。一般在泡功夫茶时,因壶小易造成壶嘴阻塞而备用的。

较细的一端用以疏导之用。

▶图说

茶针形状为一根细头针,在茶渣堵塞壶嘴时用以疏导,使水流通畅。

361 公道杯的用途是什么?

公道杯,又称茶海,多用于冲泡乌龙茶时,可将冲泡出的茶汤滋味均匀,色泽一致,同时较好地令茶汤中的茶渣、茶末得以沉淀。常见的材质有陶瓷、玻璃、紫砂等,少数还带有过滤网。

引口

较大的容纳量,近似茶壶。

手柄

▶图说

公道杯外形类似于一个敞口茶壶,有无把柄、有把柄两类。

白瓷材质

362 茶盘的用途是什么?

茶盘,也叫茶船,是放置茶具、端捧茗杯、承接冲泡过程中溢出茶汤的托盘。有单层、双层两类,以双层可蓄水的茶盘为适用。以前还有专门的壶盘,用来放置冲茶的开水壶,以防开水壶烫坏桌面的茶盘;还有茶巾盘、奉茶盘等,现在一般只有一个茶盘,与壶具或杯具相协调配套使用。

排水性好的栅栏

▶图说

茶盘的质地可为竹子、瓷质、紫砂、金属、原木,形状有规则形、自然形、排水形等多种。

363 茶池的用途是什么?

茶池是用于存放弃水的一种盛器。泡茶时将茶壶或茶盏置于上面,多余的水便可流入池中,材质多为瓷器。

▶图说

茶池是一种扁腹的圆形罐子,上面有一个盖,盖上带孔。

364 水盂的用途是什么?

水盂是存放弃水的茶具,其容量小于茶池,通常以竹制、木制、不锈钢制居多,共有两层,上层设有筛漏可过滤、隔离废水中的茶渣。

深腹敞口用于盛放废弃用水或茶渣。

▶图说

水盂是一种小型瓷缸,用来贮放废弃之水或茶渣。

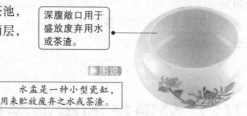

365 汤滤的用途是什么?

汤滤就像滤网,是用于过滤茶汤用的器物,多由金属、陶瓷、竹木或葫芦瓢制成。使用时常架设在公道杯或茶杯杯口,发挥过滤茶渣的作用;不用时则安置在滤网架上。

敞口内凹的漏斗形外观

手柄

▶图说

内网常由不锈钢、棉线或纤维网制成。

内置滤网

366 盖置的用途是什么?

盖置是用来放置茶壶盖的茶具,以减少茶壶盖上的茶汤水滴在茶桌上,更能保持茶壶盖的卫生、清洁,其外形有木墩形、盘形、小莲花台形等。

三点固定、收集壶盖上的水滴。

▶图说

盖置通常被设置成具有一定集水功能的器形,以快速收集壶盖上的水滴。

367 茶巾的用途是什么?

茶巾又称"涤方",以棉麻等纤维制成,主要作为揩抹溅溢茶水的清洁用具来擦拭茶具上的水渍、茶渍,吸干或拭去茶壶、茶杯等茶具的侧面、底部的残水,还可以托垫在壶底。

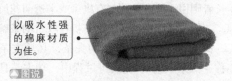

以吸水性强的棉麻材质为佳。

▶图说

需注意的是茶巾只能擦拭茶具溢出或溅出的水渍,不能用来擦净茶桌或其他脏渍。

368 怎样根据茶叶品种来选配茶具?

"器为茶之父",可见要想泡好茶,就要根据不同的茶叶用不同的茶具。

一般来说,泡花茶时,为保香可选用有盖的杯、碗或壶;饮乌龙茶,重在闻香啜味,宜用紫砂茶具冲泡;饮用红碎茶或功夫茶,可用瓷壶或紫砂壶冲泡,然后倒入白瓷杯中饮用;冲泡西湖龙井、洞庭碧螺春、黄山毛峰、庐山云雾茶等细嫩的绿茶,以保持茶叶自身的嫩绿为贵,可用玻璃杯直接冲泡,也可用白瓷杯冲泡,杯子宜小不宜大,其中玻璃材料密度高,硬度好,具有很高的透光性,更可以看到杯中轻雾缥缈,茶汤澄清碧绿,芽叶亭亭玉立,上下浮动;此外,冲泡红茶、绿茶、乌龙茶、白茶、黄茶,使用盖碗也是可取的。

从工艺花茶的特性出发,可以选择适宜绿茶、花茶沏泡的玻璃茶具,如西式高脚杯。选用这种杯子取其大径、深壁与收底的特征,使花茶在杯内有良好的稳定性,并适合冲泡后花朵展开距离较长的工艺花茶。选用透明度极高、晶莹剔透的优质大口径短壁玻璃杯,其造型上矮胖一些,适宜冲泡后花朵在横向展开的工艺花茶。

白瓷质地可较好衬托其红艳的汤色。

▶图说

红茶红汤红叶,香气持久,味浓汤艳。宜用紫砂茶具或瓷质盖碗杯。

369 怎样根据饮茶风俗来选配茶具？

藏族饮用酥油茶，其酥油茶茶具由打茶筒、勺、碗、紫铜釜、木桶、壶等组成。打茶筒由杵和筒组成，木杵一端圆球形，插入茶筒。筒亦木制，外圈裹上铜箍，增加牢度。筒口有盖，留有圆孔便于杵插入。紫铜釜专供贮浓茶用，常为铝壶或铜壶烧水。木桶盛酥油，使用时将茶熬成浓汁放在釜中备用。勺为紫铜质，装有铜丝网能过滤茶渣。茶碗与身份地位相关，不同阶层使用不同茶碗，活佛等显赫要人常用黄底描龙绣凤，八瓣莲花座碗。僧侣、年长者则用浅蓝底色并刻有雄狮或半透明花纹的茶碗。一般牧民则用白底、刻有折枝牡丹的茶碗。

闽南、潮汕地区饮用功夫茶，其功夫茶茶具亦称"烹茶四宝"。在演进过程中，功夫茶具由十件简化到现时实用的四件，由罐、壶、杯、炉四件组成，即孟臣壶、若琛杯、玉书茶碾、汕头风炉。质地主要是陶质和瓷器两种，外观古朴雅致，其形各异。

灵兽装饰。

口沿处僧帽状边。

筒形器形，共分三层。

遍布精美、繁杂的花纹。

▲图说

嵌珐琅多穆壶
"多穆"在藏语中意为盛酥油的桶，多穆壶是藏人制作、盛放酥油茶的器皿。

370 怎样根据饮茶场合来选配茶具？

茶具的选配一般有"特别配置""全配""常配"和"简配"四个层次：

参与国际性茶艺交流、参与全国性茶艺比赛、应邀进行茶艺表演时，茶具的选配要求是最高的，称为"特别配置"。这种配置讲究茶具的精美、齐全、高品位。根据茶艺的表演需要，必备的茶具件数多、分工细，求完备不求简捷，求高雅不粗俗，文化品位极高。

某些场合的茶具配置以齐全、满足各种茶的泡饮需要为目标，只是在器件的精美、质地要求上较"特别配置"略微低些，这种配置通常称为"全配"。如昆明九道茶是云南昆明书香门第接待宾客的饮茶习俗，所用茶具包括一壶、一盘、一罐和四个小杯，这七件套茶具亦称"九道茶茶具"。

台湾沏泡功夫茶一般选配紫砂小壶、品茗杯、闻香杯组合、茶池、茶海、茶荷、开水壶、水方、茶则、茶叶罐、茶盘和茶巾，这属于"常配"。如果在家里招待客人或自己饮用，用"简配"就可以。

▲图说

为了适应不同场合、不同条件、不同目的的茶饮过程，茶具的组合和选配要求是各不相同的。

371 怎样根据个人爱好来选配茶具?

茶具的选配在很大程度上反映了主人或饮茶者的不同地位和身份。大文豪苏东坡曾自己设计了一种提梁紫砂壶，至今仍为茶人推崇。慈禧太后喜欢用白玉作杯、黄金作托的茶杯饮茶。现代人饮茶对茶具的要求虽没有如此严格，但由于每个茶人的学历、经历、环境、兴趣、爱好以及饮茶习惯的不同，对茶具的选配也有各自的要求。

用于冲泡和品饮茶汤的茶具，从材质上主要分为玻璃茶具、瓷质茶具和紫砂茶

紫砂材质的透气性、吸水性、保温性令茶汤更加出色。

壶体精妙的诗词与绘画。

▲图说
紫砂壶融诗词书画篆刻于一炉，赋予茶品更多的韵味与艺术性，颇受许多茶友的青睐。

具。玻璃茶具透光性好，有利于观赏杯中茶叶、茶汤的变化，但导热快，易烫手，易碎，无透气性；瓷质茶具的硬度、透光度低于玻璃但高于紫砂，瓷具质地细腻、光洁，能充分表达茶汤之美，保温性高于玻璃材质；紫砂茶具的硬度、密度低于瓷器，不透光，但具有一定的透气性、吸水性、保温性，这对滋育茶汤大有益处，并能用来冲泡粗老的茶。

▲图说
简朴的竹制茶具则使品饮者返璞归真，茶的恬淡、优雅之情顿然而生。

372 怎样选购茶具?

茶文化在我国可谓历史悠久、源远流长，集沏茶良器与欣赏佳品于一身的各式茶具，更可以给人带来独特的文化享受。历代茶人对茶器具提出的要求和规定，归纳起来主要有五点：一是具有保温性；二是有助于育茶发香；三是有助于茶汤滋味醇厚；四是方便茶艺表演过程的操作和观赏；五是具有工艺特色，可供观赏把玩。

北方人喜欢的花茶，一般常用瓷壶冲泡，用瓷杯饮用；南方人喜欢炒青或烘青的绿茶，多用有盖瓷壶冲泡；乌龙茶宜用紫砂茶具冲泡；功夫红茶和红碎茶一般用瓷壶或紫砂壶冲泡。品饮西湖龙井、君山银针等茶中珍品，选用无色透明的玻璃杯最为理想。

▲图说
茶具的材质、品种、器形众多，常让人眼花缭乱，因而应参照所品饮茶叶的种类、人数多少以及饮茶习惯综合选定。

373 怎样选用紫砂壶？

选购紫砂壶时，可以从七个方面入手：一是看颜色，在基本颜色紫色、红色、黄色、绿色中，绛紫色和墨绿色紫砂壶为上品；二是看外形，质地坚实，造型别致，色泽华润，无明显划痕、破损，壶嘴、壶钮、壶把应"三点成一线"；三是看壶内，要无明显损伤，无异味；四是听声音，用壶盖轻轻敲击壶把2/3处，声音如金属般清脆悦耳者为佳；五是密封性，壶盖与壶身的紧密程度要好，否则茶香易散；六看"走水"，倾壶倒水，出水流畅，水柱无拧麻花状者为上；七看"挂珠"，壶"走水"时突然将其持平，壶嘴下沿不挂水珠者为好壶。

此外，轻轻转动壶盖，壶盖与壶身嵌合严实，阻力小者为好；在壶中装满水，用手指压住壶盖上的气孔，倾壶倒水，壶嘴不出水者表示精密度高。壶的出水跟流水工艺设计最有关系，倾壶倒水能使壶中滚水不存者为佳；出水水束的集束段长短也可比较，长者为佳。喜欢冲泡乌龙茶、红茶、花茶、普洱茶的茶人，可选择壶身较高的紫砂壶，喜欢冲泡绿茶的茶人可选择壶身较低的紫砂壶。

听音　密封　色泽　走水、挂珠　外形

▲图说

购买紫砂壶要注意壶的形制、质地与完整性，还要注意壶的烧制火候及水色。

374 怎样养护紫砂壶？

紫砂壶贵在养护，好壶是花时间、用心血养出来的。简单地说，养壶有三种基本方法：一是手养护法：经常用手抚摸紫砂壶；二是茶巾养护法：经常用茶巾沾上茶水擦拭紫砂壶；三是养壶刷养护法：用养壶刷沾上茶水，轻轻刷洗紫砂壶细微处。这三种方法宜配合使用，并注意用力均匀。

另外，紫砂壶在每个时期的养护方法也不同。新壶启用之前，应先用旧砂布将茶壶外表通身仔细打磨一遍，洗净内外的泥粉砂屑，再将新壶置于一容器中，在壶底和容器之间垫一块毛巾，将容器加满茶叶和清水；旺火煮开后，再用文火煮半小时，除去新壶的烟土味并洗除污垢，自然阴干后使用。每次用完后，用纱布吸干壶外面的水分，倒出壶内的2/3的茶叶，留下约1/3冲进沸水焗两三次，冲过的水留用，然后清理净所有的茶叶，将冲过的水浇匀壶上，再用布轻轻擦干。另外，要多备几个紫砂壶，喝某一种茶叶时用指定的一个壶。

▲图说

经常用干净的湿布揩拭壶身，每次喝完茶后，倒净茶渣，清洗并保持壶内干爽。

375 怎样鉴赏紫砂壶?

　　紫砂壶具有良好的透气性能，泡茶不走味，贮茶不变色，盛暑不易馊，为宜兴特有产品。紫砂茶具是指用宜兴紫泥烧制的饮茶用具。紫泥色泽紫红，质地细腻，可塑性强，渗透性好，成型后放1150℃高温下烧制。

　　宜兴紫砂茶具工艺技术是在东汉烧制陶器的"圈泥"法和制锡手工业的"镶身"法相结合的基础上发展而来。紫砂茶具成为人们的日常用品和珍贵的收藏品，按其外形可分为筋纹、几何和自然三类。筋纹类是紫砂艺人在长期生产实践中创造出来的一种壶式；几何类是指整个造型中不同形体部位，要求每个过程都要做到有骨有肉，如传统的掇球壶、竹鼓壶、汉君壶、合盘壶、四方壶、提壁壶等；自然类则直接模拟自然界固有物或人造物作壶的造型。

枝条上红叶舒展。

犹如植物叶片的筋纹。

图说

以装饰的手法将雕刻或透雕某种典型的几何形象附贴上壶身。

图说

以线条为主要装饰的筋纹类紫砂壶。

憨态可掬的熊猫外形

竹管

图说

直接将某一种对象的典型物演变成壶的形状。

376 怎样鉴别紫砂壶?

　　当代壶艺泰斗顾景舟提出，鉴定紫砂器具优劣标准可归纳为形、神、气、态四要素。"形"即形式的美，是指具体的面相，作品的外轮廓；"神"即神韵，需要有一种能令人意会体验出精神的韵味；"气"即气质，壶艺所有内涵的本质美；"态"即形态，作品的高、低、肥、瘦、刚、柔、方、圆的各种姿态。这四方面贯通一气的作品才是一件好作品。

　　具体来讲，评价一件紫砂壶的内涵须具备以下三个主要因素：

　　一是完美的形象结构，即壶的嘴、扳、盖、钮、足，应与壶身整体比例协调；二是精湛的制作技艺，除了它的形制、质地与完整性外，还应该注意壶的烧制火候及水色；三是优良的实用功能，指容积和重量的比例是否恰当，挡壶扳、执握、壶的周围合缝、壶嘴出水流畅，同时也要考虑图案的脱俗、和谐与否。

壶身光纹细润。

红梅怒放

图说

从不同的角度细察壶身所反射出来的光暗面，柔润细腻者为上品。

377 如何欣赏紫砂提梁壶?

紫砂提梁壶是一种古老而独特的款式。这种壶的把手不像通常那样安在壶身一侧,整个壶形气势高昂,古朴大气。提梁出现于早期紫砂壶上,是为了便于将壶悬于火上或置于炉上并利于提携之用。提梁的形式有方有圆,有拱形、海棠形等,此外还有各种象生形状,如松枝、梅枝、藤蔓等,多变的提梁造型为紫砂壶增添了许多神来意趣。

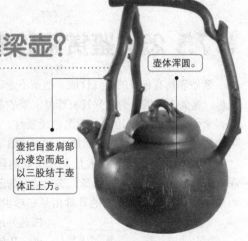

壶体浑圆。

壶把自壶肩部分凌空而起,以三股结于壶体正上方。

378 如何欣赏三足圆壶?

三足圆壶的壶身似球形,腹鼓似扁,外形规整圆滑,壶身无纹饰,大小恰入掌心适宜掌中把玩;三足略矮小,脚底稍稍上翘,精巧中悠然之态点缀其间;壶盖颈处为圆柱形,稍高出壶肩,壶把雕有兽首,壶嘴宛然而上,壶嘴尖略微扬起,整体古朴大方,给人一种浑然天成的和谐之美。

壶嘴略扬

兽首壶把

翘足

379 如何欣赏僧帽壶?

传说金沙寺中的老僧始创紫砂壶时,壶的造型仿的是自己的僧帽,做出来被称为僧帽壶。明代供春也制作过僧帽壶。明末时大彬制作的僧帽壶,现藏于香港茶具文物馆,此壶高 9.3 厘米,阔 9.4 厘米。壶底四方形,壶颈不长,其线面明快,轮廓清晰,刚健挺拔,神韵清爽。

壶口口沿上翘,前低后高,形似僧帽。

鸭嘴形流

束颈

鼓腹

圈足

380 如何欣赏菊花八瓣壶?

菊花八瓣壶由李茂林制作,高 9.6 厘米,阔 11.5 厘米。壶以筋纹型为主,呈菊花自然型。壶型似一坛子,只加上把和流而已,整体看去古朴秀逸,风格高雅,现藏香港茶具文物馆。

李茂林是明代紫砂壶走向成熟期间的一位名家,以朴致敦古闻名。他在紫砂壶史上的一大贡献是“另作瓦囊,闭入陶穴”,瓦囊即匣钵。在他之前,壶坯烧制时不装匣,会沾缸坛油泪,自从他创新了瓦囊后,壶坯烧制时受到保护,不再沾染油泪釉斑。

381 如何欣赏扁圆壶?

扁圆壶由李仲芳制作,壶高 6 厘米。壶盖大而平,壶盖与壶口接触处弥合紧密,真可谓"其间不容发"。壶呈铁栗色,壶体轮廓分明,线条流畅,刚柔兼济,方圆互寓,挺拔中见端庄,潇洒中见稳重,现由私人收藏。

李仲芳,明万历至清初人,时人称他为时大彬门下第一高足。其父李茂林也是一位制壶高手,作品多古拙朴致,而李仲芳另辟蹊径,其壶形制以文巧相竞。

壶盖大面平

线条流畅

382 如何欣赏朱泥圆壶?

朱泥圆壶由惠孟臣制作,他是明代万历至清代康熙年间的制壶高手。他尤工小壶,名为赭石色,壶小如香橼,容水 50 毫升,器底刻有"孟臣"铭记。他的作品被称为孟臣壶,亦称"孟公壶""孟臣罐",主要用于冲泡乌龙茶,为功夫茶茶具之一。他所创作的梨形小壶传入欧洲引起世人竞相观赏,据说安尼皇后也特别喜欢惠孟臣的作品,她在定制银质茶具时,也要仿惠孟臣的梨形壶。

肩宽

短直流

平盖

壶身较矮,外形小巧可爱。

壁直

383 如何欣赏蚕桑壶?

蚕桑壶由陈鸣远制作,这是他仿自然形壶的力作。壶身扁圆折腹,腹下部素面,上部则雕蚕食桑叶状。壶盖是一片桑叶,上卧一条金蚕。壶身上的其他蚕均半藏半露在桑叶中,惟妙惟肖。壶泥白色微黝,调砂,使其更逼真似蚕。陈鸣远是清朝康熙、雍正年间的一位制壶大家。他继承了明人壶造型朴素、高雅大方的民族形式,又加入了自然写实的元素,独具特色。

384 如何欣赏南瓜壶?

南瓜壶和蚕桑壶一样,由清朝陈鸣远制作,是自然元素在茶具中的独特体现。南瓜壶高 10.7 厘米,壶身为一个完整的南瓜形。顶小底大,造型自然,构思奇巧,刻画逼真,田园气息很浓。

瓜蒂为壶盖。

瓜藤为壶把,藤上显出丝丝筋脉。

瓜叶卷成壶嘴。

385 如何欣赏束柴三友壶?

　　束柴三友壶由当今上海的壶艺家许四海制作。他的作品令人爱不释手,名闻海内外。束柴三友壶是他的代表作之一。此壶的外形是一捆束着的柴爿,被束的20多根柴爿由松干、梅桩和竹枝混合而成。其中两段梅桩的自然衍生的枝干分别成了壶嘴和壶柄;束柴内中一段稍微突出的竹竿节头巧妙地被当作壶盖掇子;至于捆住柴爿的是一根细嫩弯曲得可以当绳使用的竹梢。仔细观看,那松干上的鳞皮、蛀洞巧夺天工,每根柴爿断面的锯迹、折痕乃至年轮都历历在目。最令人称奇的是在一根内心蛀空的松段上沿,一只机灵的小松鼠正在洞口窥察,给人无限的遐想空间。

386 如何欣赏紫砂竹节壶?

　　紫砂竹节壶中最有名的是明清时期宜兴窑陈曼生的作品,于1977年在上海金山王坫墅山墓出土。此壶紫中透红,腹部阴刻"单吴生作羊豆用享"八字铭,下署楷书"曼生"款。此壶造型庄重,纹饰清晰流畅,浮雕精细入微,给人以妙手天成之感,乃紫砂壶中珍品。

与器身连接处处均以浮雕竹叶点缀。

圆口,腹、流、錾、钮均仿竹而为之。

壶身呈竹节状。

387 如何欣赏梅雪壶?

　　梅雪壶,是清代制壶名家杨彭年制作的,上有陈曼生的题铭,现藏于南京博物馆。该壶造型很独特,是难得的佳品。壶身镌刻有"梅雪枝头活火煎,山中人兮仙乎仙"。"梅雪枝头"应该为"枝头梅雪",意思就是用梅花枝头的雪水,用活火来煎水泡茶。古人喝茶很讲究用水,这里说的就是用雪水煮茶。

388 如何欣赏百果壶?

　　百果壶的代表作品有两把。一把是清代瞿应绍所制。此壶以石榴为身,藕为流,菱为把,香薷为盖。壶身上半部以各色砂土塑成花生、瓜子、豇豆、白扁豆、栗、枣、葵花子黏附。三足为核桃、百合、荸荠,合计十八件果品。壶身铭文"本是榴房结子多,菱腰藕口晶如何。一堆成颗皆秋色,万果园中次第歌。"瞿应绍工诗词书画,篆刻鉴古,尤爱制砂壶,以"壶公"自号,请邓奎为之制造。

389 如何欣赏鱼化龙壶?

鱼化龙壶是清朝邵大亨的代表作。壶高为 9.3 厘米,口径为 7.5 厘米,壶身呈圆球状,通身作海水波浪纹,线条流畅明快。龙头突然从海浪中伸出,张口睁目,耸耳伸须,吐出一颗宝珠,神情十分生动。壶盖上也是一片海浪,壶钮是从海浪中探首而出的龙头。壶把是一条弯曲的龙尾,颇有情趣。壶呈栗色,有清纯之感,与其海水波浪相应。

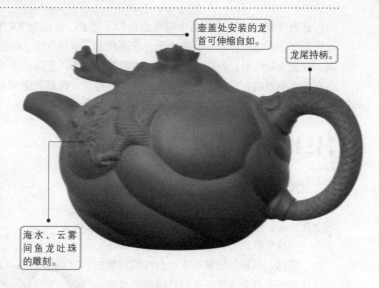

壶盖处安装的龙首可伸缩自如。

龙尾持柄。

海水、云雾间鱼龙吐珠的雕刻。

390 如何欣赏八卦束竹壶?

八卦束竹壶是出自清朝邵大亨之手。壶通高 8 厘米,口径为 9.6 厘米,由 64 根细竹围成,每根都是一般粗细,工整而光洁。腰中另用一根圆竹紧紧束缚,微瘦一点。壶底四周用 4 个由腹部伸出的 8 根竹子做足,上下一体,十分协调,更增强了壶身的稳定性。八卦束竹壶不仅造型古典,而且深得易学哲理。壶盖上有微微凸起的伏羲八卦方位图,盖钮也做成一个太极图式,壶把与壶嘴则饰以飞龙形象,壶的色泽呈蟹青色,有冷逸之感。

用64根竹子拼成的壶身。

用32根小竹做成的4个底足。

壶说
壶中隐藏着"易有太极,是生两仪,两仪生四象,四象生八卦"的含义。

391 如何欣赏方斗壶?

方斗壶壶高 6.5 厘米,口径 4.7 厘米,壶身铺满金黄色的"桂花砂"。壶形仿古代农村用以量米的方斗。壶身上小下大,由四个梯形组成,正方形嵌盖,盖上有立方钮,壶流与把手均出四棱,整体刚正挺拔,坚硬利索,素面铺砂,浑穆莹洁,不仅方中见秀,而且清新别致。壶体两面刻有图文,一面刻有扬州八怪之一的黄慎的《采茶图》,一老者席地而坐,身旁一蓝青茶,并刻:"采茶图,廉夫仿瘿瓢子。""廉夫"是近代著名画家陆恢,"瘿瓢子"就是黄慎。另一面刻有吴大澂书写的黄慎《采茶诗》:"采茶深入鹿麋群,自剪荷衣渍绿云。寄我峰头三十六,消烦多谢武陵君。瘿瓢斋句,客斋。"这是黄玉麟与吴大澂合作最有代表性的一把壶。

392 如何欣赏孤菱壶?

孤菱壶是黄玉麟的壶品中堪称杰作的一把壶。壶高为 8.9 厘米, 口径为 5.8 厘米, 此壶泥色似沉香而略带青色, 制技精巧, 线面和谐。壶呈方形, 四角圆转, 上小下大, 盖钮内孔圆, 外呈三瓣弧形, 壶把围成一圆, 边沿棱角清晰。壶体稳重端庄, 线条柔和圆润。整器造型有深奥莫测的方中寓圆、圆中见方的奇妙特点。孤菱壶更为名贵之处, 是有书法篆刻艺术大师吴昌硕的壶铭 "诵秋水篇, 试中泠泉, 青山白云吾周旋"。

393 如何欣赏掇球壶?

这里的 "掇" 有选取、连缀之意, 掇球就是运用若干个球体、半球体以一定的规律结合在一起, 使其整体带有一定节奏感与艺术性。三球重叠的整体造型丰润稳健, 线条流畅、简洁、高雅, 极富茶文化的神韵与脱俗, 让人心生喜爱。掇球壶出自晚清宜兴紫砂壶名匠程寿珍之手, 1915 年在巴拿马国际赛会获奖。

盖钮为圆球。

壶盖为半球状。

壶体近似圆球。

394 如何欣赏提璧壶?

提璧壶由顾景舟创作, 以盖面似一枚古雅玉璧而得名。壶体呈扁圆柱形, 平盖, 钮为扁圆形, 扁提梁。从两个侧面看上去方正的璧形变成向里微凹的曲面。壶身底部利用外圆式的收拢方式, 给人的感觉稳固而又牢靠。底部圈足支点缩小, 托起壶身, 壶底为玉璧底, 显得壶身丰满活泼。壶流从底部弧线顺势延伸, 修长微曲。此壶整体结构严谨, 虚实节奏和谐。壶身的基本形态为古玉璧形状, 寓变化于壶身之中。

395 如何欣赏石瓢壶?

石瓢壶由当代壶艺泰斗顾景舟创作。此壶呈扁圆, 上窄下宽, 线条流畅, 造型朴拙。壶钮似一座缓坡的拱形桥, 壶底有三只圆足, 线条流畅, 意境舒展。壶面画修篁数枝, 款落 "湖帆"。另一面是吴湖帆的行书壶铭: "无客尽日静, 有风终夜凉。药城兄属。" 壶盖内有 "景舟" 篆书长方印, 壶底钤 "顾景舟" 篆书方印。

梯形壶身。

桥钮

平盖

倒三角形持柄。

直流设计。

第八章
绚丽多彩的
茶文化

　　茶，是一种生命的存在，一种精神的延续。千古流传于民间的茶文化记录着茶的历史沉淀、人文思想与活跃印记。传神的绘画、俊逸的书法、玩味的篆刻、凝练的诗词、精妙的对联、隐晦的谜语、简练的谚语、多彩的歌舞戏剧、奇趣的掌故、悠远的传说、经典的收藏、纯粹的茶馆文化……准备好，一场奇妙的茶文化之旅即将启程！

396 茶与绘画有什么关系?

　　自古以来, 文人雅士都喜欢饮茶, 因此出现了很多以茶事为主题的绘画。历代茶画的内容大多是描绘煮茶、奉茶、品茶、采茶、以茶会友、饮茶用具等。从这些茶画中可以反映出当时的茶风茶俗, 是茶文化的一部分, 是研究茶文化的珍贵资料, 可以说, 这些茶画就是一部中国几千年茶文化历史图录, 而且有很高的欣赏价值。

　　早在唐代时期, 就出现了不少以茶为主题的绘画, 例如阎立本的《萧翼赚兰亭图》, 周昉的《调琴啜茗图》等。自此以后, 各朝各代都出现很多这样的茶画, 为后人留下宝贵的资料。

▶图说

自古文人墨客以茶为友、以茶为题、以茶抒情, 茶为他们提供了丰富多彩的情趣与素材。

397《萧翼赚兰亭图》是一幅什么样的作品?

　　《萧翼赚兰亭图》是唐初画家阎立本的著作。阎立本, 唐代著名的画家, 曾任工部尚书, 在唐高宗总章元年时拜为宰相。他擅长绘画, 作品中以故事画居多, 体裁大多是宫廷、官宦、贵族的历史事件。《萧翼赚兰亭图》中所画的故事讲的是唐太宗李世民派萧翼智取王羲之《兰亭序》的故事。此图的主题虽不是茶事, 可是图中却反映出了唐代的饮茶生活。

侍童双手端着茶托茶碗, 静候着茶沸盛与宾主。

旁边的萧翼微微垂首, 双手插在袖笼中, 暗自算计着如何赚得《兰亭序》。

老者蹲坐在风炉前搅动茶汤。

竹几上放着茶托、茶碗、茶轮、茶罐。

老僧辩才坐在禅椅中, 正在和萧翼交谈, 没有丝毫警戒。

398 《煎茶图》是一幅什么样的作品？

《煎茶图》是唐代著名画家张萱的代表作品。该画是横卷绢本画，现藏于美国波士顿美术馆。张萱，开元年间可能就任宫廷画职，尤擅长画人物侍女图。《煎茶图》是《捣练图》中的一组。《捣练图》共分三组，描绘的是贵族妇女捣练、络线、熨平、缝制等加工绢丝的劳动情景。画中人物搭配错落有致，动作优雅自然，神态细致、专注、逼真，具有浓郁的生活气息。

绢拉直

一女童蹲在茶炉前面，手中拿着蒲扇，一边挥着扇扇火，一边回头对着旁边忙碌的妇女欲言又止的样子。

捣丝

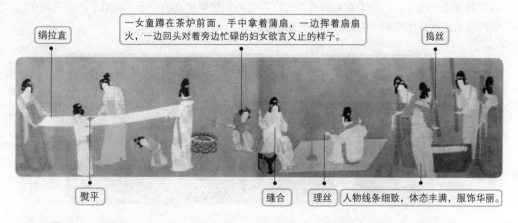

熨平

缝合

理丝

人物线条细致，体态丰满，服饰华丽。

399 《宫乐图》是一幅什么样的作品？

《宫乐图》大约成图于晚唐时期，当时正是饮茶之风昌盛时期。该画虽历经千年，但是画面色泽却依旧艳丽，纹理清晰可辨，实乃传世之精品。图中共有十余人，其中后宫嫔妃十人，分坐在一张大型的方桌周围，神态各异，栩栩如生，有的在品茗，有的在行酒令，中间的四人，则在吹乐助兴。其手中所拿乐器从右至左分别是筚篥、琵琶、古筝与笙，旁边站立的二名侍女中，还有一人轻敲着牙板，为她们打节拍。

一人正慢慢啜饮，身后有一侍女轻轻扶着她。

一人手执长柄茶勺从方桌中央的茶锅中取茶汤。

另一人端着茶碗，似在沉思，又似沉迷于乐曲中。

400 《调琴啜茗图》是一幅什么样的作品？

　　《调琴啜茗图》是唐代画家周昉的作品。周昉擅长画人物，作品中有很多贵族妇女形象，《调琴啜茗图》是他的代表作之一，横为75.3厘米，高为28厘米，现藏于美国密苏里州堪萨斯市纳尔逊·艾金斯艺术博物馆。

　　图中描绘的是唐代仕女弹琴饮茶的生活情景。图中共有五位仕女，其中三人为贵妇，另两人为侍女，三个贵妇坐在院中品茗、弹琴、听乐。整个图结构比较松散，正好和图中人物的闲散神态相吻合，从图中贵妇的神态可以看出她们慵懒寂寞的姿态，而图中的桂花树和梧桐树表示着秋日已来临，主题表现得更加鲜明。

一个侍女端着茶托随时侍奉。

一人坐在园中树边的石凳上调琴弹乐。

一个侍女拿着茶杯。

另两人一边品茗，一边欣赏乐曲。

401 《文会图》是一幅什么样的作品？

　　《文会图》是北宋徽宗赵佶的作品，描绘的是当时文人雅士品茗的场景。

　　图中的地点是在一个庭院中，院中池水清清，石脚显露，四周有栏楯围护，垂柳修竹，树木葱郁。在树下，八九个文士围着一个大案，案上摆着果盘、酒樽、杯盏等。他们有的端坐，有的谈论，有的持盏，有的私语，个个衣着儒雅，姿态优雅。垂柳后设有一石几，石几上有瑶琴、香炉。在大案前，有小桌、茶床，小桌上摆放着酒樽、菜肴等，一童子在桌边忙碌，装点食盘。

　　图的右上角有赵佶的亲笔题诗："题《文会图》：儒林华国古今同，吟咏飞毫醒醉中。多士作新知入彀，画图犹喜见文雄。"左上方有蔡京的题诗："臣京谨依韵和进：明时不与有唐同，八表人归大道中。可笑当年十八士，经纶谁是出群雄。"

茶床上摆放着各式茶具。

茶炉、茶箱等。

冲点、盛茶的童子。

402《斗茶图卷》是一幅什么样的作品?

　　《斗茶图卷》是唐代著名画家阎立本的作品。他的画作中,有很多关于茶事的内容,这幅图是代表作之一。

　　《斗茶图卷》一图生动描绘了唐代民间斗茶的情景,真实地反映了当时的茶风茶俗。画中总共有 6 个人物,他们都是平民装束,从图中可以猜测出,他们大概以三个人一组。每组人都携带着自己的茶具、茶炉、茶叶,用来比试。左边的三个人中,一人正在炉上煎茶,一个将袖子卷起的人正提着茶壶将茶汤注入茶盏中,第三个人则提着茶壶貌似在向对方夸赞自己的茶叶。右边的三个人中有两个人在啜饮品茗,第三个人赤着脚,腰间有一个专门装茶叶的茶盒,并且手中拿着一个茶叶罐好像在研究茶叶。从三个人的神情中可以看出,他们正在听对方的介绍,同时也准备着发表自己的意见。这幅画整体结构严谨,人物性格、神情的刻画生动形象,是一幅很珍贵的茶事图。

403《茗园赌市图》是一幅什么样的作品?

　　《茗园赌市图》是南宋画家刘松年的作品,他一生中创作了很多关于茶事的画作,尤其是"斗茶图"得到世人很高的评价,但可惜的是流传下来的却不多,具有代表性的作品有《卢仝烹茶图》和《茗园赌市图》。《茗园赌市图》以人物为主,画中的人物很多,其中茶贩是重要焦点。驻足观看的人也都是兴致盎然、神态各异,男人、女人、老人、青年、儿童,每个人的神情姿势都各不相同,所有人都将目光聚集在茶贩们的"斗茶"之上。这幅图将宋代民间的街头茗园"赌市"斗茶情景细腻地展现了出来,反映出了当时的茶风茶俗。

一个茶贩正弯身注水点茶。

落败的茶贩心有不甘地回头张望战局。

胸有成竹的茶贩昂头等待着评判。

挑茶担卖茶小贩正驻足倾身观看。

路过的妇女一手拎着壶一手拉着孩子,微笑着边行边看斗茶。

404 《撵茶图》是一幅什么样的作品?

《撵茶图》是南宋著名画家刘松年的代表作品。现藏于台北"故宫博物院"。《撵茶图》描绘的是宋代从磨茶到烹点的具体过程和场面,充分反映出了宋代茶事的兴盛。

画中有一人跨坐在凳上推磨磨茶,磨出的末茶呈玉白色,应该是头纲芽茶,旁边的桌子上备有茶罗、茶盒等茶具。另有一个人站立在桌边,手中提着汤瓶正在点茶,他的左手边摆放着煮水的茶炉、茶壶和茶巾,右手边摆放着贮泉瓮,桌上有备用的茶筅、茶盏和盏托。从画中可以看出场景显得很安静,一切程序有条不紊地进行着,也可以看出贵族官宦之家对品茶的讲究。

405 《卢仝烹茶图》是一幅什么样的作品?

《卢仝烹茶图》是南宋著名画家刘松年又一代表作,是《茗园赌市图》的姐妹篇。图中生动描绘了卢仝烹茶的情景。画面上山石瘦削,松槐错落,树影婆娑,环抱茅屋,卢仝在屋中坐着看书,一个赤着脚的女婢手中拿着扇子对着茶鼎扇着,还有一个长着长胡须的仆人在用壶汲取泉水。此图是刘松年画作中的精品,艺术成就很高,后人多将其作为样板画临摹。

406 《博古图》是一幅什么样的作品?

《博古图》为南宋著名画家刘松年之作,现藏于台北"故宫博物院"。"博古图"取博古通今之意,后人将绘有铜、瓷、玉、石等古代器物的绘画统称为"博古图"。

画中在郁郁葱葱的松林之下,亭台楼阁之边,一群文人墨客正聚集在一起鉴赏古玩器物,每个人都神情专注,体态、动作各有不同。画家用简单的线条勾勒,着重辅以松柏与人物之间强烈的明暗对比,烘托出浓郁的清新、静雅、脱俗的艺术氛围,给人耳目一新之感。以精细的笔触、高超的构图描绘出宋时文人墨客优雅的品位与脱俗的生活情趣,将作者内心的恬淡与对美好生活的向往与追求跃然纸上。

郁郁葱葱的水墨松林与线条细致的人物形成强烈的视觉反差。

远处的侍女正躬身执扇催火烹茶。

若有所思的人。

驻足把玩的人。

倾身观看的人。

仔细端详的人。

407《安处斋图卷》是一幅什么样的作品?

《安处斋图卷》,是元代倪瓒的代表作品,藏于台北"故宫博物院"。作者以擅长水墨山水为傲,所作多取材于太湖周边的优美景致。画中笔法简洁,山水意境悠远,野岸沙渚,疏林茅茨,柳树萧萧,颇有世外山野高人的遁世脱俗之感。画的右下角有作者的自题诗:"湖上斋居处士家,淡烟疏柳望中赊。安时为善年年乐,处顺谋身事事佳。竹叶夜香缸面酒,菊苗春点磨头茶。幽栖不作红尘客,遮莫寒江卷浪花。"左上角是乾隆御览后的即兴题诗:"是谁肥遁隐君家,家对湖山引兴赊。名取仲舒真可法,图成懒瓒亦云嘉。高眠不入客星梦,消渴常分谷雨茶,致我闲情频展玩,围炉听雪剪灯花。"

屋后土坡上稀疏、高傲的几株树木。　　　　　　　　薄雾中的远山、丛林。

避风的石木掩映下两间精舍。　　　　　　　　水波如镜的湖面。

408《陆羽烹茶图》是一幅什么样的作品?

《陆羽烹茶图》是元代赵原的代表作品。该画是纸本水墨画,长78厘米,宽27厘米,现藏在台北"故宫博物院"。图中表现的是陆羽隐居在浙江时的生活,画中山水清幽,树木挺拔,茅屋朴实,环境清净,陆羽坐在屋内榻上,旁边有一个童子,正在茶炉前烹茶,画上有作者自提的字:"陆羽烹茶图"。

409《竹炉煮茶图》是一幅什么样的作品?

《竹炉煮茶图》,是明代王绂的代表作品。作者学识渊博,饱读诗书,善长吟诗作赋,写山木竹石,曾经供职于文渊阁。明朝无锡惠山寺高僧性海,在洪武二十八年时托湖州竹工制作一具烹茶烹水的竹炉,刚好当时王绂正在寺中养病,于是请他绘制了一幅《竹炉煮茶图》。

可惜的是,这幅画在清代时被一场火灾毁掉了。因为乾隆很喜欢这幅画,觉得很惋惜,于是命人仿王绂笔迹画了一幅《竹炉煮茶图》,并且在画上题诗:"竹炉是处有山房,茗碗偏欣滋味长。梅韵松蕤重清晓,春风数典哪能忘。"

410《煮茶图咏》是一幅什么样的作品?

《煮茶图咏》是明代画家姚绶的代表作品,作者擅长画山水、竹石。该画为素笺本设色,二幅,前图后咏。前幅的画中有一茅屋,茅屋中有两个人对坐,旁边有一个童子在茶炉前煮茶,上面书有"煮茶图"三个字。后幅有姚绶亲笔书写的《煮茶歌》,内容为:"丹丘羽人轻玉食,采茶饮之生羽翼。名藏仙府世空知,骨化云官人不识。雪山童子调金铛,楚人茶经空得名。霜天半夜芳草折,烂漫缃花啜又生。赏君茶,祛我疾,使人胸中荡忧栗。日上香炉情未毕,乱踏虎溪云,高歌送君出。"诗的结尾写有:"《煮茶图》成,复书此歌送靖之翁兄北上。倘遇佳山水处,不吝展卷,当勿忘水竹村煮茗夜话也。"

411《事茗图》是一幅什么样的作品?

《事茗图》是明代著名画家唐寅的代表作品,现藏于北京故宫博物院。唐寅,字子畏、伯虎,号六如居士、桃花庵主,自称江南第一风流才子,是明代著名的画家、文学家,擅长画山水、人物、花鸟画。《事茗图》描绘的是文人雅士品茗的场景。这幅画形象地表现了文人雅士幽静的生活。整幅画卷笔工细致,线条流畅,墨色渲染精细,是唐寅具有代表性的作品。

卷左唐寅的自题诗:日长何所事,茗碗自赍持。料得南窗下,清风满鬓丝。

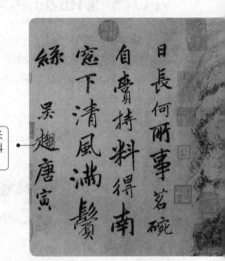

412《惠山茶会图》是一幅什么样的作品?

　　《惠山茶会图》是明代画家文徵明的代表作品,绘制于正德十三年。文徵明,名壁,字徵明,江苏长洲人,是"吴门"风格的大画家。《惠山茶会图》长67厘米,宽22厘米,现藏于北京故宫博物院。画中描绘的是文徵明和友人在无锡惠山清幽之处品茗的场景。图中共有七个人,四个主人三个童子,童子在烹茶,布置茶具,亭子里的茶人正在坐着等童子上茶。

高耸的松树。　　林间的小亭。　　两人在曲径上交谈。

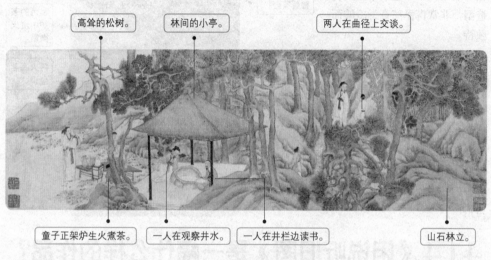

童子正架炉生火煮茶。　　一人在观察井水。　　一人在井栏边读书。　　山石林立。

堂前高耸、苍翠的松树。　　屋后茂密的竹林。　　远处群山、薄暮间的飞瀑。　　缓缓流淌着的溪流。

童子在隔壁烹茶。　　主人坐在桌前看书。　　屋外板桥上缓步而来的访客。　　抱琴的小童。

413《停琴啜茗图》是一幅什么样的作品?

《停琴啜茗图》是明代著名画家陈洪绶的代表作品。陈洪绶出身望族，仕途坎坷，命运遭遇不济，造就出他颓废落寂的绘画风格，他画中的人物造型都非常古怪离奇，冷峻而独特。

《停琴啜茗图》中有两人相对而坐，正面的人坐在巨大的芭蕉叶上，侧面的人坐在长方石案之后的珊瑚石上，两人边品茗边交谈，一会儿还会思考片刻。整幅画看上去清新淡雅，将环境渲染得很到位，充分展现了文士品茶的场景和习俗。

珊瑚石上放置着茶壶。

琴弦已然收起。

远处侍奉的侍者。

直柄上翘的茶锅。

黑色的茶炉中炭火微燃。

两人品茗坐谈。

414《闲说听旧图》是一幅什么样的作品?

《闲说听旧图》是清代华岩的作品。华岩字秋岳，年少时就喜欢绘画，擅长绘制人物、山水，尤精花鸟、鱼虫、走兽等，他重视写生，构图新颖，形象生动多姿，时用枯笔、干墨、淡彩，赋色鲜嫩不腻，画风松秀明丽，独树一帜。

他的《闲说听旧图》通过饮茶者的不同形象生动地反映了社会贫与富的对比与差别。画中描绘了早稻收割季节，村民们在听书休闲之时的情景。体态臃肿的富人坐在长凳上，有专人服侍，神情傲慢而自得；旁边的老人独自一人，双手抱着茶碗在喝茶，鲜明的对比中反映了社会的不平等。

415《紫砂壶》是一幅什么样的作品?

《紫砂壶》是清代边寿民的作品，边寿民字颐公，又字渐僧，号苇间居士，又自署六如居士、墨仙、绰绰老人等，江苏淮安人，晚年在扬州地区卖画，为扬州八怪之一，工诗词、书法，画山水、花鸟，尤其擅长画芦雁。《紫砂壶》一画的表现手法采用了一些近似西画中的素描方法，用干笔淡墨略加勾擦，边缘仍以线条勾勒，表现了茶壶的质朴之美，从中也可以看出画者对紫砂壶具的体察入微与深厚的感情投入。

416《墨梅图》是一幅什么样的作品？

《墨梅图》是清代名家汪士慎的作品。汪士慎字近人，号巢林，是扬州八怪之中性情较为内敛的人，原籍安徽休宁，居江苏扬州。精篆刻和隶书，工画花卉，尤其擅长画梅，笔墨清劲。

长卷中画面为墨梅，似乎与茶没有关系，但是从画中的题诗可以看出，此画系为饮茶得意而作。画家以墨梅来抒发茶情，共只为一个"清"字。此画现藏于浙江省博物馆。

款识为"驻马清流香气吹，东风渐近落花时。可怜踯躅关山客，才见江南第一枝。近人汪士慎于七峰草堂。"

以倒挂梅花，绒绒点点，挥洒自然，抒发绘者一种伤春将去的心境。

417《玉川先生煮茶图》是一幅什么样的作品？

《玉川先生煮茶图》是清代金农的代表作品。该画纵24.4厘米，横31厘米，藏于北京故宫博物院，是金农《人物山水图册》的其中一幅。

画中的人物描绘的是卢仝的煮茶生活场景。卢仝头戴纱帽笼头，留着长须，双眼微微睁着，身上穿着布衣，手中握着蒲扇，正在看火候熬茶汤。他的神情悠闲，看上去飘逸潇洒，同时也能看出他对茶事的喜爱。在图的右角有题字："玉川先生煎茶图，宋人摹本也。昔耶居士。"

卢仝正在风炉前候汤烹茶。

众多茂盛的芭蕉树，宽大的叶片下一地树荫。

赤脚的侍婢正用吊桶在泉井边汲水。

418 《梅兰图》是一幅什么样的作品?

《梅兰图》是清代李方膺的代表作品。该画纵127.2厘米，横46.7厘米，现藏于浙江省博物馆。李方膺，字虬仲，号晴江，别号秋池、抑园、白衣山人，清代著名画家，是"扬州八怪"之一。他擅长画梅兰竹菊等，代表作还有《风竹图》《游鱼图》《墨梅图》等。

《梅兰图》是他的经典画作之一，画面中的右侧花瓶中插着一枝梅花，梅影稀疏，孤傲冷艳。画面的左侧有一盆惠兰，造型婀娜，飘逸洒脱。梅兰前面有一个壶和一个杯，造型朴实笨拙，憨态可掬。在画的下边有一个长题，内容为："峒山秋片茶，烹惠泉。贮砂壶中，色香乃胜。光福梅花开时，折得一枝归，吃两壶，尤觉眼耳鼻舌俱游清虚世界，非烟人可梦见也。"

419 《茶熟菊开图》是一幅什么样的作品?

《茶熟菊开图》是清代画家浦作英的作品。《茶熟菊开图》一图展现的是清新闲雅的品茗环境。画的正中央是一柄大的东坡提梁壶，壶后有一块太湖石，该石大孔小穴、窝洞相套、上下贯穿、四面玲珑，看上去颇为别致。在太湖石后面有两朵盛放的菊花。在画的上方一角有一题款，内容为："茶已熟，菊正开，赏秋人，来不来。"图字相配，相得益彰，意境悠远。

420 《烹茶洗砚图》是一幅什么样的作品?

《烹茶洗砚图》是中国清代画家钱慧安的代表作品。该画为立轴纸本设色画，纵62.1厘米，横59.2厘米，现藏于上海博物馆。钱慧安，初名贵昌，字吉生，号双管楼、清溪樵子、宝山人。擅长画人物、仕女和花鸟。代表作品有《听鹂图》《烹茶洗砚图》《簪花图》。《烹茶洗砚图》描绘的是烹茶洗砚台的场景，反映了文人的日常生活场景。整幅画表现出宁静和谐的意境，人物线条勾画细腻有力，笔锋硬健，是清末海上画派的风格代表。

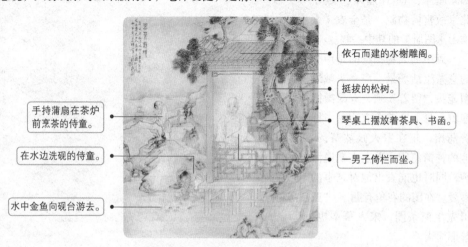

依石而建的水榭雕阁。

挺拔的松树。

琴桌上摆放着茶具、书函。

一男子倚栏而坐。

手持蒲扇在茶炉前烹茶的侍童。

在水边洗砚的侍童。

水中金鱼向砚台游去。

421《品茗图》是一幅什么样的作品?

《品茗图》是清代画家吴昌硕的代表作品。该画为纸本设色,纵42厘米,横44厘米。吴昌硕,初名俊,又名俊卿,字昌硕。晚清著名画家、书法家、篆刻家,是"后海派"的代表。《品茗图》的右边画着一把茶壶,看上去似乎是随意点染,更加突出壶的古色古香;壶的旁边有一个茶杯,笔墨清淡;画的上半部勾勒了几枝梅花,从右上一直延伸到左下,与下面的茶壶、茶杯交映成趣。

画的左上有题记,"梅梢春雪活火煎,山中人兮仙乎仙。禄甫先生正画丁巳年寒。"

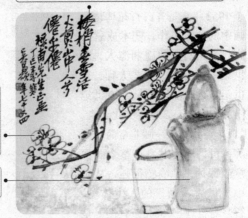

造型有俯仰、正侧、向背、交叠,生动活泼的梅花。

外形古朴典雅的茶壶。

422《煮茗图》是一幅什么样的作品?

《煮茗图》是清代画家吴昌硕的代表作品。《煮茗图》和《品茗图》合称"双璧"。画面的右半边画着泥茶炉和砂壶,茶炉中的炭火正在燃烧着,左半边画着一枝梅花,花朵开得很灿烂。画下方正中央一个大大的芭蕉扇,一侧倚靠着泥茶炉,一侧倚靠着灿烂绽放的梅枝,似乎要把炉火扇旺。

423《清茗红烛图》是一幅什么样的作品?

《清茗红烛图》作者是清末民初杰出的画家胡术。胡术,字仙锄,萧山人,工画山水、花卉、人物。他的《清茗红烛图》展示了文人墨客所崇尚的雅人之致,此图画面十分简洁,从左到右依次有:一枝红梅、一只茶壶、两只茶杯、一枝点燃的红烛。

424《煮茶图》是一幅什么样的作品?

《煮茶图》是明代著名画家丁云鹏的代表作品,藏于无锡市博物馆。作者擅长画人物、佛像、山水。整幅画看上去生动真实,背景中的白玉兰花和假山石相映成趣,更加体现出画的意境。榻上的卢仝拿着蒲扇,坐着烹煮茶汤;榻前摆放着各式茶具;长须仆人提壶汲取泉水;一侍婢手端果盘。

▶图说

《煮茶图》描绘了卢仝《走笔谢孟谏议寄新茶》中的意境。

425《梅花茶具图》是一幅什么样的作品?

《梅花茶具图》是著名画家齐白石的代表作品。该画创作于1952年,是齐白石花鸟写意画中的顶级杰作,艺术成就极高。齐白石,湖南湘潭人,20世纪中国著名的画艺大师,20世纪十大书法家之一,20世纪十大画家之一,世界文化名人。《梅花茶具图》一画非常简洁凝练,可谓雅俗共赏,整个画面意蕴深远,隐喻感很强,从画中可以看出画家的人生体验、智慧与哲理。《梅花茶具图》是齐白石送给毛泽东的画,画中的梅花表达了对毛泽东同志革命风骨的敬佩,茶具是对毛泽东为政清廉的赞美。

一枝苍劲有力的红梅傲然挺立。

下方搭配着一套拙朴脱俗的茶具。

"大匠之门"印章,齐白石老人时刻不忘自己木匠出身的过去而篆刻的印章。

426《人散后》是一幅什么样的作品?

《人散后》是现代画家丰子恺的代表作品,是中国的第一幅漫画作品。丰子恺,原名丰润,名仁。浙江桐乡石门镇人。我国现代画家、散文家、美术教育家、音乐教育家和翻译家,是一位多才多艺的文艺大师。他的漫画风格独特,寓意深刻,很受人们的喜爱。

《人散后》的画面非常简单,一弯新月挂在天空,卷着帘子的屋子里,有一张方桌,桌子上放着茶壶、茶碗,茶依然在,可是人却已经散去了。虽只有寥寥数笔,可是整个画中却把那种寂静空虚的感觉诠释得很完美。在画的右边有题字,内容为:"人散后,一钩新月天如水。"

427《茶馆画旧》是一幅什么样的作品?

《茶馆画旧》是现代著名画家丁聪的代表作品。该画是一幅漫画,是一个以《茶馆画旧》为主题的组画,总共有四幅,分别是《沏开水》《一盅两件》《"吃讲茶"的"英雄"》和《"知音"》。丁聪,中国著名漫画家,上海人,擅长漫画、插图。

《沏开水》中描绘的是四川茶馆的堂倌正在冲水,表现出了他高超娴熟的冲水技艺;《一盅两件》是对往日广东早茶场景的真实描绘;《"吃讲茶"的"英雄"》中描绘的是旧时上海滩茶楼中的一个场景;《"知音"》一画中描绘的是北京茶客和鸟迷们。

428 茶与书法有什么关系?

茶与书法的联系更多是体现在本质的相似性,即以不同的形式,表现出共同的审美理想、审美趣味和艺术特性。宋代文学家、书法家苏东坡曾以精妙的语言概括茶与书法的关系:"上茶妙墨俱香,是其德也;皆坚,是其操也。譬如贤人君子黔皙美恶之不同,其德操一也"。

唐代是书法艺术的繁盛期,书法中有很多与茶相关的记载,其中比较有代表性的是唐代著名的狂草书家怀素和尚的《苦笋帖》:"苦笋及茗异常佳,乃可径来,怀素上。"现藏于上海博物馆。宋代则是无论在茶业,还是书法史上,都是一个极为重要的时代,这一时期茶叶由饮用的实用性逐渐走向艺术化,因此涌现出很多著名的作品,如苏东坡的《一夜帖》、米芾的《苕溪诗》、汪巢林的《幼孚斋中试泾县茶》等。唐宋以后,茶与书法的关系更为密切,有茶叶内容的书法作品也更多。

茶讲究从朴实中表现出韵味,在简明色调对比中求得缤纷的效果。书法讲究在简单的线条中求得丰富的思想内涵。书法家需要以静寂的心态进行创作,这与饮茶需要心平气和的境界是相通的。

429 《急就章》是一幅什么样的作品?

《急就章》,是西汉汉元帝时期黄门令史游以草书所作,"急就"取速成之意,是一本旨在让儿童识字、学习常识的启蒙读本。历代众多书家都曾书写过《急就章》,现存有元代邓文原临写本和明代宋克临写本。现存本共有34章,2144字,总共按照姓名、衣服、饮食、器用等分成三言、四言、七言的韵句。书中所曾提及到的"板柞所产谷口茶",即是在讲述茶事,而这是最早的一幅含有茶字的书法作品。

《急就章》是最早的一幅含有茶字的书法作品。

图说

《急就章》为西汉史游以草书所作,字字独立,笔势沉着凌厉,将隶书草写化,后人将其书体称之为"章草",历代书法家争相传摹,图为元代赵孟頫临摹之作。

430《苦笋帖》是一幅什么样的作品？

《苦笋帖》是唐代草书家怀素大师的代表作品，现藏于上海博物馆。其内容为："苦笋及茗异常佳，乃可径来。怀素上。"虽只有短短两行 14 个字，但其中运笔娴熟的功底与万变不离法度的神韵，无不令后人仰慕。后来其笔法被称为"狂草"，与同时期另一位草书家张旭齐名，人称"张颠素狂"。

●图说

运笔犹如行云施雨，奔流直下，飞动圆转，看似变化无常，实则法度具备，肥瘦相宜，轻重合度。

431《茶录书卷》是一幅什么样的作品？

《茶录书卷》是北宋蔡襄的作品。蔡襄著有《茶录》两篇，用楷体小字书写，大约有 800 字，是重要的茶典之一，更是稀世墨宝。这本书是为仁宗皇帝所作，后收藏入内府。

欧阳修曾为此书作跋，曰："善为书者以真楷为难，而真楷又以小字为难……以此见前人于小楷难工，而传于世者少而难得也。君谟小字新出而传者二，《集古录目序》横逸飘发，而《茶录》劲实端严，为体虽殊，而各极其妙，盖学之至者。"

432《一夜帖》是一幅什么样的作品？

《一夜帖》，又称为《季常帖》，是北宋苏轼所写茶帖佳作，为书法著作，纵 27.6 厘米，横 45.2 厘米，现藏于台北"故宫博物院"。全帖总共 70 个字，是苏轼为他的好友陈季常所写的书札。

全帖的内容为："一夜寻黄居寀龙，不获，方悟半月前是曹光州借去摹揭，更须一两月方取得。恐王君疑是翻悔，且告子细说与，才取得，即纳去也。却寄团茶一饼与之，旌其好事也。轼白。季常。廿三日。"

●图说

帖中运笔自然流畅，笔势苍劲有力。

433 《茶宴》是一幅什么样的作品?

《茶宴》是北宋黄庭坚的作品。他擅长行书、草书,开始拜周越为师。后来又受到颜真卿和怀素的指点,他的作品侧险取势,纵横交错,自成一体,是"宋四家"之一。茶宴是文人雅士的一种集体活动,以茶为媒介来会友交流,在宋代很流行,最初提到"茶宴"这个词的是唐代诗人钱起的《与赵莒茶宴》。

在元祐四年时,黄庭坚写了《元祐四年正月初九日茶宴和御制元韵》的诗书,其中的"茶宴"二字是最早的"茶宴"手迹。

434 《笤溪诗卷》是一幅什么样的作品?

《笤溪诗卷》是北宋米芾所作的自书诗。该帖纵长 30.3 厘米,横长 189.5 厘米,现藏于北京故宫博物院。原帖在清乾隆时被收入内府,后来在清朝灭亡之后,被带到了长春伪满皇宫,之后散落民间,直到 1963 年才被北京故宫博物院重新收藏。

《笤溪诗卷》是米芾在茗溪游玩时所作的诗作,总共有三十五行,是米芾三十八岁时的作品,此帖书写得苍劲有力,但却不张扬,有着一种成熟之美。

▶图说

笔锋饱满,运笔潇洒,结构顺畅,行书自然,代表着米芾壮年时期的风格。

435 《夜坐》是一幅什么样的作品?

《夜坐》是明代唐寅所作的自书诗,藏于上海博物馆。这首《夜坐》是在唐寅去世那年所写的,是他的《行书手卷》的其中一首。这首诗的内容为:"竹簏灯下纸窗前,伴手无聊展一编。茶罐汤鸣春蚓窍,乳炉香炙毒龙涎。细思寓世皆羁旅,坐尽寒更似老禅。筋力渐衰头渐白,江南风雪又残年。"

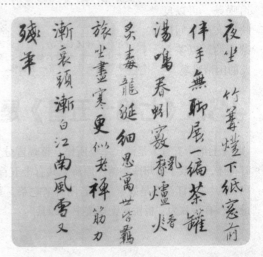

▶图说

《夜坐》笔法纯熟流利,无论是诗的内容还是笔法上来看都不失为一件佳作。

436《煎茶七类卷》是一幅什么样的作品?

《煎茶七类卷》是明代徐渭所作,原文记载在《徐文长逸草》卷六,现藏于上虞曹娥庙。《煎茶七类卷》原文是卢仝所作。此帖为行书作品,徐渭擅长草书,但是行书亦佳。文后有作者后记曰:"是七类乃卢仝作也,中夥甚疾,余艇书稍改定之。"书后有小记所署时间为"壬辰秋仲",也就是万历二十年,当时徐渭已经71岁高龄,因而此帖是徐渭晚年的代表之作。

图说
全卷文字笔锋饱满,雄健有力,姿态多变,行云流水。

437《致方士琯尺牍》是一幅什么样的作品?

《致方士琯尺牍》是《八大山人致方士琯尺牍》十三通的其中一通,为明末清初画家朱耷所作,其作品风格严谨,字形端正,坚挺而有力,现藏于故宫博物院。

全帖的内容为:"乳茶云可却暑,少佐茗碗,来日为敝寓试新之日也,至于八日,万不敢爽,西翁先生,八大山人顿首。稚老均此。"文中的西翁先生即方士琯。"乳茶"是指嫩茶、新茶。从该帖的笔迹中可以看出应该是朱耷七十岁以后的作品,文中他邀请方士琯喝茶,可以反映出文士之间以茶相约,以茶会友的闲情雅趣。

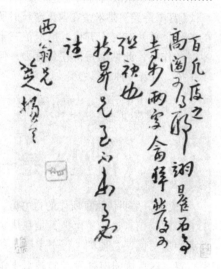

图说
字体笔锋流畅有力,转折圆润,字形大小不一,行列长短不齐,整体看上去错落有致,别有一番韵味。

438《七绝十五首》是一幅什么样的作品?

《七绝十五首》是清代郑燮所作,整幅皆分为六分半书的"乱石铺街体",挥洒自如,从容得体,现藏于扬州博物馆。原诗总共有十五首,其中《竹枝词》所描述的是茶事,全诗的内容为:"湓江江口是奴家,郎若闲时来吃茶。黄土筑墙茅盖屋,门前一树紫荆花。"在诗的最后,有落款为"板桥居士郑燮书于潍县"。

439《角茶轩》是一幅什么样的作品？

《角茶轩》是清代吴昌硕的作品，是一个篆书横披，书写于1905年，应该是应友人的请求而作的。落款中写道："礼堂孝谦藏金石甚富，用宋赵德父夫妇角茶趣事以名山居。……茶字不见许书，唐人于頔茶山诗刻石，茶字五见皆作荼。……"

左幅：落款用行草所写，篇幅很长，对"角茶"的典故、"茶"字的字形都作了叙述。

右幅："角茶轩"三个字是典型的吴氏风格，无论是笔法还是气势都来自于石鼓文。

440 茶与篆刻有什么关系？

篆刻就是指镌刻印章的通称。篆刻的字体有大篆、小篆、汉篆、隶书、楷书、魏碑、行书等。我国的篆刻艺术历史很悠久，在春秋战国时期，印章就开始盛行。在汉代时，印章的艺术已经达到了一个很高的境界。元末开始使用石章，将书家篆印、刻工刻印的历史结束了。明清时，出现了很多篆刻人，篆刻蓬勃发展起来，也分了很多流派。

篆刻的内容很丰富，涉及很多方面，当然和茶也结下了不解之缘，很多篆刻人都将"茶"作为篆刻主题。文人雅士本身都喜爱饮茶，将对茶的喜爱寄托在篆刻上，同时留下了很多优秀的篆刻作品。

📖图说

班禅印章的字体多为篆书，先写后刻，故称篆刻。

📖图说

兽钮寿山石印章（清），传统印章用石之一，文人墨客的挚爱。

螭虎，传说中的一种龙，代表着权势与王者之风。

📖图说

"皇后之玺"玉印（西汉）

231

441《赐衣传茶》是一方什么印章?

《赐衣传茶》是清代刘墉的作品。在《姜宸英草书刘墉真书合册》中,有一方刘墉的"赐衣传茶"红白相间印。

刘墉,字嵩如,号石庵,山东诸城人,乾隆时任体仁阁大学士。在古代,臣子立了大功,皇帝用赐衣赐茶的方法来奖励,在清代一般都是赏赐黄马褂,对于臣子来说这是天大的荣耀。据考证,刘墉刻此印,可能是为了纪念乾隆十六年考中进士时皇帝的赐衣传茶,也可能是在任时受到皇帝恩宠而刻下的。"赐衣传茶"四字中,只有"衣"字是朱文,其余三字为白文。

"衣"字线条细匀、光滑、柔美。

▲图说

整个印章红白相映,古朴秀丽,别致有趣。

442《一瓯香乳听调琴》是一方什么印章?

《一瓯香乳听调琴》是清代乾隆皇帝的一枚闲印。该印曾经钤在明代画家文伯仁的《金陵十八景册》。安徽省怀远县城有一个白乳泉,用此泉的水煮茶,茶味香浓醇厚,被苏东坡誉为天下第七名泉,印章中所指香茶就是此泉水所煮的茶。

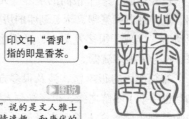

印文中"香乳"指的即是香茶。

▲图说

"一瓯香乳听调琴"说的是文人雅士品茶、听音、弄琴的闲情逸趣,和唐代的《听琴啜茗图》有同样的意境。

443《茶梦轩》是一方什么印章?

《茶梦轩》是清代赵之谦的作品。该印为白文印,篆刻的字是减去一笔的现代"茶"字。另外有一则边款,内容为:"说文无茶字,汉茶宣、茶宏、茶信印皆从木,与茶正同,疑茶之为茶由此生误。"边款中所说的三例汉印印蜕已经不存在了,但是根据考证,在《续汉印分韵》中记载的"茶"字和"茶梦轩"中的"茶"字很相像。

▲图说

该印章的刻法,虚实对比强烈,线条均匀,刻法沉稳,字体朴实,又有汉印的风格。

444《家在江南第二泉》是一方什么印章?

《家在江南第二泉》是清代篆刻家徐三庚的作品。徐三庚的家乡是无锡惠山，那里的惠山泉水质甘甜清澈，被唐代陆羽评为"天下第二泉"。现在，元代大书法家赵孟頫为惠山泉书写的"天下第二泉"五个大字还完好地保留在泉亭的后壁上。而徐三庚镌刻该印，一是对家乡的纪念，二是为自己家乡有这样的泉水而感到自豪。

🔘图说

篆刻中的"第二泉"是指无锡惠山泉。

445 茶与诗词有什么关系?

千百年来，数千首题材广泛和体裁多样的茶诗、茶词、茶联成了中国文学宝库中的一枝奇葩。诸多的茶诗，有的赞美茶的功效，有的以茶寄托诗人的感遇，还有的则表现对茶农生活的描述。这些茶诗表现了诗人们对茶的喜爱，反映出茶叶在人们文化生活中的地位，也显示了唐代茶诗的兴盛与繁荣。

唐代以前的茶诗较少。西晋左思的《娇女》也许是中国最早的茶诗："心为茶荈剧，吹嘘对鼎䥇"。表现了左思的两位娇女，因急于品香茗，就用嘴对着烧水的"鼎"吹气的情景。

随着茶业的发展和人们饮茶风俗渐盛，至唐代，涌现了很多以茶为题的诗。如著名诗人皮日休与陆龟蒙都有爱茶雅好，经常作文和诗，他们写有《茶中杂咏》唱和诗各十首，内容包括《茶坞》《茶人》《茶笋》《茶籝》《茶舍》《茶灶》《茶焙》《茶鼎》《茶瓯》和《煮茶》等，不但应和了唐诗的繁荣，而且对茶的史料、茶乡风情、茶农疾苦、甚至茶具和煮茶都有具体的描述，堪称一份形象的茶叶文献。

宋代饮茶之风更盛，由于斗茶和茶宴的盛行，所以茶诗多表现出以茶会友、相互唱和，以及触景生情、抒怀寄兴的内容。苏轼的《次韵曹辅寄壑源试焙新芽》诗，其中的"从来佳茗似佳人"成了流传千古的茶名句。此外，还有范仲淹的《斗茶歌》、蔡襄的《北苑茶》，都表现了宋人对茶特殊的感情。黄庭坚的《品令》是茶词中的代表作，"凤舞团团饼，恨分破，教孤令。金渠体净，只轮慢碾，玉尘光莹。汤响松风，早减二分酒病。味浓香永，醉乡路，成佳境。恰如灯下，故人万里一归来对影，口不能言，下快活自省。"词的上篇写碾茶煮茶，下篇写饮茶时的惬意感受，用词细腻、轻快，读起来朗朗上口。

🔘图说

诗仙李白的《答族侄僧中孚赠玉泉仙人掌茶并序》："茗生此中石，玉泉流不歇"。

446 为什么《娇女诗》成为陆羽《茶经》节录的第一首茶诗?

《娇女诗》是西晋左思所作的一首五言古诗。

这是陆羽《茶经》中记录的中国古代的第一首茶诗，也可能是有记载的我国最早的茶诗。诗中说姐妹两个聪明活泼，在嬉戏喧闹，她们安静下来，想要饮茶，因为心里焦急，不停地对着茶鼎使劲吹气，结果把白衫袖细布衣整脏了。诗中对两位娇女的描写细腻形象，一对小姐妹的形象跃然纸上，诗中提到煮茶的习俗，茶具等。

> **《娇女诗》**
>
> 吾家有娇女，皎皎颇白皙。
>
> 小字为纨素，口齿自清历。
>
> 其姊字蕙芳，面目粲如画。
>
> 轻妆喜楼边，临镜忘纺绩。
>
> 心为茶荈剧，吹嘘对鼎䥶。
>
> 脂腻漫白袖，烟熏染阿锡。
>
> 衣被皆重地，难与沉水碧。

447 《答族侄僧中孚赠玉泉仙人掌茶并序》是一首怎样的茶诗?

《答族侄僧中孚赠玉泉仙人掌茶并序》是唐代李白所作的一首五言古诗。

诗前有序为："余闻荆州玉泉寺近清溪诸山，山洞往往有乳窟，窟中多玉泉交流。其中有白蝙蝠，大如鸦。按仙经，蝙蝠一名仙鼠，千岁之后，体白如雪，栖则倒悬，盖饮乳水而长生也。其水边处处有茗草罗生，枝叶如碧玉。惟玉泉真公常采而饮之，年八十余岁，颜色如桃花。而此茗清香滑熟，异于他者，所以能还童振枯，扶人寿也。余游金陵，见宗僧中孚，示余茶数十片，拳然重叠，其状如手，号为'仙人掌茶'，盖新出乎玉泉之山，旷古未觌。因持之见遗，兼赠诗，要余答之，遂有此作。后之高僧大隐，知仙人掌茶发乎中孚禅子及青莲居士李白也。"

> **《答族侄僧中孚赠玉泉仙人掌茶并序》**
>
> 常闻玉泉山，山洞多乳窟。
>
> 仙鼠如白鸦，倒悬清溪月。
>
> 茗生此中石，玉泉流不歇。
>
> 根柯洒芳津，采服润肌骨。
>
> 丛老卷绿叶，枝枝相接连。
>
> 曝成仙人掌，似拍洪崖肩。
>
> 举世未见之，其名定谁传。
>
> 宗英乃禅伯，投赠有佳篇。
>
> 清镜烛无盐，顾惭西子妍。
>
> 朝坐有余兴，长吟播诸天。

此诗提到"仙人掌茶"，是诗词中最早记录名茶的诗。文中作者把"仙人掌茶"的出处、品质、功效等都做了详尽的描述，是重要的历史资料。

448 《饮茶歌诮崔石使君》是一首怎样的茶诗?

《饮茶歌诮崔石使君》是唐代诗人皎然所作的一首五、七言诗歌。

这首诗大约作于德宗贞元初，是皎然和友人崔刺史一起品越州茶时所作的诗。诗中，皎然说了饮茶的好处，具有鲜明的艺术风格。他的诗对后代茶歌的创作有很大的影响，主要以探讨茶艺为主。这首诗的目的是号召大家以茶代酒，共同探讨饮茶的艺术。

标题中的"诮"字，暗含了几分嘲讽的意思，说明了全诗的诙谐轻松。

《饮茶歌诮崔石使君》

越人遗我剡溪茗，采得金芽爨金鼎。
素瓷雪色缥沫香，何似诸仙琼蕊浆。
一饮涤昏寐，情思朗爽满天地。
再饮清我神，忽如飞雨洒轻尘。
三饮便得道，何须苦心破烦恼。
此物清高世莫知，世人饮酒多自欺。
愁看毕卓瓮间夜，笑向陶潜篱下时。
崔侯啜之意不已，狂歌一曲惊人耳。
孰知茶道全尔真，唯有丹丘得如此。

449 《西山兰若试茶歌》是一首怎样的茶诗?

《西山兰若试茶歌》是唐代诗人刘禹锡所作的一首七言古诗。

这首诗描述的是在西山寺中饮茶的场景，诗中写到采茶、制茶、煎茶、尝茶等场景，整个诗写得生动细致，将饮茶的乐趣写了出来，并且赞美了茶的种种优点，可见大家对饮茶的喜爱。

唐代人们饮茶虽多以蒸青团茶为主，但诗中"斯须炒成满室香"的描述，可见当时也出现了"炒青"技术。饮茶时多将团饼施以研磨煮泡，故茶汤表层有白色浮沫泛起，如"白云满盏花徘徊"般若隐若现、变幻如花。

《西山兰若试茶歌》

山僧后檐茶数丛，春来映竹抽新茸。
宛然为客振衣起，自傍芳丛摘鹰嘴。
斯须炒成满室香，便酌沏下金沙水。
骤雨松声入鼎来，白云满盏花徘徊。
悠扬喷鼻宿醒散，清峭彻骨烦襟开。
阳崖阴岭各殊气，未若竹下莓苔地。
炎帝虽尝未解煎，桐君有箓那知味。
新芽连拳半未舒，自摘至煎俄顷余。
木兰沾露香微似，瑶草临波色不如。
僧言灵味宜幽寂，采采翘英为嘉客。
不辞缄封寄郡斋，砖井铜炉损标格。
何况蒙山顾渚春，白泥赤印走风尘。
欲知花乳清泠味，须是眠云跂石人。

450《喜园中茶生》是一首怎样的茶诗？

　　《喜园中茶生》是唐代诗人韦应物所作的一首五言古诗。

　　诗中描述的是诗人在工作之余的空闲时间里，在荒园中种植了一些茶树，他很享受这样的种植生活，看着茶树茁壮成长，开心不已，也说明诗人在这样平静的生活中自得其乐。同时在诗中也赞美了茶的清洁，茶的香味，并提到常饮茶可以除去烦恼。

> **《喜园中茶生》**
>
> 洁性不可污，为饮涤尘烦。
>
> 此物信灵味，本自出山原。
>
> 聊因理郡余，率尔植荒园。
>
> 喜随众草长，得与幽人言。

451《琴茶》是一首怎样的茶诗？

　　《琴茶》是唐代诗人白居易所作的一首七律。

　　这首诗的主题是写琴和茶，诗人喜欢饮茶和弹琴，这也是他生活中的两大乐趣。诗中写到自己已经抛官而且不用读书，只是喜欢弹奏《渌水曲》和品尝蒙顶茶。诗人在自己的世界里，饮茶弹琴自娱自乐，同时也说明了诗人的"达则兼济天下，穷则独善其身"的观点。

> **《琴茶》**
>
> 兀兀寄形群动内，陶陶任性一生间。
>
> 自抛官后春多醉，不读书来老更闲。
>
> 琴里知闻唯《渌水》，茶中故旧是蒙山。
>
> 穷通行止长相伴，谁道吾今无往还。

452《夏昼偶作》是一首怎样的茶诗？

　　《夏昼偶作》是唐代诗人柳宗元所作的一首诗。

　　这首诗是诗人在夏日的白天睡醒之后的情景，诗中写出了在竹林中煮茶的悠闲和清静，富有禅意。诗中描绘出一种清幽的环境，言语清新爽利，意境表达深远。诗中的"隔竹敲茶臼"五字，尤其受到世人的喜爱，在后来的诗歌中多次出现，宋人常常将此作为诗题或融入诗中。

> **《夏昼偶作》**
>
> 南州溽暑醉如酒，隐几熟眠开北牖。
>
> 日午独觉无余声，山童隔竹敲茶臼。

453 《一字至七字诗》是一首怎样的茶诗?

《一字至七字诗》是唐代元稹的代表作品,是一首宝塔诗。

一般用"宝塔体"作诗的茶诗很少,这首诗的排列造型就像一座宝塔一样。这首诗叙述了茶的品质、人们对茶的喜爱、饮茶习惯以及茶叶的功用。

> **《一字至七字诗》**
>
> 茶。
>
> 香叶,嫩芽。
>
> 慕诗客,爱僧家。
>
> 碾雕白玉,罗织红纱。
>
> 铫煎黄蕊色,碗转曲尘花。
>
> 夜后邀陪明月,晨前命对朝霞。
>
> 洗尽古今人不倦,将知醉后岂堪夸。

454 《汲江煎茶》是一首怎样的茶诗?

《汲江煎茶》是北宋文学家苏轼所作的一首七律。

这首诗写的是诗人在晚上独自取水,自斟自饮的场景。诗中描写得细腻,将夜的静谧和自己的孤寂写得入木三分,意境悠远,字字珠玑。

> **《汲江煎茶》**
>
> 活水还须活火烹,自临钓石取深清。
>
> 大瓢贮月归春瓮,小杓分江入夜瓶。
>
> 雪乳已翻煎处脚,松风忽作泻时声。
>
> 枯肠未易禁三碗,坐听荒城长短更。

455 《走笔谢孟谏议寄新茶》是一首怎样的茶诗?

《走笔谢孟谏议寄新茶》是唐代诗人卢仝所作的一首七言古诗,又称为《七碗茶歌》。

这首诗中将诗人对茶的感受细致地描述了出来,用词优美,意境深远,特别是后面对七碗茶的描述,更是传神。

> **《走笔谢孟谏议寄新茶》**
>
> 日高丈五睡正浓,军将打门惊周公。
>
> 口云谏议送书信,白绢斜封三道印。
>
> 开缄宛见谏议面,手阅月团三百片。
>
> 闻道新年入山里,蛰虫惊动春风起。
>
> 天子须尝阳羡茶,百草不敢先开花。
>
> 仁风暗结珠琲瓃,先春抽出黄金芽。
>
> 摘鲜焙芳旋封裹,至精至好且不奢。
>
> 至尊之馀合王公,何事便到山人家?
>
> 柴门反关无俗客,纱帽笼头自煎吃。
>
> 碧云引风吹不断,白花浮光凝碗面。
>
> 一碗喉吻润,两碗破孤闷。
>
> 三碗搜枯肠,惟有文字五千卷。
>
> 四碗发轻汗,平生不平事,尽向毛孔散。
>
> 五碗肌骨清,六碗通仙灵。
>
> 七碗吃不得也,唯觉两腋习习清风生。
>
> 蓬莱山,在何处?玉川子,乘此清风欲归去。
>
> 山上群仙司下土,地位清高隔风雨。
>
> 安得知百万亿苍生命,堕在颠崖受辛苦!
>
> 便为谏议问苍生,到头还得苏息否?

456《题茶山》是一首怎样的茶诗?

《题茶山》是唐代诗人杜牧所作的一首五言排律。

这首诗是诗人奉诏来茶山监制贡茶时所作,诗中描述了作者为何来茶山、茶山修贡时的繁华景象、茶山的自然风景、紫笋茶的上贡。诗人写到自己监制贡茶时的场景,有很多船,岸上插着很多旗,山中采茶的人们欢声笑语,载歌载舞,场面欢乐和谐。山中的风景很美,贡茶已经制好,贡茶收完后大家依依惜别。

《题茶山》

山实东吴秀,茶称瑞草魁。
剖符虽俗吏,修贡亦仙才。
溪尽停蛮棹,旗张卓翠苔。
柳村穿窈窕,松涧渡喧虺。
等级云峰峻,宽平洞府开。
拂天闻笑语,特地见楼台。
泉嫩黄金涌,牙香紫璧裁。
拜章期沃日,轻骑疾奔雷。
舞袖岚侵涧,歌声谷答回。
磬音藏叶鸟,雪艳照潭梅。
好是全家到,兼为奉诏来。
树阴香作帐,花径落成堆。
景物残三月,登临怆一杯。
重游难自克,俯首入尘埃。

457《和章岷从事斗茶歌》是一首怎样的茶诗?

《和章岷从事斗茶歌》是宋代文学家范仲淹所作的一首七言古诗。

这首诗中描述了斗茶的情景,诗中多处引用了典故。诗的开头讲了茶的采制过程,接着讲斗茶,斗茶有斗味和斗香,斗茶是在大家的注视下进行的,很公平。胜利的人很得意,而失败的人感到很羞辱。诗中还讲到了斗茶的茶品有很神奇的功效,虽然言语之中略显夸张,但仍不失为一首绝妙的茶诗。

《和章岷从事斗茶歌》

年年春自东南来,建溪先暖冰微开。
溪边奇茗冠天下,武夷仙人从古栽。
新雷昨夜发何处,家家嬉笑穿云去。
露芽错落一番荣,缀玉含珠散嘉树。
终朝采掇未盈襜,唯求精粹不敢贪。
研膏焙乳有雅制,方中圭兮圆中蟾。
北苑将期献天子,林下雄豪先斗美。
鼎磨云外首山铜,瓶携江上中冷水。
黄金碾畔绿尘飞,紫玉瓯心雪涛起。
斗余味兮轻醍醐,斗余香兮薄兰芷。
其间品第胡能欺,十目视而十手指。
胜若登仙不可攀,输同降将无穷耻。
吁嗟天产石上英,论功不愧阶前蓂。
众人之浊我可清,千日之醉我可醒。
屈原试与招魂魄,刘伶却得闻雷霆。
卢仝敢不歌,陆羽须作经。
森然万象中,焉知无茶星。
商山丈人休茹芝,首阳先生休采薇。
长安酒价减千万,成都药市无光辉。
不如仙山一啜好,冷然便欲乘风飞。
君莫羡花间女郎只斗草,
赢得珠玑满斗归。

458《双井茶》是一首怎样的茶诗?

《双井茶》是北宋诗人欧阳修所作的一首七言古诗。

这首诗主要是在夸赞"双井茶",并说到"一啜尤须三日夸",意思就是喝一口就能让人夸奖三天。诗的前半部分主要描述了茶的各个方面,后来从茶引到人情世故,将境界提高了一个档次。诗人认为,做人要像建溪龙凤团茶那样,在时间的考验下,也不要改变自己的品性。

> **《双井茶》**
>
> 西江水清江石老,石上生茶如凤爪。
> 穷腊不寒春气早,双井芽生先百草。
> 白毛囊以红碧纱,十斤茶养一两芽。
> 长安富贵五侯家,一啜尤须三日夸。
> 宝云日注非不精,争新弃旧世人情。
> 岂知君子有常德,至宝不随时变易。
> 君不见建溪龙凤团,不改旧时香味色。

459《三游洞》是一首怎样的茶诗?

《三游洞》是欧阳修的作品。

这首诗主要描写三游洞的景色,在美景中品饮清茶,别有一番情趣。

> **《三游洞》**
>
> 漾楫沂清川,舍舟缘翠岭。探奇冒层险,因以穷人境。
> 弄舟终日爱云山,徒见青苍杳霭间。谁知一室烟霞里,乳窦云腴凝石髓。
> 苍崖一泾横查渡,翠壁千寻当户起。昔人心赏为谁留,人去山阿迹更幽。
> 青萝绿桂何岑寂,山鸟嘤嘤不惊客。松鸣洞底自生风,月出林间来照席。
> 仙境难寻复易迷,山回路转几人知。惟应洞口春花落,流出岩前百丈溪。

460《夔州竹枝歌》是一首怎样的茶诗?

《夔州竹枝歌》是南宋诗人范成大所作的一首七绝诗。

这首诗只有短短的四句,描述的是村妇采茶的情景,有着浓浓的乡土气息。诗中的白头发的老年妇女头上戴着红花,年轻的母亲背着熟睡中的孩子,她们的生活很繁忙,在采完桑叶后,还要上山采茶。整首诗都采用直接描写,使人物更加生动形象,也真实反映出了农村妇女的日常生活。

> **《夔州竹枝歌》**
>
> 白头老媪簪红花,
> 黑头女娘三髻丫。
> 背上儿眠上山去,
> 采桑已闲当采茶。

461 《以六一泉煮双井茶》是一首怎样的茶诗?

《以六一泉煮双井茶》是南宋诗人杨万里所作的一首七律。

这首诗中写的是诗人用六一泉水煮双井茶的场景。诗中用了大量的描写字眼,文字很优美。诗中的鹰爪,就是指细嫩的双井茶。松风鸣雪,指煮茶的声音以及茶汤上的茶沫。兔毫霜即茶芽上的白毛。诗中还指出曰铸茶和建溪茶都比不上双井茶。在煮茶过程中,诗人想到了自己的家乡,希望有一天自己能在滕王阁上煮茶饮茶。

《以六一泉煮双井茶》

鹰爪新茶蟹眼汤,松风鸣雪兔毫霜。
细参六一泉中味,故有涪翁句子香。
日铸建溪当退舍,落霞秋水梦还乡。
何时归上滕王阁,自看风炉自煮尝。

462 《试虎丘茶》是一首怎样的茶诗?

《试虎丘茶》是明代诗人王世贞所作的一首七言古诗。

这首诗是诗人在煎饮虎丘茶时的所思所想,篇幅不长,可是其中却表现出开阔的眼界,引经据典颇多。诗中说虎丘茶的优秀品质,鹤岭茶、北苑茶、蒙顶茶都不如虎丘茶。就连惠山泉水也要凭借虎丘茶来提高身价。诗中有提到茶具,说河北定窑的红色瓷茶碗不如明朝宣德年间所制造的瓷茶碗。整首诗都体现了饮茶的美好心情。

诗中的词句颇为优美,这些词句充分展示出了饮茶的乐趣。例如松飙,是指煮茶水沸的声音;真珠,则指水沸时的水泡。

《试虎丘茶》

洪都鹤岭太麓生,北苑凤团先一鸣。

虎丘晚出谷雨候,百草斗品皆为轻。

惠水不肯甘第二,拟借春芽冠春意。

陆郎为我手自煎,松飙泻出真珠泉。

君不见蒙顶空劳荐巴蜀,定红输却宣瓷玉。

毡根麦粉填调饥,碧纱捧出双蛾眉。

揩筝戛管且未要,隐囊筠榻须相随。

最宜纤指就一吸,半醉倦读《离骚》时。

463 什么是茶联?

茶联是我国对联宝库中一颗璀璨的明珠,被广泛运用于茶叶店、茶馆、茶庄、茶座、茶艺、茶居、茶亭、茶汤、茶人之家等场合,内容广泛,意义深刻,雅俗共赏,既宣传了茶叶功效,又给人带来联想,烘托气氛,弘扬文化,更增添了品茗情趣。

明代童汉臣的茶联,一直流传至今,曰:扬子江中水;蒙山顶上茶。仅用10字,就说明了蒙山茶优异的品质。

清代乾隆年间,广东梅县叶新莲曾写对联:为人忙,为己忙,忙里偷闲,吃杯茶去;谋食苦,谋衣苦,苦中取乐,拿壶酒来。该联内容通俗易懂,辛酸中不乏谐趣。

清代广州著名茶楼陶陶居,有联曰:陶潜善饮,易牙善烹,饮烹有度。陶侃惜分,夏禹惜寸,分寸无遗。此联将东晋名人陶渊明、陶侃嵌入其中,"陶陶"二字自然得体,又朗朗上口。

相对于古代"扫来竹叶烹茶叶;劈碎松根煮菜根"(郑板桥诗)的粗茶淡饭平民生活,今天的茶联更表现出一种浓厚的商业文化气息。如杭州"茶人之家"的正门上,挂有这样一副茶联:一杯春露暂留客;两腋清风几欲仙。既说明了以茶留客,又道出以茶清心和飘飘欲仙的美妙。上海"天然茶楼"的茶联更独具匠心,顺念倒念都成联,曰:客上天然居,居然天上客;人来交易所,所易交来人。还有赞美名茶的茶联:水汲龙脑液;茶烹雀舌春。不似广告,却比广告更引人,将其中的文化、商业气氛渲染得淋漓尽致。

我国许多旅游胜地,也常常以茶联吸引游客。如五岳衡山望岳门外有一茶联:红透夕阳,如趁余辉停马足;茶烹活水,须从前路汲龙泉。成都望江楼上的茶联,真个把望江楼写活了,曰:花笺茗碗香千载;云影波光活一楼。

● 图说

在茶馆、茶楼等以茶联谊的场所,那些以茶为题材的楹联、对联和匾额,称之为"茶联"。

464 我国名胜古迹都有哪些茶联?

福州新修贡院，有一则林则徐写的茶联，联曰：

攀桂天高，忆八百孤寒，到此莫忘修士苦；

煎茶胜地，看五千文字，个中谁是谪仙才。

焦山自然庵，有清代郑板桥的题联，联曰：

汲来江水烹新茗；买尽青山作画屏。

四川青城山天师洞有一则茶联，联曰：

云带钟声采茶去；月移塔影啜茗来。

此外，还有一则郑板桥写的茶联，联曰：

扫来竹叶烹茶叶；劈碎松根煮菜根。

湖北英山古道有不少茶凉亭，其中一联曰：

后会有期，此后莫忘今日语；

前途无量，向前须问过来人。

图说

我国的许多名胜古迹中都留下和茶相关的茶联，这也构成了茶文化中的一部分。

465 著名茶馆有哪些茶联?

杭州西湖龙井"秀萃堂"茶室，有明代陈继儒写的茶联，联曰：

泉从石出情宜洌；茶自峰生味更圆。

杭州茶人之家迎客轩有一则茶联，联曰：

得与天下同其乐；不可一日无此君。

北京前门的老舍茶馆门楼挂有一副对联，联曰：

大碗茶广交九州宾客；老二分奉献一片丹心。

贵阳市图云关茶亭有一副茶联，联曰：

两脚不离大道，吃紧关头，须要认清岔道；

一亭俯瞰群山，站高地步，自然赶上前人。

福建泉州市一家茶馆，内有一副茶联，联曰：

小天地，大场合，让我一席；

论英雄，谈古今，喝它几杯。

图说

江南水乡的柔美，"八大古都"的余韵，得天独厚的条件令杭州名胜遍地、商贾云集，而栖身其中的茶馆、茶室虽看似平平，却多藏龙卧虎，妙篇迭出。

466 名人住宅有哪些茶联?

司空图撰,联曰:

茶爽添诗句;天道莹道心。

清代赵福撰,联曰:

焚香煮画;煮茗敲诗。

清代吴让之撰,联曰:

茗杯眠起味;书卷静中缘。

清代曹雪芹撰,联曰:

宝鼎茶闲烟尚绿;幽窗棋罢指犹凉。

清代诗人袁枚撰,联曰:

若能杯酒比名淡;应信村茶比酒香。

清代郑板桥撰,联曰:

白菜青盐糁子饭;瓦壶天水菊花茶。

浙江绍兴鲁迅故居
鲁迅一生对茶格外偏爱,曾由衷感叹:"有好茶喝,会喝好茶,是一种清福。"

467 古代名人都有哪些茶联?

清代郑燮曾写过一个茶联,联曰:

扫来竹叶烹茶叶;劈碎松根煮菜根。

清代郑篮写有一则茶联,联曰:

瀹茗夸阳羡;论诗到建安。

清代杭世骏所写的一则茶联,联曰:

作客思秋议图赤脚婢;品茶入室为仿长须奴。

明代洪应明著的《菜根谭》中有一联,联曰:

千载奇逢,无如好书良友;

一生清福,只在碗茗炉烟。

清代曹雪芹曾写过一个茶联,联曰:

宝鼎茶闲烟尚绿;幽窗棋罢指犹凉。

清代林则徐曾写过一个茶联挂在福州贡院,联曰:

攀桂天高,忆八百孤寒,到此莫忘修士苦;

煎茶地胜,看五千文字,个中谁是谪仙人。

宋代苏轼写过一个茶联,联曰:

欲把西湖比西子;从来佳茗似佳人。

明代陈继儒写过一个茶联,联曰:

泉从石出情宜冽;茶自峰生味更圆。

作为以诗书画三绝著称于世的"扬州八怪"首席人物,郑板桥所作的茶联则充分地展现了其朴素、恬淡的人生境界与清雅、脱俗的精神追求。

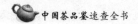

468 古代茶联有哪些逸闻趣事?

关于古代茶联的逸闻趣事很多,下面就是关于这些茶联的趣事。

1. 妙曲清茶

明代才子解缙出游至一个风景优美的地方,循着动听的古琴声偶遇一隐居山野的琴师。琴师想考考新科"解元"解缙,为他倒了一杯茶,并说出上联为:一杯清茶,解解解元之渴。此上联,虽然清新贴切,却很古怪。解缙思考片刻,说道:七弦妙曲,乐乐乐师的心。

联中虽有三字相同,却读作:

一杯清茶,解(jie)解(xie)解(jie)元之渴。

七弦妙曲,乐(le)乐(yue)乐(yue)师的心。

2. 拆字妙联

徐映璞一次路过浙江安吉山,与人品茗论茶时有人为"品泉茶室"向他征联,上联为:"品泉茶,三口白水。"徐映璞回答说:"根据本地的风光,下联应为'竹仙馆,两个山人'。"这个茶联写在一起为:

品泉茶,三口白水;

竹仙馆,两个山人。

这个茶联是一副拆字联,上联中"品"即为三口,"泉"即为白水,下联中的"竹"即为两个,"仙"即为山人。

469 茶与谜语有什么关系?

谜语是指暗藏事物或文字供人们猜测的隐语,属于一种智力游戏。在古代称为隐语、庾辞、灯虎、春灯、灯谜等。在春秋时期,就有了隐语的记载。

谜语通常由"谜面"和"谜底"组成,谜面是指猜谜语时供人做猜测线索的话,谜底就是谜语的答案。茶谜有很多种,有谜底为茶字的,有谜底为茶名的,有谜底为茶事的,有谜底为茶具的,谜面为茶谜底为其他物的。大致可以分为茶字谜、茶物谜和茶故事谜。

实则隐藏茶寓于后。

看似简单清晰的事物在前。

● 图说

茶谜是谜语的一个分支,是指以茶为题材的谜语,常取实在先,寓茶在后,趣味盎然。

470 我国有哪些著名的茶字谜?

我国著名的茶字谜有:

(1)以下各打一个字,共成三句话:

垂涎。(谜底:活)

银川。(谜底:泉)

外孙。(谜底:好)

热水袋。(谜底:泡)

草木人。(谜底:茶)

名列前茅。(谜底:茗)

因小失大。(谜底:口)

有水就活。(谜底:舌)

黎明前。(谜底:香)

分开是三个,合起来无数。(谜底:众)

巧夺天工。(谜底:人)

有口说假话,有水淹庄稼。(谜底:共)

两人团结紧,力量顶三人。(谜底:唱)

只要留心,便能知道。(谜底:采)

一树能栖二十人。(谜底:茶)

相貌长得恶,六口两只角。(谜底:曲)

(2)春到人间草木知。(谜底:茶)

(3)不惜赴汤蹈火。(谜底:茶)

(4)花冠伞盖半遮林。(谜底:茶)

(5)春到人挂念。(谜底:茶)

(6)金尖。(谜底:人)

(7)戒烟茶。(谜底:水火不容)

(8)一杯为品。(谜底:浅尝辄止)

▶图说

汉字本属表意文字,再加上潜藏的茶意则更富内涵与趣味。

471 我国有哪些著名的茶物谜?

我国著名的茶物谜有:

(1)生在山上,卖到山下,一到水里,就会开花。(谜底:茶叶)

(2)生在青山叶儿蓬,死在湖中水染红。人爱请客先请我,我又不在酒席中。(谜底:茶叶)

(3)颈长嘴小肚子大,头戴圆帽身披花。(谜底:茶壶)

(4)一个坛子两个口,大口吃,小口吐。(谜底:茶壶)

(5)山中无老虎。(谜底:猴魁茶)

(6)武夷一枝春。(谜底:山茶)

(7)人间草木知多少。(谜底:茶几)

(8)植树种草多提倡。(谜底:宜兴绿茶)

(9)风满城。(谜底:雨前茶)

(10)犹记蒙山云雾中。(谜底:《茶录》)

▶图说

茶物谜常取人们司空见惯之物,叙述几经变化,则令人颇为玩味。

472 我国有哪些著名的茶故事谜?

我国流传下来的茶故事谜:

1. 和尚和茶

传说,江南有座寺庙住着一位嗜茶如命的老和尚,他和寺外的食杂店老板是谜友,平时他们总喜欢猜谜。

这天,老和尚突然茶瘾、谜兴大发,于是就让他的哑巴徒弟穿着木屐,戴着草帽去找店老板取一东西。店老板一看小和尚的装束,立刻明白了,拿过一包茶叶让他带走。

原来,小和尚本身就是一道"茶"谜。头戴草帽,即为草字头,脚下穿"木屐"为木字底,中间加上小和尚即为"人",合起来便是"茶"字。

头戴草帽,以"草"为头。

小和尚自成中间的"人"字。

脚穿木屐,以"木"为底。

食杂店的老板心思敏捷,能够快速领悟小和尚装束中隐藏的茶谜,其必然也是一名茶学中人。

2. 唐伯虎猜谜

这天,祝枝山来拜访唐伯虎,邀请他品茶猜谜。

唐伯虎笑吟吟地说:"我这里刚好有四个字谜,如果猜对了我就招待你,如果不对则恕不接待!谜面是这样的:言对青山青又青,两人土上说原因;三人牵牛缺只角,草木之中有一人。"

不一会儿,祝枝山就得意洋洋地说道:"倒茶来!"一看这情景,唐伯虎知道他已猜中,就让家童为他奉茶。

原来这个字谜的谜底是"请坐,奉茶。"

图说

俗话说,"君子之交淡如水",清浅的杯盏之后是无数茶人豁达的胸襟,与彼此间心照不宣的相知、相惜。

473 茶与谚语有什么关系？

谚语即是民间百姓之间口口相传的通俗易懂，又具有一定哲理或科学价值的俗语，其语言虽朴实、浅显，但具有极高的实用性与参考价值。茶谚语，是我国茶文化中的重要一部分，它反映了茶人在生活中积累下来的宝贵经验，很多茶人彼此传授下来的茶谚历经几代人，甚至数千年依然盛行不衰。

茶谚语，可以分为茶叶饮用和茶叶生产两大类。人们在日常生活中饮用茶叶和种植茶叶时，将亲身实践的经验用一句话的形式概括出来，并采取口传心记的方法流传了下来。这些谚语中包括茶树种植、茶园管理、茶叶采摘、茶叶制作、茶叶储存、茶叶饮用等各方面的茶叶知识。从文学角度来看，它也是我国民间文学的重要一部分。

▲图说 所谓的"谚语"，东汉文字学家、语言学家许慎在其《说文解字》中解释道，"谚：传言也。"

474 关于茶树种植有哪些谚语？

茶树种植谚语：

千茶万桐，一世不穷。

千茶万桑，万事兴旺。

正月栽茶用手捺。

向阳好种茶，背阳好插衫。

桑栽厚土扎根牢，茶种酸土呵呵笑。

槐树不开花，种茶不还家。

一年种，二年采。

唐人在开垦、深耕、平整后的土地上开挖一个直径、深度各尺许的坑，培以基肥后，播种四粒，并以此"穴播丛植法"栽种茶树。这与唐代之前北魏农学家贾思勰所著《齐民要术》中的种瓜法"先卧锄，后搭坑……于堆旁向阳处"有着异曲同工之妙。这里陆羽运用类比的方式向人们生动地阐释了种茶之法。

▲图说 法如种瓜。——出自唐代陆羽《茶经·一之源》

▲图说 高山出名茶。——多流行于浙江等地。

由于高山地势下多云雾，大量漫射光线中的蓝紫光利于茶产生多种氨基酸，以提高自身香气；空气湿度大，利于茶叶成长的持嫩性，以提高品质；昼夜温差大，茶树生长发育缓慢，更利于茶树从肥沃的土壤中充分吸取、积累养分。

475 关于茶园管理有哪些谚语?

茶园管理谚语:

七挖金,八挖银,九冬十月了人情。

三年不挖,茶树摘花。

若要春茶好,春山开得早。

若要茶树好,铺草不可少。

茶山不用粪,一年三届钉。

茶地晒得白,抵过小猪吃大麦。

要吃茶,二八挖。

栏肥壅肥三年青。

拱拱虫一拱,梅家坞人要喝西北风。

根底肥,芽上催。

锄头底下三分水。

一担春茶百担肥。

宁愿少施一次肥,不要多养一次草。

有收无收在于水,多收少收在于肥。

基肥足,春茶绿。

雪前冷,冻阴坡;雪后冷,冻阳坡。——多流行于浙江等地。

坡的阴与阳是从阳光照射的角度来决定的,向阳的一侧为阳坡,背阳的一侧为阴坡。通常情况下,气温骤降时种植在阴坡的茶树比种植在阳坡的茶树因相对缺少阳光照射而更易遭受冻害;而由于积雪间隙的空气能对雪下植被起到较好的保温作用,阳光照射较充足的阳坡因积雪易融化,在气温骤降时难以形成保护,茶树受冻明显,而阳光照射较差的阴坡则因积雪不易融化,在气温骤降时保温效果依旧,茶树反而不易遭受冻害。

476 关于茶叶采摘有哪些谚语?

头茶不采,二茶不发。——多流行于浙江绍兴等地。

由于植物植株顶端生长能力更为活跃,多种条件都令其更易、更充沛地获取由植物根、叶所提供的养分而获得更多的生长优势,植物生理学上称其为"顶端优势"。在茶叶采摘过程中,摘除掉了顶芽(采头茶),就会人为抑制顶芽的过快生长,间接地提升了侧芽(二茶)的活跃性,以一个顶芽来换取更多侧芽的形成,对单株茶树的产量无疑是一种巨大的提升。

茶叶采摘谚语:

叶卷上,叶舒次。

笋者上,芽者次。

小满熟了樱桃茶。

头茶荒,二茶光。

立夏茶,夜夜老,小满过后茶变草。

尖对尖,四十天,混茶当中间。

会采年年采,不会一年光。

谷雨前,嫌太早。

抢茶如抢宝,姑娘不嫁郎。

枣树发芽,上山采茶。

春茶一担,夏茶一头。

茶树三年破桠,五年摘。

惊蛰过,茶脱壳。

477 关于茶叶制作有哪些谚语?

茶叶制作谚语:

茶之否臧,存于口诀。

大锅炒茶对锅保。

小锅脚,对锅腰,大锅帽。

抛闷结合,多抛少闷。

嫩叶老杀,老叶嫩杀。

高温杀青,先高后低。——多流行于浙江等地。

即是指茶叶杀青过程中,温度控制的先高后低原则。

鲜叶内水分的蒸发需要消耗一定的热能,而叶温达到85℃以上才可破坏酶的催化作用,如叶温上升速度较慢,会因酶促氧化多酚类化合物而发生红变,因而杀青初期需要利用高温来快速加温;而杀青温度过高易使茶叶叶缘过焦、叶色枯黄甚至过干破裂,茶叶内的化学成分转化不充分,致使茶香不足,整体品质下降。

因而杀青时应根据茶叶自身类型与实际情况,结合相应的技术手段掌控温度,在确保高温快速破坏酶的活性前提下,后期适度低温以获取更佳的茶叶品质。

478 关于茶叶储存有哪些谚语?

茶是草,箬是宝。——出自元代鲁明善《农桑衣食撮要》

箬竹,叶宽而大,多生长于我国南方地区,其叶片常作为茶叶储存时的内衬。箬叶清香而性凉,具有一定的隔湿效果,作为储茶之用能够较好地隔绝外部的湿气与异味,保留茶叶自身原有的香气。

479 关于喝茶有哪些谚语?

茶叶饮用谚语:

山水上,江水中,井水下。

茶瓶用瓦,如乘折脚骏登高。

水忌停,薪忌熏。

开门七件事,柴米油盐酱醋茶。

扬子江中水,蒙山顶上茶。

龙井茶,虎跑水。

白天皮包水,晚上水包皮。

宁可一日无粮,不可一日无茶。

早茶一盅,一天威风。

春茶苦,夏茶涩,要好喝;秋白露。——多流行于浙江等地。

这是对春、夏、秋季节茶的评价与对比。茶树一年分四季采制,其中谷雨至立夏的春季茶树休养时间较长,内含物质丰富,久泡偏苦;夏至至小暑的夏茶浸出物相对减少,口味偏涩;而秋分至寒露的秋茶内含物质相对减少,香高味淡。

480 茶与歌有什么关系?

在中国历史上,有些茶歌是根据文人的作品配曲而变成歌曲,流传于民间。根据皮日休《茶中杂咏序》记载:"昔晋杜育有荈赋,季疵有茶歌",最早的茶歌是陆羽茶歌,但已失传。如今仅能找到的有唐代诗僧皎然的《茶歌》、卢仝的《走笔谢孟谏议寄新茶》及刘禹锡的《西山兰若试茶歌》等几首。另根据王观国《学林》、王十朋《会稽风俗赋》等著作可知,至少在宋代,卢仝的《走笔谢孟谏议寄新茶》就配以章曲、器乐而唱了。

还有一种茶歌是从民谣演化而来,如明清时杭州富阳一带流传的《贡茶鲥鱼歌》,就是正德九年(1514年)按察佥事韩邦奇根据《富阳谣》改编为歌的,歌中表现了富阳百姓为贡茶而受到的种种磨难。

图说

茶与歌舞的融合也是伴随人们制茶、饮茶的过程形成的中国独特茶文化。

481 我国茶歌主要有哪些来源?

茶歌是从茶叶生产、饮用中派生出来的一种茶文化现象。茶歌的来源,主要有三种:

第一种是由诗改编的歌,文人创作了很多关于茶的诗,将这些诗直接谱上曲就成了茶歌。

第二种是民谣,民谣中有很多是关于茶事的,这些民谣经过文人的整理配曲就成了茶歌。

第三种是茶农和茶工自己创作的民歌或山歌,这种茶歌没有经过专门的人整理,原汁原味。

482 我国有哪些著名茶歌?

我国著名茶歌有:《富阳江谣》《富阳茶鱼歌》《台湾茶歌》《冷水泡茶慢慢浓》《武夷茶歌》《安溪采茶歌》《江西婺源茶歌》《采茶调》《龙井谣》《茶谣》《倒采茶》《茶山情歌》《请茶歌》《茶山小调》《挑担茶叶上北京》《龙井茶,虎跑泉》《采茶舞曲》《想念乌龙茶》《大碗茶之歌》《前门情思大碗茶》等。

483 茶与舞蹈有什么关系?

茶与舞蹈结合的一个精粹就是采茶戏,这种小戏在中国南方产茶区尤其流行。每逢采茶季节或节日期间,茶农们将劳动动作稍做加工,伴之以茶歌,边歌边舞,好不热闹。

将茶文化融入舞蹈中,是我国劳动人民的宝贵成果,在实践中得到的艺术成就,也是我国民间文化的组成部分。

> **图说** 劳动是茶歌舞的创意源泉。

484 茶与戏剧有什么关系?

茶和戏剧有着很深的渊源,戏曲中有一种以茶命名的剧种——采茶戏。

除了采茶戏之外,在其他的剧种中也有茶的渗入,例如南戏《寻亲记》第二十三出《茶坊》就是昆剧的传统剧目,昆剧的其他剧目中如《鸣凤记》《水浒记》《玉簪记》等剧中都有和茶相关的剧情。郭沫若创作的话剧《孔雀胆》将武夷功夫茶搬上了舞台,老舍的话剧《茶馆》就是以茶馆为背景,反映出了一个家族,一个时代的兴衰。

茶和戏曲的关系,还表现在剧作家、演员、观众都喜好饮茶,一般的茶楼都是和戏楼结合为一体,在品茶时看戏,在赏戏时品茶。明代时有一个剧本创作流派,叫"玉茗堂派",这个名字就是因为剧作家汤显祖爱茶而得来的。

> **图说**
> 采茶戏,就是指流行在江西、湖北、安徽、福建、广东、广西等省份的戏曲类别,结合了采茶歌和采茶舞发展变化而来的。

485 我国古代有哪些与茶有关的戏剧?

古代和茶有关的戏剧有:

(1)《水浒记·借茶》,明代计自昌编剧。

(2)《玉簪记·茶叙》,明代高濂编剧。

(3)《凤鸣记·吃茶》,明代王世贞编剧。

(4)《四婵娟·斗茗》,清代洪昇编剧。

(5)《败茶船》,元代王实甫编剧。

(6)《牡丹亭·劝农》,明代汤显祖编剧。

(7)《寻亲记·茶访昆剧》,昆剧,作者不详。

(8)《龙井茶歌》,清代王文治编剧。

486《孔雀胆》是一部什么样的话剧?

《孔雀胆》是郭沫若所作的一部历史话剧,此剧创作于抗日战争时期,是首部将福建武夷功夫茶搬上舞台的话剧。

《孔雀胆》讲述的是元朝末年朝廷之间的斗争,孔雀胆为传说中的一种毒药,并没有实物。其中的一场戏就是王妃忽的斤在后梁王宫后苑向宫女教授武夷岩茶冲泡方法。

王妃细致地一步一步教授宫女冲泡的方法,每一步都做了说明,细节描述也很详尽,生动地展示了武夷功夫茶的冲泡。

487《茶馆》是一部什么样的话剧?

老舍是我国现代著名的作家、戏剧家,其自身深厚的社会生活基础以及对文学的热爱与对茶的独特领悟,造就出举世瞩目的话剧《茶馆》。

话剧《茶馆》以茶馆为社会缩影,70多个角色展现了社会各阶层人们生活的方方面面,不但反映了旧北京茶馆的习俗,还浓缩了清末到民国近半个世纪内中国历史的沧桑变化,是当代中国话剧舞台上最优秀的剧目之一,曾被西方人誉为"东方舞台上的奇迹"。

图说

茶馆中社会各层人物鱼龙混杂,三教九流你方唱罢我登场,一个大茶馆往往就是一个小社会的缩影。

488《北京人》是一部什么样的话剧?

《北京人》是曹禺创作的一部话剧,创作于1940年,1941年出版。该剧讲述的是一个处于没落腐朽的封建家庭——曾家,老太爷曾皓是个自私昏庸的人,管家婆曾思懿既虚伪又奸诈,她的丈夫曾文清懦弱无能。该剧中涉及很多茶事,尤其是对大少爷曾文清的刻画,不会种茶,不会经营茶庄,却对喝茶按部就班、十分讲究。折射出封建官宦世家的腐朽与虚伪,并终将走向衰败与没落的自然规律。

图说

封建官宦人家客厅摆设中的古板与奢华。

489 什么是茶掌故？

"茶掌故"即是管理茶叶故事的官员。后来，"掌故"这个概念越来越广，凡是历朝的文人笔记，搜集的有关上层社会人士的轶事、朝野逸闻、民间传说也都归类为掌故。现代的"掌故"，属于一种文体，是一种带典故性、趣味性、知识性的历史故事。

茶掌故可以分为三类：和茶相关的典故；诗文中引用的古代茶事故事；有来历出处并与茶有关的词语。

▶图说

在古代，"掌故"是一种官职，是太常所属太史令的官，专门掌管礼乐制度和记录国家的历史故事。

490 以茶代酒的起源是什么？

据《三国志·吴志·韦曜传》记载，吴国第四代皇帝孙皓（242—283），嗜酒好饮。每次设宴，客人都不得不陪着他喝酒，至少也得喝酒七升，"虽不尽入口，皆浇灌取尽"。但朝臣韦曜例外，他博学多闻，深得孙皓的器重，但就是酒量小。所以，孙皓常常为韦曜破例，一发现韦曜无法拒绝客人的敬酒，就"密赐茶，以代酒"，这是我国历史记载中发现最早"以茶代酒"的案例。

▶图说

皇帝孙皓经常暗暗赐茶给韦曜，以喝茶代替喝酒。

491 谁第一个用茶果来待客？

晋朝的陆纳，虽然位居高官，可是却是一个勤俭朴素的人，传说中他也是第一个用茶果待客的人。

南朝宋《晋中兴书》中记载着这样一件事情：卫将军谢安前来拜访陆纳，谢安来到之后，陆纳仅拿出茶和果品招待他。陆俶看见叔叔并没有其他招待的东西，就将自己准备的筵席拿出来招待客人。陆纳当时没有说什么，等客人走后，立刻打了陆俶四十棍，并训斥他说："汝既不能光益叔父，奈何秽吾素业。"陆纳不能容忍侄子的铺张浪费，认为他败坏了自己的名声。

▶图说

陆纳的侄子陆俶看见叔父没有做任何宴客的准备，于是就自作主张准备了丰盛的美味佳肴。

253

492 什么是献茶谋官？

北宋时期，斗茶活动十分兴盛，上至皇帝大臣，下至平民百姓，无一不好斗茶者。为了满足宋徽宗的喜好，王公大臣更是以各种名目征收贡茶。据《苕溪渔隐丛话》记载，宣和二年（公元1120年），漕臣郑可简创制了一种以"银丝水芽"制成的"方寸新"，此团茶色如白雪，故名为"龙园胜雪"。

宋徽宗一见果然大喜，重赏了郑可简，封他为福建路转运使。郑可简从好茶那里得到好处，便一发不可收拾，又命侄子到各地山谷去搜集名茶奇品，他的侄子发现了名茶"朱草"，郑可简便让自己的儿子拿着这种"朱草"进贡，儿子也因贡茶而得重赏。

☁图说

人们对献茶谋官的荒唐晋级法嗤之以鼻，讽刺其为"父贵因茶白，儿荣为草朱"。

493 吃茶去是什么掌故？

唐代时期赵州观音寺有一个高僧名叫从谂禅师，人称"赵州古佛"，他喜爱饮茶，不仅自己爱茶成癖，还积极倡导饮茶之风，他每次在说话之前，都要说一句："吃茶去。"

据《广群芳谱·茶谱》引《指月录》中记载："有僧至赵州，从谂禅师问：'新近曾到此间么？'曰：'曾到。'师曰：'吃茶去。'又问僧，僧曰：'不曾到。'师曰：'吃茶去。'后院主问曰：'为甚么曾到也云吃茶去，不曾到也云吃茶去？'师召院主，主应喏，师曰：'吃茶去'"从此，人们认为吃茶能悟道，"吃茶去"也就成了禅语。

494 千里送惠泉是什么掌故？

李德裕是唐武宗时的宰相，善于鉴水，宋代唐庚的《斗茶记》中就记载了他嗜惠山泉而不惜代价的故事。

无锡惠山泉曾被茶圣陆羽列为天下第二泉。李德裕听说惠山泉的美名，就很想尝尝山泉水的甘甜，但无锡离长安远距千里，这个梦想很难实现。唐德宗贞元五年，宫廷为了喝到上等的吴兴紫笋茶，就下旨吴兴每年贡茶必须一日兼程，赶在清明节前送到长安，是为"急程茶"。于是，李德裕借机利用职权，传令在两地之间设置驿站，从惠山汲泉后，由驿骑站站传递，不得停息，人称"水递"。

495 陆羽鉴水是什么掌故?

据唐代张又新的《煎茶水记》中记载，唐代宗时，湖州刺史李季卿到维扬(今天扬州)会见陆羽。他见到神交已久的茶圣，对陆羽说："陆君善于品茶是天下人皆知，扬子江南零水质也天下闻名，此乃两绝妙也，千载难逢，我们何不以扬子江水泡茶?"于是吩咐左右执瓶操舟，去取南零水。在取水的同时，陆羽也没闲着，将自己平生所用的各种茶具一一放置停顿。一会儿，军士取水回来，陆羽用杓在水面一扬，就说道："这水是扬子江水不假，但不是南零段的，应该是临岸之水。"军士嘴硬，说道："我确实乘舟深入南零，这是有目共睹的，我可不敢虚报功劳。"陆羽默不作声，只是端起水瓶，倒去一半水，又用水杓一扬，说："这才是南零水。"军士大惊，这才据实以报："我从南零取水回来，走到岸边时，船身晃荡了一下，整瓶水晃出半瓶，我怕水不够用，这才以岸边水填充，不想却逃不过大人你的法眼，小的知罪了。"

李季卿与同来的数十个客人对陆羽鉴水技术的高超都十分佩服，纷纷向他讨教各种水的优劣，将陆羽鉴水的技巧一一记录下来，一时成为美谈。

496 饮茶十德是什么掌故?

唐代刘贞亮把前人颂茶的内容总共概括为饮茶"十德"：一、以茶散郁气；二、以茶驱睡气；三、以茶养生气；四、以茶驱病气；五、以茶树礼仁；六、以茶表敬意；七、以茶尝滋味；八、以茶养身体；九、以茶可行道；十、以茶可雅志。

497 苦口师是什么掌故?

皮光业是唐代著名诗人皮日休之子，他自幼聪慧，能文善诗，有皮日休盛年的风范，吴越天福二年(公元937年)拜丞相。除了诗文，皮光业还嗜茶，善谈论，对茶颇有研究。一天，皮光业的表兄弟设宴待客，请他来品赏新柑。那天，宴席颇丰，当地的达官贵人云集。皮光业一进门，对表兄弟的新鲜甘美橙子视而不见，却急呼要茶喝。表兄弟急忙捧上一大瓯茶汤，皮光业手持茶碗，即兴吟道："未见甘心氏，先迎苦口师"。由于皮光业的盛名，"苦口师"很快成了茶的雅号流传开来。

498 陆卢遗风是什么掌故?

陆卢遗风指的是要发扬陆羽和卢全的茶道精神、品茶技艺、茶德茶风。陆卢遗风中的"陆"是指茶圣陆羽,他一生爱茶研究茶,著作了第一本茶典《茶经》,对茶业作出了巨大的贡献,对后世的茶业有着很大影响,被世人誉为"茶仙""茶神"。"卢"是指唐代诗人卢全,他一生爱茶,写过很多关于茶的诗歌、对联,流传至今,千年不衰。他的诗歌《走笔谢孟谏议寄新茶》,脍炙人口,是茶诗中的佳作。

499 驿库茶神是什么掌故?

唐代李肇的《国史补》中有一个这样的记载:"江南有驿吏,以干事自任。典郡者初至,吏白曰:'驿中已理,请一阅之。'刺史乃往,初见一室,署云'酒库',诸酝毕熟,其外画一神,刺史问:'何也?'答曰:'杜康。'刺史曰:'公有余也。'又一室,署云'茶库',诸茗毕贮,复有一神,问曰:'何?'曰:'陆鸿渐也。'刺史亦善之。又一室,署云'菹库',诸菹必备,亦有一神,问曰:'何?'吏曰:'蔡伯喈。'刺史大笑曰:'不必置此。'"

《国史补》中记载的这段话,说的是陆羽在驿库和茶店被供奉的事,这个故事被后人称为"驿库茶神",从中可以看出唐代对茶神崇拜的民风民俗。

500 水厄是什么掌故?

水厄的原意是不幸的人遭遇溺死之灾。在历史中三国魏晋之后,上至帝王将相,下至黎民百姓,日常生活逐渐开始普及饮茶之道,而那些起初对饮茶知之甚少甚至有些许排斥的人,常将饮茶的活动戏称遭到"水厄"。

"水厄"一词出自《世说新语》。晋代司徒长史王蒙嗜茶如命,不仅自己经常喝茶,还经常邀请客人陪着他一起饮茶。在当时,很多士大夫都不习惯饮茶,却又不好推脱,于是每次大家到王蒙家做客或是被邀前往时,都心中战战兢兢,并互称此次之行为"今日有水厄"。

501 乞赠密云龙是什么掌故?

宋代周辉在《清波杂志》中有一个这样的记载:"自熙宁后,始贡'密云龙'。每岁头纲修贡,奉宗庙及供玉食外,赍及臣下无几,戚里贵近乞赐尤繁。"

这段话中的"密云龙"是团茶中的极品,是每年朝廷的贡品,因为难得,朝廷把它赏赐给朝臣,来笼络他们的心。"密云龙"茶赏赐的对象不同,用的茶袋颜色也不相同,黄色茶袋是宫廷的专用,绯色茶袋才是臣僚所用。

502 师中宽茶税是什么掌故?

在《宋史·李师中传》有这样一个记载:"北宋熙宁初,李师中任洛川知县,时民负官茶直十万缗,追索甚重。师中为脱桎梏,语之曰:'公钱无不偿之理,宽与汝期,可乎?'皆感泣听命。"

这个记载讲的是李师中收茶税的掌故,李师中当时在洛川任知县,当地茶农欠缴茶税,但却不能一次付清,于是他命每乡设置一柜,让茶农每天分缴所欠,登记在账簿上,直到税赋交清为止,这种宽期完税、化整为零的方法,使茶农将所欠茶税全都缴清了。

503 蔡襄辨茶是什么掌故?

宋代彭乘的《墨客挥犀》中有这样的记载:"蔡君谟善辨茶,后人莫及。建安能仁院有茶生石缝间,寺僧采造,得茶八饼,号石岩白,以四饼遗君谟,以四饼密遣人走京师,遗王内翰禹玉。岁余,君谟被召还阙,访禹玉。禹玉命子弟于茶笥中,选取茶之精品者碾待君谟。君谟捧瓯未尝,辄曰:'此茶极似能仁石岩白,公何从得之?'禹玉未信,索茶帖验之,乃服。"

蔡襄是历史上有名的茶人,对茶品颇有研究。

蔡襄不仅能分辨出茶的品种产地,甚至相传其连差异很小的大小团茶泡在同一杯茶中也能辨别出来,可见其优秀的辨茶能力。

504 晋公立茶法是什么掌故?

宋代魏泰的《东轩笔录》有这样的记载:"陈晋公为三司使。将立茶法……语副使宋太初曰:'吾观上等之说,取利太深,此可行于商贾,而不可行于朝廷;下等固减裂无取;唯中等之说,公私皆济,吾裁损之,可以经久,遂立三等之茶叶税法。行之数年,货财流通,公用足而民富实。"晋公将茶叶税分为三等,根据不同的茶叶征收不同的税款,后来所立的茶叶税,都不如晋公的税法。

505 茶墨之辩是什么掌故?

宋代张舜民的《画墁录》有这样的记载:"司马光云,茶墨正相反。茶欲白,墨欲黑;茶欲新,墨欲陈;茶欲重,墨欲轻。如君子小人不同。"

喜爱饮茶的司马光邀请好友斗茶品茗。席间,他和苏东坡茶品不相伯仲,只因苏东坡取用隔年的雪水烹茶而占了上风。苏东坡得意洋洋,司马光却不服气地说:"茶欲白,墨欲黑;茶欲新,墨欲陈;茶欲重,墨欲轻。君何以同爱两物?"苏东坡沉着地回答:"奇茶妙墨俱香,是其德同也;皆坚,是其操同也;譬如贤人君子,黔晰美恶不同,其德操一也。公以为然否?"众人听了都很佩服,从此茶墨之辩的故事就流传了开来。

506 东坡梦泉是什么掌故?

北宋苏东坡的《参寥泉铭》有这样的一段话:"真即是梦,梦即是真。石泉槐火,九年而信。"

这句话记述的就是东坡梦泉的故事。在熙宁四年到七年期间,苏东坡任杭州通判,和诗僧道潜交往甚深。元丰三年时苏东坡居住在黄州,有天晚上他梦见道潜拿着一首诗来见他,他醒来时只记得诗中的两句:"寒食清明都过了,石泉槐火一时新。"在梦中苏问道:"火故新矣,泉何故新?"道潜回答说:"俗以清明淘

井。"九年后,苏东坡再次来到杭州,前去拜访道潜,道潜对他说道:"舍下旧有泉,出石间,是月又凿石得泉,泉更清洌。参寥子撷新茶,钻火煮泉而瀹之。"这个情景和九年前的梦境一样,苏东坡很吃惊,就创作了《参寥泉铭》。

507 得茶三昧是什么掌故?

北宋杭州南屏山麓净慈寺中的谦师精于茶事，尤其对品评茶叶最拿手，人称"点茶三昧手"。苏东坡曾有一首诗《送南屏谦师》就是为他而作："道人晓出南屏山，来试点茶三昧手。"明代韩奕的《白云泉煮茶》诗："欲试点茶三昧手，上山亲汲云间泉。"

关于"茶三昧"，各人的理解也略有不同。陆树声曾在《茶寮记》中说："终南僧明亮者，近从天池来。飨余天池苦茶，授余烹点法甚细。……僧所烹点绝味清，乳面不黟，是具人清净味中三昧者，要之，此一味非眠云跋石人未易领略。"

▶图说
茶三昧得之于心，应之于手，非可以言传学到。

508 唐庚失具是什么掌故?

北宋文人唐庚在茶具丢失后作了一篇《失茶具说》："吾家失茶具，戒妇勿求。妇曰：'何也？'吾应之曰：'彼窃者必其所好也。心之所好则思得之，惧吾靳之不予也，而窃之。则斯人也得其所好矣。得其所好，则宝之，惧其泄而密之，惧其坏而安置之，则是物也得其所托矣。人得其所好，物得其所托，复何求哉！'妇曰：'嘻！焉得不贫？'"这里说的是唐庚在丢失茶具之后，将这件事情展开了议论，富有哲理，讽刺意味很深。

509 饮茶助学是什么掌故?

南宋李清照《金石录后序》记载，李清照偕夫闲居青州，"每获一书，即同共校勘，整集签题，得书画彝鼎，亦摩玩舒卷，指摘疵病。夜尽一烛为率。……余性偶强记，每饭罢，坐归来堂烹茶，指堆积书史，言某事在某书某卷第几页第几行，以中否角胜负，为饮茶先后。"

当年，李清照和丈夫赵明诚回到青州故居，两人每天吃过饭后，就会做"饮茶助学"的游戏，赢了的人先品茶，以茶为彩头来促进学习，他们很喜欢这种游戏，每每玩得不亦乐乎。

▲图说
李清照偕夫常在一起读书钻研，并以茶为奖励促进学习，被后人传为美谈。

510 桑苎遗风是什么掌故?

南宋陆游《八十三吟》:"石帆山下白头人,八十三年见早春。自爱安闲忘寂寞,天将强健报清贫。枯桐已爨宁求识?弊帚当捐却自珍。桑苎家风君勿笑,他年犹得作茶神。"

大诗人陆游自名"老桑苎",他很崇敬陆纳的桑苎家风,并且将其作为自己的家风,传承延续;同时,陆游又很敬佩陆羽恬淡的志趣和简朴的风格。这种勤俭自持、鄙弃浮华、崇尚恬淡、喜好事茶的高洁情怀和操行,就是"桑苎家风",也被称为"桑苎遗风"。

陆游在湖州苕溪隐居著书时,自称"桑苎翁",并将所住的草庐称为"桑苎庐"。

511 且吃茶是什么掌故?

元代蔡司沾的《寄园丛话》中有这样一段话:"余于白下获得一紫砂壶,镌有'且吃茶''清隐'草书五字,知为孙高士遗物。"

紫砂壶在以前只是一般的生活用品,并没有什么艺术性,人们对其也没有太多的研究。"且吃茶"是文人撰写壶名的发端,从此后,给紫砂壶命名也成为文人雅士的乐趣,后来还在紫砂壶上题诗作画,这也使紫砂茶壶从一般的日用品演变为艺术品。

512 佳茗佳人是什么掌故?

明代张大复《梅花草堂笔谈》:"冯开之先生喜饮茶,而好亲其事,人或问之,答曰:'此事如美人,如古法书画,岂宜落他人之手!'"在苏轼的《次韵曹辅寄壑源试焙新茶》中也有一句:"戏作小诗君一笑,从来佳茗似佳人。"

对于爱茶之人,对茶都有一种特殊的感情,视茶为珍宝,因此常把"佳茗"比作"佳人",这也说明了文人雅士对茶的眷恋,并对茶的品性给予了很高的评价。旧时杭州涌金门外藕香居茶室有副对联就用了苏轼的诗句:"欲把西湖比西子,从来佳茗似佳人"。

513 品茶定交是什么掌故?

明代张岱《陶庵梦忆》:"周墨农向余道,闵汶水茶不置口。戊寅九月,至留都,抵岸,即访闵汶水于桃叶渡。"

这段话记述张岱和闵汶水品茶定交的故事。闵汶水擅长煮茶,被人称为闵老子。许多路过他家的人都会前去拜访,为的是欣赏他的茶艺。

张岱前去桃叶渡拜访闵汶水时,闵刚好外出,张岱就在那等了很久,闵汶水的家人问他为何不离开,张岱回答说:"慕汶老久,今日不畅饮汶老茶,决不去!"闵汶水回到家中,听到有客来访,赶紧"自起当垆。茶旋煮,速如风雨。导至一室,明窗净几,荆溪壶、成宣窑磁瓯十余种,皆精绝。灯下视茶色,与磁瓯无别,而香气逼人。"看到这样的茶艺,张岱连连叫好!品茶时,闵汶水说茶为"阆苑茶",水是"惠泉水"。张岱品尝过后,觉得不对劲,就说:"茶是阆苑制法而味不似……何其似罗岕甚也。"闵汶水听后很是敬佩,就回道:"奇!奇!"然后将实情告诉了张。

张岱又说:"香扑烈,味甚浑厚,此春茶耶?向瀹者的是秋采。"汶水回答说:"予年七十,精赏鉴者无客比。"闵张二人在一起就茶的产地、制法和采制,水的新陈、老嫩等茶事展开了辩论,两人志同道合,最终成为至交,成就一段佳话。

514 休宁松萝是什么掌故?

休宁松萝产于安徽休宁城北松萝山一带,是一种条形炒青绿茶。明代沈周在《书芥茶别论后》有"新安之松萝"的记载。

清康熙十二年的《休宁县志》中记载:"茶,邑之镇山曰松萝,远麓为榔源,多种茶。僧得吴人郭第制法,遂名松萝,名噪一时,茶因踊贵。"

休宁松萝茶用的是炒青制法,质量远远好于唐宋时期的蒸青制法,因而各个茶区纷纷效仿这个制法,有的甚至借用松萝茶的名字。休宁松萝的条索紧实均匀,色泽鲜润,香气浓郁,略带点橄榄味、色重、香重、味重是休宁松萝的典型特征。休宁松萝还具有很高的药用价值,素有"药茶"的美称,在古医书中也有很多关于松萝茶入药的记载。

515 仁宗赐茶是什么掌故?

宋代王巩的《甲申杂记》中有这样的记载:"初贡团茶及白羊酒,惟见任两府方赐之。仁宗朝,及前宰臣,岁赐茶一斤,酒二壶,后以为例。"

这段话说的是宋仁宗改革赐茶旧制的事情。宋仁宗将原先赐茶的制度改革,并将赏赐范围扩大,原先的前任宰臣是没有资格得到赏茶的,可是仁宗为了显示其皇恩浩荡,就将前任宰臣也包括在赐茶范围内,每年赐茶一斤,赐酒两壶。

516 乾隆量水是什么掌故?

中国历代皇帝中,恐怕很少有人如清代的乾隆那样喜茶好饮,不仅嗜茶如命,为茶取名字,吟诗,作文,还自创了饮茶鉴水的方法。

众所周知,中国自唐代陆羽以来的各个品茗爱好者,都对全国各地的水作了专门的评定,许多泉水的排列似乎已成定论,各水与茶的组合也成为约定俗成。如谚语:"龙井茶,虎跑水",说明以杭州的虎跑泉水煮杭州的龙井茶是绝妙的搭配,二者相得益彰,天生一对。但乾隆却不以为意,而是用自己的方法再亲自做鉴定。

乾隆鉴定的方法也与众不同,用特制的银斗以水质的轻重来分上下,他认为水质轻的品质最好。用他的方法来测定,北京海淀镇西面的玉泉水为第一,镇江中冷泉次之,无锡的惠泉和杭州的虎跑又次之。

但是,由于路途上的颠簸,玉泉水味道不免有所改变。乾隆便以水洗水,制造出"再生"玉泉水。具体做法是,用一大器皿,放上玉泉水,做好刻度标记,再加入其他同量的泉水,二者搅拌,静置后,不洁之物沉入水底,上面清澈明亮的"轻水"便是玉泉水。据说,乾隆这种以水洗水使玉泉水"复活"的做法效果很不错,倒出之后还有一种新鲜感,几乎跟新鲜的玉泉水一样呢!

此外,乾隆还对雪水进行了测试,他认为雪水最轻,是上好的煮茶水,可与玉泉相媲美。但由于雪水不属于泉水,所以不在名水之列。

● 图说

经过其独特的得意之作——银斗测量法鉴别之后,评为第一的玉泉水便成为乾隆每次出行时必带的用水。

517 重华宫茶宴是什么掌故?

重华宫茶宴是清代的朝廷规礼之一,是从乾隆年间开始的。每年中元节过后三天,皇帝在重华宫设茶宴,邀请大臣中善于吟诗作赋的人,大家欢聚在一起,品茗作诗,是一种皇宫宴席。

在康熙二十一年正月,康熙在乾清宫大宴百官,93人仿照"柏梁体"依次联句。后来,在雍正四年,有99人在乾清宫宴会联句。到了乾隆年间,乾隆将酒宴改为以雪水、松实、梅花、佛手配的"三清茶"以及果品待客的"茶宴",并将地点改在重华宫,还制定了每次参与联句只有28人的制度,在乾隆在位年间,茶宴总共举办过43次。在嘉庆元年,乾隆将重华宫茶宴定为"家法",至到咸丰时期才停止。

518 才不如命是什么掌故?

"才不如命"出自"他才不如你,你命不如他"这句话,这是明朝开国皇帝朱元璋说的。明代文学家冯梦龙在《古今谭概》有记载:明太祖朱元璋到国子监视察,有个厨师为他送来一杯热茶。朱元璋喝了这茶后觉得很满意,于是就下诏,赐予那个厨师顶冠束带,封他为官。

国子监有个老生员看到了这个情景,心里很有感触,不禁仰天长叹,吟出两句诗:"十载寒窗下,何如一盏茶!"意思就是说自己寒窗苦读十年,可是也没有当上官,可以一个厨师因为一杯热茶,就被封了官,实在是太不公平了!朱元璋听见了老生员吟的诗,于是便说道:"他才不如你,你命不如他。"这就是才不如命的掌故。

519 板桥壶诗是什么掌故?

板桥壶诗说的是郑板桥曾做过的一首《咏壶》诗,诗的内容为:

嘴尖肚大耳偏高,才免饥寒便自豪;

量小不能容大物,两三寸水起波涛。

这是一首以物喻人的讽刺诗,郑板桥在诗中用茶壶讽刺那些眼高手低,自命不凡,却妒忌别人的人,这些人就像是半桶水,不能承受太多的事物,却还要造声势,空有其表,没有内涵。

520 敬茶得宠是什么掌故？

敬茶得宠的故事说的是清朝的慈禧太后，慈禧太后年轻时漂亮聪慧，擅长江南小曲，琴棋书画、茶道皆通，咸丰初年被选入圆明园当宫女，安排在桐荫深处侍奉。恰逢喜好游玩、寄情声色的咸丰帝，慈禧弹奏小曲引其探访，献以香茗令咸丰帝龙颜大悦，之后深得咸丰的宠爱，迁升贵妃，后来又升为皇后，直至成为太后。

521 三口白水是什么掌故？

徐映璞在一次路过浙江安吉山时，在一个名为"竹仙馆"的地方和人品茗论茶。

有人为"品泉茶室"向徐映璞征联，上联为："品泉茶，三口白水。"徐映璞回答说："根据本地的风光，下联应为'竹仙馆，两个山人。'"

这个茶联写在一起为：

品泉茶，三口白水；

竹仙馆，两个山人。

这个茶联是一副拆字联，上联中"品"即为三口，"泉"即为白水，下联中的"竹"即为两个，"仙"即为山人。

522 茶马交易是什么掌故？

"茶马互市"是中国古代以官茶换取青海、甘肃、四川、西藏等地少数民族马匹的政策和贸易制度。古代战争主力多是骑兵，马就成了战场上决定胜负的条件；而我国西北地区食肉饮酪的少数民族，将茶与粮看成同等重要的生活必需品，因此"茶马互市"就成了历代统治者维持经贸往来、边疆稳固，促进睦邻友好的重要措施。

茶马互市的雏形形成于南北朝时期，时至宋代政府还设置了专门管理茶马交易的机构"检举茶监司"；历经元明两代的逐步发展与盛兴，一直沿用到清代中期。雍正十三年，官营茶马交易制度停止。在中国历史上活跃了近700年的茶马交易政策逐渐废止。

523 六安瓜片有什么掌故?

在1905年前后，六安市的某茶行有一个评茶师，他收购过茶叶后，就会将上等茶叶中的嫩叶子摘下来，专门出售，结果大受好评，受到人们的追捧。后来，麻埠的茶行就学习他的这一方法出售茶叶，并将茶叶起名为"峰翅"，意思就是"毛峰"（蜂）之翅。

再后来，当地的一家茶行，直接将采回的茶叶去梗，将老叶和嫩叶分开炒，制成的茶从各个方面来看都比"峰翅"优秀很多。渐渐地，这种茶叶就成了当地的特产，因为这种茶的形状很像葵花子，就被称为"瓜子片"，后来又直接称为"瓜片"。

524 云南普洱有什么掌故?

在三国时，军师诸葛亮带着士兵来到西双版纳，但是很多士兵因为水土不服眼睛失明了。诸葛亮知道后，就将自己的手杖插在了山上，结果那个手杖立刻就长出枝叶，变成了茶树。

诸葛亮用茶树上的茶叶泡成茶汤让士兵喝，士兵很快就恢复了视力。从此后，这里的人们便学会了制茶。现在，当地还有一种叫"孔明树"的茶树，孔明也被当地人称为"茶祖"。

525 都匀毛尖有什么掌故?

都匀毛尖，产于贵州黔南苗族布依族自治州都匀县。

都匀毛尖的特色是"三绿三黄"，也就是"干茶绿中带黄，汤色绿中透黄，叶底绿中显黄"，其品质都属于上佳，可以和碧螺春、信阳毛尖媲美。古人曾经说过："雪芽芳香都匀生，不亚龙井碧螺春。"明代御史张鹤楼曾写诗赞美都匀毛尖："六钻山头，远看青云密布，茶香蝶舞，似为翠竹茶松。"

图说

都匀毛尖的历史很久，在明代时都已经被列为"贡茶"，还被崇祯皇帝赐名为"鱼钩茶"。

526 顾渚紫笋有什么掌故?

顾渚紫笋茶因为品质优良,在唐朝广德年间就成为贡茶,还被朝廷选为祭祀宗庙用茶。当时紫笋贡茶被朝廷分为五等,第一批茶必须确保"清明"前抵达京城,用来祭祀宗庙,因此这批贡茶就被称为"急程茶"。

为了不耽误"急程茶"的行程,湖州的当地官员,都要在立春前后到山上,全程监督,确保茶叶能够及时送到京城。

虽然朝廷对顾渚紫笋的重视,证明了顾渚紫笋的品质,但是每年的上贡,却动用了大量的人力财力,劳民伤财。曾经有一个叫斐充的湖州刺史,就因为没有按期送到急程茶而被撤职。

▶图说

湖州到京城的距离大约有2000千米,送茶人员须在清明前10天启程,以便在清明祭祀时快马准时送到。

527 仙人掌茶有什么掌故?

仙人掌茶的创始人是唐代玉泉寺的中孚禅师,该禅师俗姓李,是李白的族侄。中孚禅师很喜欢饮茶,而且还能制作一手好茶。

唐肃宗上元元年,中孚禅师在金陵巧遇叔叔李白,于是他将自己制作的茶送给叔叔。李白饮了此茶后,觉得风味独特,清香鲜爽。他得知是中孚自己采制的茶,就将茶命名为仙人掌茶。李白还对此赞道:"丛老卷绿叶,枝枝相接连。曝成仙人掌,似拍洪崖肩。"

528 狗牯脑茶有什么掌故?

狗牯脑茶产于狗牯脑山,据说此茶产生在明朝末年。

当时遂川有一位名叫梁传谥的农民,他从广东带回一些茶叶种子,就将种子种在了狗牯脑山坳。他精心培育茶树,并将茶芽制作成茶叶。他制作出来的茶,色、香、味、形都很别致,很受人们的喜爱,于是大家都开始种植,种植面积扩大,逐渐流传开来。到清朝嘉庆时,地方官将该茶奉献给朝廷,朝廷将其作为贡品,正式命名为"狗牯脑茶"。

529 华顶云雾茶有什么掌故?

华顶云雾茶,产于天台山顶,又名天台山云雾茶。根据文献记载,从汉代开始,这里就已经开始产茶了。传说,隋炀帝杨广曾在江都生病,于是天台山和尚就带着天台山茶为他治病,结果没过多久就痊愈了,从此后该茶叶才传入北方。

日本高僧最澄在公元 804 年来到天台寺学佛,归国时带回了很多茶子,并在日本试种,从此该茶传入日本。到了北宋时,华顶云雾茶被列为贡品,名扬天下。

530 神农尝百草有什么传说?

茶最早起源于神农氏,据唐代陆羽的《茶经》说:"茶之为饮,发乎神农氏"。还有说:"神农尝百草,日遇七十二毒,得茶而解之。"

传说神农氏是原始农业、医药、历法的发明者。他在三湘四水播种五谷,以为民食;制作耒耜,以利耕耘;遍尝百草,以医民恙;治麻为布,以御民寒;陶冶器物,以储民用;削桐为琴,以怡民情;首辟市场,以利民生;剡木为矢,以安民居,完成了从游牧到定居,从渔猎到田耕的历史转变,实践了从蒙昧到文明的过渡,率领众先民战胜饥荒和疾病,脱离了颠沛流离的苦日子,过上吃、穿、住、医、娱俱全的好日子。

◀图说

神农氏是继伏羲以后对中华民族贡献较多的神话传说人物,也有一说认为神农氏即炎帝。

神农氏对中华文明贡献最大之一就是尝遍百草,发现中草药。传说神农氏的肚子是透明的,能看见肠胃和吃进去的食物,这就为他尝百草提供了便利。他每发现一种草,都吃下去,然后观察它在肚子里的变化。有一次,神农氏找到一种树叶,吃进肚子以后,觉得一股舒服的感觉在肚子里上下左右乱窜,到处流动洗涤,好像在检查什么,一会儿,就觉得整个肠胃像洗过一样,干净清爽,精神大振。于是他将这片绿叶取名为"查",后来被人们改为"茶"。此后,神农氏每吃进有毒的东西,便吃点茶,让它"搜查搜查",以达到消毒的目的。不幸的是,神农氏有一次吃了断肠草,还没来得及吃茶就毒发身亡。

◀图说

为了纪念神农氏,人们将他曾尝百草的地方命名为"神农架",并修建神农坛来纪念他。

531 诸葛亮和茶有什么传说？

中国有六大茶山，其中之一就是公明山，又叫孔明山。当地的人们还把茶树叫作"孔明树"，把孔明（即诸葛亮）封为"茶祖"，并每年在诸葛亮诞辰的那天举行祭茶仪式——"茶祖会"，赏月歌舞，放孔明灯，祭拜诸葛亮。

至于人们为什么在祭茶仪式上祭奠孔明，还要从诸葛亮的茶事说起。

诸葛亮祭茶　刘备三顾茅庐后，诸葛亮出山帮助刘备辅助汉室。当时天下大乱，群雄割据。头顶光复汉室的大业，诸葛亮事无巨细都要亲自过问，不久便积劳成疾，累出痨病。由于政务繁忙，诸葛亮也无心养病，身体就一天天衰弱下去。一晚，诸葛亮梦见一神秘老人，他为自己指明治病良方，即取定军山千年古茶树之嫩叶焙制泡饮。诸葛亮按照梦中指示泡茶，几天后痨疾渐愈，大脑反应更快，变得更

聪明，操劳政务也不觉得劳累。为了感谢茶树的恩德，诸葛亮亲往茶山设坛，拜祭茶树除疾迪智之功。

煎茶岭　诸葛亮一生志在伐魏，因此对周边民族的安抚就显得尤为重要。为了团结周围各族共同对付曹魏大军，诸葛亮在勉县去略阳的一座山上设坊煮茶，经常派使者邀军力强大的驻宁羌兴州的羌氏族首领上山品茶议事。在茶坊中，诸葛亮与羌氏族首领谈茶论道，借谈茶性和中的特点，谋求合作之道。羌氏族首领在品茶中享受到人生之快，同时又佩服诸葛亮的人品与才干，于是一同合作，还亲自率领数十万大军归附蜀汉，共同北伐。为了庆祝合作的成功，诸葛亮赐其山名为"煎茶岭"，一直流传至今，成为诸葛亮以茶睦邻的见证。

手杖生根　西南地区是我国很多少数民族的聚居地。为了稳定政局，诸葛亮亲自到少数民族聚居地治乱安民。西南地区评定之后，诸葛亮大喜，以手中拐杖顿地感叹，不料手杖定根不拔。一年后，拐杖发枝萌芽，长出叶片。诸葛亮叫士兵采叶煮水喝，士兵的眼疾就好了。由于西南地区生存环境恶劣，诸葛亮从庆甸王处购得8驮茶子随军运回蜀地播种，并嘱托驻守西南的士兵兴茶、种茶，靠种茶、卖茶维持生活。茶叶就这样成为汉人与少数民族商品交换、文化交流的媒介，百姓也从种茶、饮茶中悟出道和文明。西南夷蛮正是在茶的熏陶下，得以教化和进步，治安开始稳定。经过世代的教诲，至今当地人仍认为，汉中才是世界茶叶之源。

🔶 **图说**

诸葛亮识茶、兴茶不但扩大了茶饮的传播，而且在中国历史上也有重大的影响。

532 蒙顶茶有什么传说？

蒙山是古代祭祀名山之一，相传大禹治水成功，曾致祭于此，后来成为佛教圣地。蒙山顶上终年云雾缭绕，山茶饱受天地日月之精华，也造就了蒙顶山茶的美名。早在唐代时，蒙顶山茶就被列为贡茶，据说用扬子江水冲泡后，可称为人间难觅的妙品。

相传很久之前，青衣江的鱼仙经千年修炼，幻化成一个美丽的仙女，扮成村姑，到蒙山附近玩耍，拾到几颗茶子。游玩途中，鱼仙邂逅一个叫作吴理真的采花青年，两人一见钟情。鱼仙将随身的茶子送给吴理真，作为定情信物，并约定两年后茶子发芽时，两人再相见。鱼仙走后，吴理真将茶子种在蒙山顶上。到了第二年春天，茶子发芽，村姑果然如约出现。两人拜过天地，结为夫妻，彼此相亲相爱，日子过得平淡而温馨。鱼仙以肩上的白色披纱化作蒙山顶上浓浓的雾气，仙雾滋润的茶苗越长越旺，鱼仙一家就每年采茶制茶，并以此为生。

好景不长，鱼仙私自与凡人婚配的事被河神发现。河神命她立刻回宫，否则天条伺候。鱼仙忍痛离去，临行前，她将那块能变云化雾的白纱留下，并嘱咐一双儿女，好好帮父亲培植好满山茶树。蒙顶山茶在吴理真父子的精心照顾和白雾的滋润下，茁壮成长，所制茶叶也越来越受人们欢迎。皇帝因吴理真种茶有功，追封他为"甘露普慧妙济禅师"。

533 蒙顶玉叶有什么传说？

很久以前，有位老和尚身患眼疾重病，忽然有一天一个老翁来访，告诉他说："春分时节采得蒙山玉叶，用山泉煎服，可治宿疾。"老和尚依法照做，重病痊愈。于是他在蒙山顶上住下来，并找来一位老汉专门培育和采制茶叶。老汉有一个女儿，美若天仙，取名玉叶。某日，玉叶下山购物，遭遇几个恶少调戏，大呼救命，恰被砍柴青年王虎救下。两人互生情愫，期待再次相逢。王虎家中清贫，与患有眼疾的母亲相依为命，在得知蒙顶山上的"玉叶"可以治疗母亲的病之后，王虎决定上山采摘玉叶。找寻数日未果，却在泉边喝水之际听到林中优美的歌声，发现了自己曾经搭救过的民女玉叶。再次偶遇令二人内心激动，在得知王虎的难处后，恰巧种植玉叶的民女玉叶欣然前往救治心上人的母亲。很快，王虎母亲的眼疾得以痊愈，王虎和玉叶感情也更深了，之后二人结为夫妻，将"玉叶"的种植面积扩大，专门给人治病。蒙山玉叶自此变得家喻户晓，人称"圣扬花""吉祥蕊"。

534 碧螺春有什么传说?

很久以前,西洞庭山上住着一位名叫碧螺的姑娘,她美丽、勤劳、善良,还能歌善舞,乡亲们都很喜欢她。东洞庭山上有位叫作阿祥的小伙子,他魁梧壮实、武艺高强,为人正直又乐于助人,周围的百姓也都很爱戴他。碧螺常在湖边结网唱歌,阿祥老在湖中撑船打鱼,两人早已互生爱慕之心,乡亲们也都很看好两人的未来。

天有不测风云。太湖中突然出现一条凶残的恶龙,它在当地兴妖作怪,致使狂风暴雨不断,给人们生活带来很大的灾难。不仅如此,恶龙还扬言要碧螺做它的"太湖夫人",为了乡亲们和心爱姑娘的安全,阿祥决心与恶龙决一死战。一个月黑风高夜,阿祥拿着一把大渔叉,悄悄潜到西洞庭山。趁恶龙不注意,阿祥猛窜上前,用尽全身力气,将渔叉直刺恶龙背脊。恶龙受此重创,愤怒地张开血盆大口,凶狠地向阿祥扑来。经过一天一夜的恶斗,阿祥终于杀死了恶龙,自己却也身受重伤,晕倒在血泊中。乡亲们将阿祥抬回来之后,为了报答阿祥的救命之恩,碧螺姑娘亲自照顾他。虽然有碧螺姑娘的歌声为阿祥减轻病痛,有碧螺姑娘细心的照顾为阿祥宽心,但阿祥的伤势仍在一天天地恶化,到后来,竟然都说不出话来,只有满腹深情地凝视自己心爱的姑娘。

碧螺为阿祥的伤势焦急万分,她在乡亲们的帮助下,四处寻医问药。一天,碧螺在阿祥与恶龙搏斗的地方,发现一棵小茶树长势良好。她想:这棵树是阿祥与恶龙搏斗的见证,为了使人们牢记来之不易的幸福生活,我一定要把这棵树照顾好。从此,碧螺经常为这棵树浇水、施肥、培土,小树也在她的照料下快速成长。第二年惊蛰刚过,树上就长出很多芽苞,非常可爱。碧螺怕芽苞被春寒冻伤,就每天早晨用嘴含住芽苞一会儿。至清明前后,小树的芽苞初放,伸出片片嫩叶。为了表达对阿祥的敬意,碧螺采摘了一把嫩梢,回家泡了杯茶端给阿祥。没想到,一股纯正而清馥的高香直沁心脾,阿祥一口气将茶汤喝光,觉得自己身上每个毛孔都有说不出的舒坦。阿祥试着抬抬手,伸伸腿,发现自己竟然能动了。

碧螺见此情景,飞奔到茶树边,一口气又采了一把嫩芽,揣入胸前,用自己的体温使芽叶萎蔫,拿到家中再取出轻轻搓揉,然后泡给阿祥喝。如此这般数日,阿祥居然一天天好起来了!正当两人陶醉在爱情的甜蜜中时,碧螺姑娘却因长期的劳累而病倒了,从此再也没有起来。阿祥悲痛欲绝,他把心爱的人埋在洞庭山的茶树旁,从此,他一直照料碧螺的茶树,努力繁殖培育名茶。为了纪念碧螺姑娘,人们就为这棵茶树取名为"碧螺春"。

◀图说

在碧螺姑娘的用心呵护下,这株见证他们爱情的茶树苗壮成长,吐露新芽。

535 黄山毛峰有什么传说?

据说明朝天启年间,江南黟县新任县官熊开元带书童来黄山春游。两人对黄山迷人的景色流连忘返,不知不觉竟迷了路。夜色将黑时,在深山中幸遇一位腰挎竹篓的老和尚,得以借宿于寺院中。

老和尚为熊开元二人泡茶压惊。冲茶时,杯中有一朵白莲升起,满室清香,知县对此大为好奇,经和尚介绍,才知道这是黄山毛峰。喝一口尝尝,果然浓香无比,熊开元连声叫好。次日临别时,老和尚送他一包黄山毛峰茶和一葫芦黄山泉水,并嘱咐道:"一定要用此泉水泡此茶,才能出现白莲奇景。"

后来,熊开元旧时的同窗好友太平知县来访,熊开元将平日珍藏的黄山毛峰取出,依法冲泡,所显奇景令太平知县惊喜异常。太平知县到京城献仙茶邀功,却演不出白莲花的奇景。龙颜大怒,太平知县只好说是黟县知县熊开元所献。熊开元无奈只得再登黄山拜见老和尚,讨来一葫芦黄山泉水,在皇帝面前冲泡黄山毛峰,显现出白莲奇景。皇帝大悦之际,册封熊开元江南巡抚,以表其功。

熊开元感慨万千:一杯茶就可得到别人十年寒窗辛苦才得到的功名,而一杯好茶却要好水才绽放她的奇观。茶且品质清高,人却不如,于是毅然辞官到黄山出家为僧,法名正志。

536 小兰花茶有什么传说?

小兰花茶又名齐山云雾,产于安徽大别山区齐云山,茶叶品质极佳。

据说,很久以前,齐云山脚下有一恶霸李占山,他见侍女兰花美貌,便想占为己有。兰花宁死不从,并在姐妹们的帮助下得以逃脱,躲在蝙蝠洞。洞外的绝壁石缝中长着一棵茶树,在蝙蝠粪的滋润下长得枝繁叶茂,才清明时节就抽出了新芽,于是兰花就以卖茶为生。此茶浓郁醇香,受到很多茶客的欢迎。李占山听说后,派家丁四处搜查,发现卖茶的姑娘原来是兰花,便抢占了蝙蝠洞的茶树,并把兰花推下悬崖。李占山将茶献给皇帝,皇帝品茶后龙颜大悦,御笔亲书"齐山云雾"四字,册封李占山为齐云山七品制茶监官。孰料,第二年春天,蝙蝠洞那棵茶树枯死了,李占山无茶进贡,就以假乱真,事发后被以欺君之罪灭族。不过香茶却并未真的灭绝,在兰花坠岩的石缝中,又长出一片新的茶林。

图说

齐云山当地人相传是兰花姑娘化身为茶,故将此茶取名"小兰花"茶。

537 信阳毛尖有什么传说？

信阳毛尖产于河南省大别山区的信阳市。据说，这里很久以前并不产茶。当地官府及财主经常欺压人民，很多人为此不但吃不好、穿不暖，还得了一种叫作"疲劳痧"的瘟病。

有个叫作春姑的姑娘，看着乡亲们一天天死去，万分焦急，她四处奔走寻访名医。一位采药老人告诉她，往西南方向翻过九十九座大山，有一种宝树能为人消除疾病。春姑不畏艰难，走了九九八十一天，爬过九十九座大山，累得筋疲力尽，染上了瘟疫，但是还没找到采药老人所说的宝树，便晕倒在一条小溪边。

微风吹过，一片树叶飘来，春姑勉强捡起，含在嘴里，没想到马上神清气爽，精神振作。春姑顺着泉水向上找，果然找到了长满这种树叶的大树。看管茶树的神农氏送给春姑一颗宝树种子，并将春姑变成画眉鸟及时地赶回家乡播种。

小画眉依照神农氏的要求，将树种下。一场春雨过后，嫩绿的树苗就从泥土中探出头。小画眉终于舒了一口气，耗尽心力的她在茶树旁化成了一块鸟形的石头。茶树长大后，山上飞出了一群小画眉，她们用自己尖尖的嘴巴啄下一片片茶叶，放进病人的嘴里，病人便马上好了。

538 都匀毛尖有什么传说？

很久以前，都匀曾是蛮王的国土。一天，蛮王得了伤寒，病倒在床。他对自己的九个儿子和九个女儿说："谁能找到药治好我的病，谁就能继承我的王位。"九个儿子找来了九种药，都没治好；九个女儿找来了一样药——茶叶，却医好了父王的病。蛮王问："你们从哪里找来这么好的药材啊？"九个女儿一起回答道："从云雾山上采来，绿仙雀给的。"蛮王将王位传给了九个女儿，并希望她们能找到茶种，为百姓谋福。

姑娘们第二天又去云雾山，却没看见绿仙雀，她们就在一株高大的茶树王下求拜了三天三夜，终于感动天神，于是天神派来绿仙雀和百鸟从云中飞来，它们不停地叫着："毛尖……茶，毛尖……茶。"绿仙雀变成美貌的茶姐教会九个姑娘种茶、采茶、制茶的方法。

姑娘们学会种茶后，回到家乡，经过数年的精心栽培与细心管理，终于在蟒山脚下建起了一座茂盛的茶园。

539 君山银针有什么传说?

湖南省洞庭湖的君山出产银针名茶,根据传说,君山银针茶的第一颗种子还是四千多年前娥皇、女英播下的。

传说,后唐的第二个皇帝明宗李嗣源在第一回上朝的时候,他的侍臣为他沏了杯茶。当开水一倒入杯子里,就看见一团白雾升腾而起,一只白鹤从白雾中隐现出来。明宗好奇地看着白鹤,那只白鹤对着明宗点了三下头,接着便展翅飞向了天空。

看着白鹤展翅飞去后,明宗看向杯子,发现杯子中的茶叶一根根地悬空竖立了起来,就像是一群破土而出的雨后春笋。片刻后,茶叶就像雪片一样缓缓地沉入了杯子底。

明宗看到这一幕,觉得非常奇怪,不明白这是怎么一回事,于是就问侍臣这是什么原因。

侍臣回答说:"这是因为泡茶的水取用的君山的白鹤泉,茶叶用的是黄翎毛(也就是银针茶)的缘故。"

明宗听了心里十分高兴,认为这是个吉祥的预兆,于是立刻下旨将君山银针定为"贡茶"。

540 乌龙茶有什么传说?

据说,乌龙茶最早发源于福建省安溪县,因创始人而得名。相传清朝雍正年间,安溪的深山里住着一位叫作胡良的猎人。一天,胡良在打猎的时候,看见山上长着一丛丛小树,枝叶墨绿葱茏,他就随手摘下一枝放在背篓中遮盖猎物。天黑回家点火烧水时,胡良忽然闻得一阵清香,寻根究源,他发现正是白天随手摘的树叶发出来的香气。胡良好奇心大增,他试着摘下几片叶子,用开水冲泡,喝下去后发现,不但味道香醇,而且口舌生津,尽消烦躁。第二天,胡良到山里采了这样的树枝一大捆,专门用来泡茶喝。没想到,这次泡的茶却又苦又涩。一琢磨,胡良就想起了:上次采的枝叶经过大半天晒萎,这才能散发出清香。经过反复的试验,胡良终于发明晾晒、搓擦、炒烘等制作香茶的过程。

从此,胡良就以卖茶为生,他的茶香气四溢、沁人肺腑,远近闻名。由于安溪方言中"胡良"与"乌龙"发音相近,随着长期的流传,"胡良茶"就成了闻名世界的"乌龙茶"了。也有说法为,此猎人是名退隐的将军,名叫"乌龙",他发明的茶就被称为"乌龙茶",为了纪念他造茶的功劳,安溪西坪山岩上至今还有乡亲们为之修建的"打猎将军庙"。

541 铁观音有什么传说?

铁观音是乌龙茶中的精品,沉重匀整,冲泡后汤色多黄浓,艳似琥珀,散发出天然馥郁的兰花香,滋味醇厚甘鲜。有人说,铁观音"茶形美似观音,茶体重如铁,故名铁观音"。

据说,清朝乾隆年间,安溪西坪上尧茶农魏饮制得一手好茶,此人敬神礼佛,每天晨昏泡茶三杯供奉观音菩萨,十几年从未间断。一天晚上,魏饮梦见观音菩萨引领自己到一处山崖,他发现有一株散发兰花香味的茶树,见此好茶,魏饮就忍不住去采摘,却被村中犬吠声惊醒。魏饮心有不甘,第二天,魏饮向着梦中的地方去,果然在崖石上发现了梦中所见的茶树。魏饮大喜,就采下一些芽叶,带回家中,精心制作。制成的茶果然甘醇鲜爽,令人精神

大振。魏饮就将这株茶挖回家培植。几年后,此茶树枝叶茂盛,为魏饮提供了很多好茶叶。因为茶重如铁,又是观音菩萨托梦所得,魏饮就为它取名为"铁观音"。

还有一种传说是,乾隆年间,安溪松林头乡有位叫魏欣的樵夫。一天,魏欣劳动了一天后,卧在观音庙旁山岩间隙休息。他在此发现了一株奇异的茶树:茶叶能在阳光下闪烁着乌润砂绿的铁色之光,魏欣想,这肯定是茶中之王,于是就将此株茶树挖出,拿回家,用插枝法在自己的院内培植起来,采摘其叶制作茶,经过发酵后的茶,茶色如铁,泡出来的茶汤香醇,回味良久。由于是在观音庙发现的茶树,茶叶又能发出乌润砂绿铁色,所以取名为"铁观音"。

542 冻顶乌龙有什么传说?

台湾名茶冻顶乌龙也有一个动人的故事。清朝道光年间,台湾人林凤池听说祖籍福建要举行科举考试,却苦于没有盘缠。乡亲们为他捐款支持他参加科举,临行前,乡亲们对他说:"你到了老家福建,就向家乡的亲人们问好,就说大家都很惦念他们。"

林凤池中举后,回台湾探亲,就从老家带了36棵乌龙茶苗过去,种在冻顶山上。经过人们细心地培育,冻顶山已经形成一片大茶园,所采之茶与家乡的乌龙茶一样清香可口。后来,林凤池奉旨进京,他把这种茶进献给道光皇帝,受到皇帝的称赞。因此茶苗源于福建乌龙茶,生长在台湾冻顶山,所以取名为"冻顶乌龙"。

543 水仙茶有什么传说?

水仙茶是一种历史悠久的乌龙茶，产于福建武夷山。泡一杯水仙茶，品饮舌根留芳、香回九肠的同时，也将人带入一个飘飘欲仙的神仙世界。

某年夏天，武夷山奇热无比。樵夫建瓯热得头昏脑涨，唇焦口燥，实在无法干活，就来到附近的祝仙洞找个阴凉的地方歇息。刚进洞里，就觉得一阵凉风裹着一股清香扑面而来。抬头看见头上一株茶树绿叶又厚又大，开满了小白花，散发着阵阵香气。建瓯摘了几片叶子含在嘴里，凉丝丝的，嚼了一会儿，头不昏，胸不闷，顿觉精神大振。休息片刻，便随手从树上折了一根小枝，挑起柴回家了。

当天晚上，风雨交加，建瓯家的土墙被雷雨击塌。次日早上发现昨天折回来的树枝被压在墙土下，枝头却伸了出来，并很快生根发芽、长出叶子，长成小树。用这些芽叶泡水，喝了清香甘甜，解渴提神。此事传开后，村里人纷纷来采叶子泡水喝。由于此树是在祝仙洞发现的，当地人说"祝"与崇安话的"水"字发音一样，崇安人就把此树叫作"水仙树"，并仿照建瓯插枝种树，逐渐成为地方名品。

544 大红袍有什么传说?

传说很久以前，一穷秀才上京赶考，途经福建武夷山时，病倒在地。幸好被天心庙老方丈遇到，见秀才脸色苍白，体瘦腹胀，就为他泡了一碗茶。病愈后的秀才临行时，谢过老方丈的救命之恩，并承诺如金榜题名必重返拜谢。结果京城之行高中状元，被招为驸马的新科状元向皇上禀明了实情，皇上特准他以钦差大人的身份回武夷山拜谢恩公。

秀才衣锦还乡，谈起当日之事，方丈坦言有一种可治百病的茶树。于是在方丈的陪同下，状元郎一行来到武夷山九龙窠，只见山崖峭壁上长着三株高大的茶树，枝叶繁茂。状元郎采制一盒茶叶返回京城后，恰遇皇后肚疼鼓胀，卧床不起，服用此茶后大病痊愈。大喜过望的皇上特赐大红袍一件，状元将皇上赐的大红袍披在九龙窠峭壁的茶树上，红袍之下三株茶树的芽叶在阳光下发出闪烁的红光。

545 白毫银针有什么传说?

白毫银针产于福建政和县,因满披白毫,色白如银,其形如针而得名。

据说很久以前,福建政和一带久旱不雨,引起大瘟疫,病死很多人。当地人听说洞宫山上一口老井旁长着几株仙草,草汁能治百病,于是很多身强力壮的年轻人纷纷上山寻找这种仙草,但却都有去无回,杳无音信。

有一户人家,也在找寻仙草大军的行列。家中志刚、志诚和志玉兄妹三人商量,为了避免能去不能回的悲剧,三人轮流去找仙草。老大志刚先行,他到了洞宫山,碰到一位白胡子老翁。老翁告诉他,仙草就在山上的龙井旁,你上去取即可,但要记得上山只能向前,不能回头看,否则采不到仙草。志刚一口气爬到半山腰,却见山上满山乱石,阴森恐怖,忽听一声大吼:"你敢往上闯!"志刚大惊,一回头,立刻变成了乱石岗上一块新石头。老二志诚也去找仙草,他同大哥的命运一样,爬到半山腰时也回头变成了一块巨石。老三志玉沿着两位大哥的足迹继续找仙草,她也遇见了白胡子老翁,听了同样的忠告。志玉谢过老翁,继续往前走,她来到乱石岗,怪声四起,她就用糍粑塞住耳朵,坚持上山,坚决不回头,终于爬上山顶,找到龙井,采下仙草芽叶,并用龙井水浇灌仙草。仙草很快开花结子,志玉采下仙草种子,下山回家。志玉将种子种满家乡的山坡,救了当地的百姓。这里的仙草就是白毫银针。

546 白牡丹有什么传说?

传说,在西汉时期,有一位太守叫作毛义,他为官清廉,为人正直。当时有很多官员不顾百姓民生,只为自己的利益着想,搜刮民财,贪污受贿。毛义无法忍受贪官当道,于是辞官回家,决定带着老母亲前往山林深处隐居。

这日,母子俩来到一座山前,忽然觉得有一股奇异的香味迎面远远扑来,请教了当地的一位老者后,才知香味是来自莲花池畔的十八棵白牡丹。母子俩来到莲花池畔,看见这里景色优美,环境幽静,仿入仙境一般,于是便在此定居下来。刚在这里居住不久,毛义的老母亲因为旅途劳累,病倒了。毛义心急如焚,四处寻药,始终未有所获。直到一位满头白发留着长银须的仙翁在毛义的梦中对他点化说:"你母亲的病,必须用新茶煮茶喝才能完全治愈。"毛义醒来后,正苦于严冬没有新茶之时,他在莲花池边发现那十八棵牡丹竟然就是十八棵茶树,树上正长满着嫩绿的新芽……赶紧采制的新茶果然治好了母亲的病,此后,福建一带这类茶就被人们称为"白牡丹茶"。

547 碣滩茶有什么传说?

传说很久以前,碣滩山下住着一对父女,老爹已经78岁了,但身板硬朗。女儿仅年方十八,长得很漂亮。女儿是老爹60岁时捡的,于是起名为"捡妹"。

老爹在碣滩码头以摆渡为生,家中日子并不宽裕。家中没有茶,只得把米炒焦冲水喝。这天夜里,捡妹在梦里来到碣滩山坡,发现山顶上有一块坪,坪里长着些很奇怪的树,有几个姑娘在树中走动说笑。捡妹正要上前打招呼,可是一团云烟飘过,姑娘们便不见了。次日早上,捡妹来到山上,她走到小溪的尽头,爬上了山坡,正在发愁无路可走,忽然,一只兔子从刺蓬里钻出,朝前方跑去,捡妹跟着白兔跑进了一个洞穴,出洞后,她发现自己竟然来到了梦中的草坪。一棵棵翠绿的小树长着鲜嫩的小芽,捡妹高兴地采摘了起来。

采摘完后,她开心地回到了家。她将这些嫩芽炒焙后制成茶叶,泡出的茶香味浓郁,整个屋子都飘着茶香。财主见茶起意,想从捡妹手中夺走这些茶,不愿好茶落入歹人之手的捡妹带着茶逃进了深山。后来,碣滩的百姓都学会了制茶,就将这种茶称为碣滩茶。

548 六安瓜片茶有什么传说?

六安瓜片是国家级历史名茶,产于安徽六安齐头山蝙蝠洞一带,又名"齐山云雾"。

从前,齐头山山清水秀,人丁兴旺,就是缺少花朵。当地人正打算栽种一些花朵时,来了一个身穿灰黑色衣衫的妖艳女人,告诉村民花多妖艳,不利于庄稼生长、人畜发育。老实的村民们信以为真,不再有种花之想。后来这个女人在村子安住下来,一见花就面目狰狞,所到之处,花朵残败。可自她住下后,村子便整日黑雾弥漫,庄稼减收,人丁消瘦。

后来,人们发现这个女人是齐头山山洞里的蝙蝠女妖,请来的几个法师、道士也都被女妖打得落荒而逃。眼看生活就要过不下去了,来了一位银发如雪的婆婆,她带来各种花子、茶子,并让人们播种在村子周围。春天将至,茶苗长势旺盛,叶子像切开的瓜皮,老婆婆称之为"瓜片"。女妖与老婆婆在山洞口斗法,妖气都化作白雾、露珠,滋润着山间的植物。经过一番恶战,老婆婆变成身披白花的美丽仙女将女妖打败,而她自己也中毒受伤。村民在仙女的授意下,用采摘的茶芽制成茶叶解除了百花仙女所中之毒。

为了感谢百花仙子舍身为民除害,乡亲们将仙子留下的茶树扩大栽种,由于这里白雾缭绕,温差大,加上百花的芳香,所以那瓜片叶子肥厚,泡出来的茶醇香,成了驰名中外的好茶。

549 白鸡冠有什么传说?

白鸡冠是武夷山四大名枞之一，因叶色淡绿，绿中带白，芽儿弯弯又毛茸茸的，如白锦鸡头上的鸡冠，故名白鸡冠。

很久以前，武夷山有位茶农。岳父生日那天，他抱着家里的大公鸡去祝寿。一路上，太阳火辣辣的炙烤着大地，也把茶农晒得喘不过气来。走到慧苑岩附近，茶农热得实在受不了了，便把公鸡放在一棵树下，自己找了个阴凉的地方休息。一会儿，只听得公鸡一声惨叫，跑过去一看，一条拇指粗的青蛇正从公鸡身边爬过，殷红的血从鸡冠上一滴一滴往下流，正落在旁边的一棵茶树根上。茶农吓出一身冷汗，只好在茶树下扒了个坑将大公鸡埋了，然后赶紧到岳父家祝寿。

令人惊奇的是，这棵茶树此后却长势特别旺盛，不但枝繁叶茂，还一个劲地往上蹿，比周围的茶树明显高一截。树上的茶叶也一天天由墨绿变成淡绿，由淡绿变成淡白，几丈外就能闻到茶叶浓郁的清香。制成的茶叶也与众不同，别的茶叶色带褐色，它却是米黄中呈现出乳白色，形似鸡冠，泡出来的茶水还亮晶晶的，茶香扑鼻，啜一口，清凉甘美。人们就为它取名为"白鸡冠"。

550 庐山云雾有什么传说?

庐山云雾茶产于江西庐山，是绿茶类名茶，中国十大名茶之一。庐山云雾古称"闻林茶"，从明代起，始称"庐山云雾"。

相传，庐山种茶始于汉代，佛教传入中国后，众多佛教徒便结舍于庐山。他们攀崖登峰，种茶采茗。东晋时期，庐山已经成为佛教中心之一，山中茶树也日益著名。唐代文人墨客多有赞颂当地茶业盛世，如白居易的"药圃茶园为产业，野麋林鹤是交游"，白居易还亲自在庐山香庐峰结庐而居，亲辟园圃，植花种茶。

关于庐山云雾茶的由来，据说是孙悟空在花果山当美猴王时，吃腻了仙桃、瓜果、美酒。一天，他突然想尝尝玉皇大帝和王母娘娘喝过的仙茶，于是一个跟头翻上天，踩着祥云往下看，只见九州南国一片碧绿，原来是一片茶林。此时虽然是茶树结子的金秋季节，但孙悟空不知道怎么采种。天空恰有一群多情鸟飞过，美猴王让鸟们帮助采得茶子带回花果山。从南国茶园衔了茶子的众鸟们在飞往花果山的途中，被庐山胜景所吸引，不禁唱起歌来，茶子从嘴中掉落，坠入庐山群峰的岩隙之中。从此，云雾缭绕的庐山便长出一棵棵茶树，在丰富的云雾滋润下，成了清香袭人的云雾茶。

551 安吉白茶有什么传说?

　　安吉白茶是浙江名茶,之所以称为白茶,是因为加工原料采自一种嫩叶全为白色的茶树。安吉县溪龙乡的白茶广场,矗立着一个白茶仙女塑像,塑像四周有一组石雕,上面镌刻着传说中白娘子与白茶的故事。

　　白娘子原是一条修炼千年的白蛇妖,为了报恩,她幻化成美丽的少女来到人间寻找自己恩人的后代。在观音菩萨的指点下,白蛇在美丽的西湖终于找到恩人许仙。二人一见钟情,不久便结为夫妻。婚后白蛇和许仙十分恩爱,两人还开了家药铺,经常免费为百姓看病、抓药。

　　一年端午节,白娘子误饮雄黄酒,现出原形,吓死了许仙。白娘子醒后,自然心疼不已,只好冒死上仙山盗仙果,用仙果来挽救许仙的生命。但在返回的路上,白娘子不小心将仙果遗落在安吉的高山峻岭上。到家才发现仙果遗失的白娘子返身一路寻至安吉的崇山峻岭上,仙果已经长成枝繁叶茂的白茶树。白娘子于是居山修道,日夜呵护白茶树,待白茶树结果才赶回去救活了许仙,从而又过上了快乐幸福的生活。

552 水金龟有什么传说?

　　水金龟是福建武夷山四大名茶之一,因茶叶浓密,色泽青褐润亮,闪光时宛如金色之龟,因此得名。关于水金龟的由来,这里也有一个美丽的神话传说。

　　武夷山历来产名茶,有祭茶的习俗。一年,御茶园里热闹的祭茶活动惊动了天庭仙茶园里专门为茶树浇水的金龟。被人间祭茶的盛况所吸引,金龟决定从天庭返回人间作一株受人敬奉的茶树。于是选好九曲溪畔至山北牛栏坑一带的上佳之地,施法运功,口吐神水,武夷山顿时暴雨淋漓,雨水顺着峰崖沟壑,带着泥沙碎石,向山下奔去。金龟顺势变成一棵茶树,顺着暴雨落到了武夷山北。

　　第二天一早,出来巡山的磊石寺和尚发现牛栏坑杜葛寨兰谷岩的半崖上,有一个绿蓬蓬、亮晶晶的东西正顺着雨水冲刷出的山沟泥路慢慢地向下爬,爬到半岩石凹处就斜着身子不动了。远远望去,像一个爬累了的大金龟趴在坑边喝水。和尚走近一看,原来是一棵从山上流下来的茶树,枝干、叶子厚实,油光发亮,张开的枝条错落有致,像一条条的龟纹。凭着多年的经验,和尚知道这一定是名贵的好茶树,赶紧回寺院里报喜,闻信而来的和尚们众星捧月般围着茶树祷告、参拜,精心采制成就一方名茶。

553 铁罗汉有什么传说？

铁罗汉是武夷山四大名枞之一，不但香气馥郁悠长，还有治疗热病的功效。关于铁罗汉的由来，有很多种传说。

传说之一：武夷山慧苑寺有个积慧和尚，他对茶叶采制技艺很擅长，经他采制的茶叶，清香扑鼻，醇厚甘爽，四邻八方的人都喜欢喝他采制的茶。由于积慧身体庞大魁梧，又黝黑健壮，人们都亲切地叫他"铁罗汉"。一天，积慧在蜂窠坑的岩壁隙间，发现了一棵新茶树。这茶树冠高挺拔，枝条粗壮，芽叶毛绒又柔软如绵，散发出一股诱人的清香。积慧采些嫩叶带回寺中制成岩茶，请附近乡亲一起品茶，结果此茶味香皆佳。给茶命名时，乡亲们说，这茶既是积慧发现并采制的，就以他的名字命名，叫"铁罗汉"吧。

传说之二：王母娘娘召开蟠桃会，五百罗汉开怀畅饮，喝得酩酊大醉。其中以掌管茶的罗汉醉得更深，走路都跟跟跄跄的，在回家的路上，途经慧苑坑上空，失手将手中茶折断，落在慧苑坑里，被一老农捡回家。老农当天做一个梦，掌管茶的罗汉对他说将茶枝栽在坑中，制成茶，不但味道清香，还能治百病。老农依照嘱托制成茶，果然与罗汉梦中所说相符，于是为茶取名为"铁罗汉"。

554 不知春有什么传说？

不知春也是福建武夷山名茶，传说是清代才子寒秀堂为其命名的。

寒秀堂平生最喜茶，读《茶经》，吟茶诗，作茶赋，喝山茶，可以说他的生活充满了茶，由此可见他对茶的喜好。一天，他听说武夷山山美水甜，更重要的是茶香。于是，寒秀堂彻夜不停地赶到武夷山，要亲自尝一下武夷山名枞。不巧的是，等他赶到的时候，清明、谷雨已过，武夷山春茶采摘已毕。寒秀堂甚为扫兴，好在武夷山水光山色优美，总算不枉此行了。

寒秀堂走到天游峰下的一块大石旁，忽然闻到一股奇香：似兰，似桂，清甜浓郁。他顺着香味往前走，一直走到一个阴暗冰凉的岩洞，这才发现石头堆里长着一株大茶树，茶叶肥厚，满树郁郁葱葱，随风摇曳，散发出醉人的芳香。寒秀堂忍不住感叹地说："春过始发芽，真是不知春哪。"话音刚落，就传来一阵笑声，回头一看，原来是采茶姑娘。她正笑吟吟站在洞口，对他说："'不知春'这茶名起得真好，真是谢谢先生了。"原来这姑娘是武夷山的茶姑，每年此时都到武夷山来采此茶，但始终不知这茶树的名字。后来，这种茶树便被人称为"不知春"。

555 白瑞香有什么传说?

白瑞香是武夷山十大名茶之一,所泡之茶很有层次感,或淡然,或炽烈,香气朦胧缠绵,似传说中仙子的芳香。

据说一年夏天,武夷山久旱不雨,天干物燥,人们纷纷设坛求雨,也未奏效。一天凌晨,早起的樵夫上山砍柴,发现远方有一白衣少女,正挑水上山。樵夫很是奇怪,这么大清早,怎么会有如此可人的女子挑水在这深山里走动?于是樵夫悄无声息地跟踪,想探究竟。樵夫一直跟踪到慧苑岩谷处,却见那女子浇起茶树,樵夫感叹少女的勤快贤惠,正想走近搭讪,那白衣女子却不见了。细看那株茶树,在久旱的季节竟长得枝叶繁茂,碧绿如同宝玉,身白如白蜡,整棵茶树又像亭亭玉立的白衣少女,还散发出阵阵清香。樵夫以为自己一定遇见了仙女,是祥瑞之兆,于是为茶树取名为"白瑞香"。

556 良马换《茶经》讲的是什么传说?

唐末时期,我国的茶马交易已经很盛行。这年,唐使按照往年惯例,在边关囤积了一千多担上等的茶叶,准备和别国换取急需的战马。

回纥的使者也按照每年的惯例带着马匹来到边关交易,可是他却拒绝了原来的贸易交易品,要求换取一本《茶经》。唐使虽然从来没有见过《茶经》这本书,但是用一本书换一千匹马,是很合算的,于是和对方签订了合约。唐使签了合约后,连夜奔波赶回朝廷,将此事报告给朝廷。可是满朝文武却都不知道《茶经》这本书,将书库翻遍了也找不到此书。

这时,太师忽然想起江南有位品茶名士,或许《茶经》就是他所写的。于是皇帝派人快马前往江南寻找那位高人,但是眼看两国约定的期限就快到了,还是没有找到陆羽和《茶经》。朝廷上下都在为此事焦急着,忽有一日,一个秀才拦住朝廷使者的马,大声喊说:"我乃竟陵皮日休,特向朝廷献宝。"使者问:"你有何宝要献啊?"皮日休当即捧出《茶经》三卷。

使者看见后心中惊喜不已,赶忙下马跪接道谢,并说道:"有此宝书,换得战马千匹,平叛宁国有望矣!"从此以后,陆羽的《茶经》名扬海内,成为种茶、品茶的珍贵书籍。

557 袁枚品茶有什么传说?

袁枚生活在清代乾隆年间,号简斋,著有《随园诗话》一书。他一生嗜茶如命,特别喜欢品尝各地名茶。他听说武夷岩茶很有名,于是想要品尝。他来到武夷山,但是尝遍了武夷岩茶,却没有一个中意的滋味,因此他失望地说道:"徒有虚名,不过如此。"

他得知武夷宫道长对品茶颇有研究,于是便登门拜访。见了道长之后,袁枚问道:"陆羽被世人称为茶圣,可是在《茶经》中却没有写到武夷岩茶,这是为什么呢?"道长笑笑没有回答,只是把范仲淹的《斗茶歌》拿给他看。袁枚读过这本书,可是觉得词写得很夸张,心中有些不以为然。道长明白他的心思,因而说道:"根据蔡襄的考证,陆羽并没有来过武夷,因而没有提到武夷岩茶。从这点可以说明陆羽的严谨态度。您是爱茶之人,不妨试试老朽的茶,不知怎样?"

袁枚按照道长的指示,慢慢品尝着茶,茶一入口,他感到一股清香,所有的疲劳都消失了。这杯茶和以前所喝的都不相同,于是他连饮五杯,并大声叫道"好茶"!袁枚很感谢道长,对道长说道:"天下名茶,龙井味太薄,阳羡少余味,武夷岩茶真是名不虚传啊!"

558 雪芹辨泉有什么传说?

传说《红楼梦》的作者曹雪芹,是个爱泉嗜茶的人,曾经有很长时间他都居住在香山白旗村。曹雪芹和鄂比是好朋友,经常在一起散步,还会一并上法泉寺南的品香泉打水回家泡茶。

这天,外面下雨了,鄂比就劝曹雪芹到双清泉取水,但是曹雪芹却不肯。鄂比很不理解,就问他为什么。曹雪芹回答说:"我将香山的七个泉水都尝过了,只有品香泉的水质最清澈、最香甜,泡出的茶味道最好。"鄂比对此并不相信,颇有怀疑。

又一次,鄂比来邀请曹雪芹,可是曹雪芹正在创作,因而鄂比只好自己上山取水。鄂比想试一下他辨泉水的能力,于是在水源头装了半壶水,然后在品香泉将其加满。回到住处,他将茶沏好,两人举杯啜饮。曹雪芹刚喝几口,他就问道:"你是从哪里打的水?壶里怎么是两股泉水,一股是水源头的水,一股是品香泉的水,对不对?"

鄂比听到后,大吃一惊,惊奇地看着曹雪芹。曹雪芹又说道:"这茶的上半碗水味道很纯正,是品香泉的水,但是下半碗就差多了,应该是水源头的泉水。"鄂比听了他的话,对他敬佩不已,也相信了他的辨泉能力。

559 邮票上有哪些茶文化?

　　《宜兴紫砂陶》,当代王虎鸣设计。以紫砂名壶为题材的纪念邮票,共四枚,发行于1994年。底色为灰色,打有中式信笺的线框,邮票上有行草书写的梅尧臣、欧阳修、汪森、汪文伯关于紫砂壶的名句。图的上方有女篆刻家骆苋苋的四方印章:圆不一相、方非一式、泥中泥、艺中艺。

《茶》这套邮票发行于1997年4月8日,全套共分茶树、茶圣、茶器、茶会四枚。

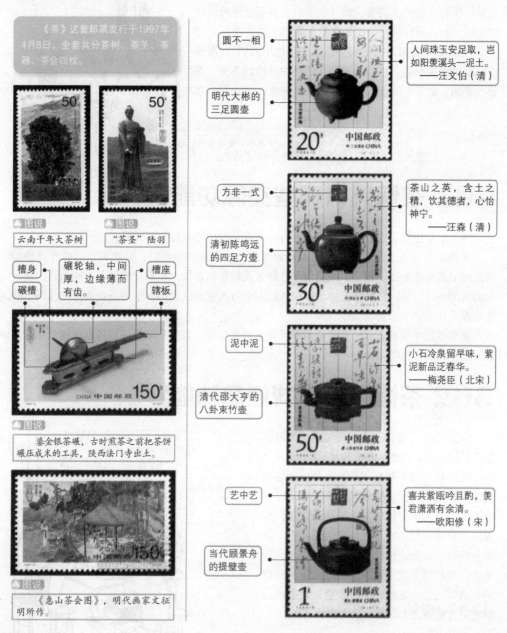

▲图说
云南千年大茶树

▲图说
"茶圣"陆羽

槽身
碾槽
碾轮轴,中间厚、边缘薄而有齿。
槽座
辖板

▲图说
鎏金银茶碾,古时煎茶之前把茶饼碾压成末的工具,陕西法门寺出土。

▲图说
《惠山茶会图》,明代画家文征明所作。

圆不一相
明代大彬的三足圆壶
人间珠玉安足取,岂如阳羡溪头一泥土。
——汪文伯(清)

方非一式
清初陈鸣远的四足方壶
茶山之英,含土之精,饮其德者,心怡神宁。
——汪森(清)

泥中泥
清代邵大亨的八卦束竹壶
小石冷泉留早味,紫泥新品泛春华。
——梅尧臣(北宋)

艺中艺
当代顾景舟的提璧壶
喜共紫瓯吟且酌,羡君潇洒有余清。
——欧阳修(宋)

560 为什么说茶馆是一个古老而又新兴的行业?

中国各地茶馆遍布，形成了独具特色的茶馆文化。人们可以在茶馆里听书、看戏、交友、品茶、尝小吃、赏花赛鸟、谈天说地、打牌、下棋、读书看报等，旧社会时，人们还在茶馆调解社会纠纷，洽谈生意、了解行情、看货交易；黑社会的枪支买卖、鸦片交易也常在茶馆进行，总之七十二行，行行都把茶馆当作结交聚会的好去处。

俗话说："四川茶馆甲天下，成都茶馆甲四川。"漫步于成都的大街小巷，总能发现林立的高中低档的茶铺、茶楼、茶坊，给整座城市增添了几分雅致闲适。

▶图说

茶馆是一个多功能的社交场合，是反映社会生活的一面镜子，老舍的《茶馆》描述的就是这样的情景。

561 茶馆具有哪些交际功能?

现在的茶馆除了人们喝茶之外，还有一个重要的功能就是交际功能。

现代人在商务上的来往要比以前频繁很多，人们在谈生意时，喜欢到饭店餐厅这些场所，边用餐边谈生意。如今，人们也将这种方式转移到茶楼，在茶楼中品茗、吃茶点，在轻松的氛围中谈生意。在茶楼安静、轻松的氛围中洽谈生意已经得到很多商务人士的认同，并逐渐普及开来。

很多茶馆中都有表演，这里是戏剧爱好者的聚集地，因此戏剧爱好者可以在这里认识到志同道合的人，共同探讨。

562 茶馆具有哪些信息功能?

信息是指"音信"和"消息"，茶馆的信息功能主要表现在信息的传递。

茶馆从古到今都是信息的集散地，能为茶客们提供最有价值的信息。茶馆要及时获取茶科技、茶经济和茶文化的最新信息，充分发挥自身信息功能。在日常的经营中，茶馆会将自己得到的信息及时传递给顾客，茶客之间的相互交流也促进了信息的交流，此外，茶馆还不定期地举行茶会，茶会的目的就是为爱茶之人提供一个交流的场地。

茶馆提供给茶客茶产品、茶服务、茶文化等信息。

茶客之间交流信息互通有无。

563 茶馆具有哪些休闲功能？

现代茶馆的一个重要功能就是休闲功能，人们的生活压力越来越大，在茶馆中可以放松身心，缓解压力，保持活力。

在品茶时，人们抛却生活和工作中的烦恼，补充自己的体力，使自己精力充沛。在茶馆里，大家可以尽情放松，展示真实的自我。茶馆中还是人和人交流的场所，在这里大家互相交流，可以扩大眼界，增加知识。

🔲图说

茶馆的休闲功能主要是可以调整人们的体力和精力，增长文化知识。

564 茶馆具有哪些审美功能？

审美功能是人们的精神需求，茶馆的审美包括自然之美、建筑之美、格调之美、香茗之美、壶具之美、茶艺之美。

自然之美，很多茶馆都设在风景优美的地方，室内装饰时也常运用到自然风景；建筑之美，茶馆建筑华丽古朴，令人赏心悦目；格调之美，每一个茶馆都有独特的格调以吸引顾客；香茗之美，品质上佳的香茗，使人身心愉悦；壶具之美，高雅精美的茶具可为饮茶增加乐趣；茶艺之美，茶馆中的茶艺表演可使人净化心灵，陶冶情操。

🔲图说

茶楼通常选在草木清雅、风景秀丽的地方，建筑风格也别有韵味。

565 茶馆具有哪些展示功能？

展示，也是茶馆的一个重要功能。许多茶馆中经常举办茶叶展览、书画展览、茶具展览等展示活动。因为茶馆的场地很适合举办这些文化气息浓重的活动，所以很多展览的主办人就把目光放在了茶馆，也让茶馆成了展示的平台，人们交流的场所。

还有另外一种就是在日常的经营中展示产品，比如 DM（直接邮递广告）杂志、小饰品等，可以放在茶馆中展示，或者免费送给客人，也能起到一个展示的作用。

🔲图说

浓郁的文化艺术氛围让茶馆在茶叶、书画、茶具展览方面有着得天独厚的优势。

566 茶馆具有哪些教化功能？

教化功能，就是指教育感化的功能。在茶楼的茶文化氛围中，可以让人们修身养性，陶冶情操。

人的心灵美不是抽象的，它包括人的思想、品德、情感、志趣、学识和性格等，这些方面外显为具体的行动，就成为心灵的反映。心灵美，可以创造和谐的社会关系，社会的进步也会促进人与人之间的交往。茶馆文化中的教化功能能够满足人们对心灵的追求，茶文化是一种快乐教育，在人们享受茶饮美味时，心灵得到净化，情操在潜移默化中得到陶冶。

567 茶馆具有哪些餐饮功能？

茶和饮食是息息相关的，茶是人们日常生活中不可缺少的饮品，而"民以食为天"，饮食更是人们生存下去的条件。

现在的茶馆，不仅包括茶饮，还为顾客提供各种精美的菜食、茶点、茶食等，让顾客在品茶的同时，还能品尝到美食，将茶文化和饮食文化很融洽地结合在了一起。

▶图说

茶馆的餐饮功能不仅丰富了其原有内涵，也是新经营模式的一种探索。

568 当代茶馆有哪些类型？

按照文化特征来说，当代茶馆可以分为传统型、艺能型、复合型、时尚型等。

传统型茶馆，都是一些有名望的茶馆，它们在历史的沉淀下和地域的优势上形成一种茶文化现象。这些茶馆一般历史都较长，有自己的品牌。

艺能型茶馆，是指茶与艺相结合的一种茶馆。这些茶馆以表演艺术为主，将品茶和表演结合，在品茶时可以欣赏艺术表演。

复合型茶馆，这些茶馆将饮茶、餐饮、娱乐等融合在一起，服务比较全面，例如饭店、宾馆、餐厅中设的茶座、音乐茶座、戏曲茶座、书场茶座、影院茶座、舞厅茶座、商场茶座、书店茶座等。

时尚型茶馆，是指将茶文化和时尚文化相结合的一种茶馆。

▶图说

时尚型茶馆一般格调淡雅，具有很高的文化情调和文化特色。

第九章
茶与民俗

　　自古以来，纷繁复杂的茶文化即与民俗文化有着如影随形般的关联。茶意，精行简德，是人们祭祖拜神的首选；茶品，性情坚贞，是新婚佳偶的良伴；茶行，静雅寄思，是寄托哀思的载体；茶风，贴近生活，是民风民俗的体现；茶饮，多姿多情，是各地风情的渲染……人们亲茶、爱茶，用茶扫除着心灵的尘迹，装点着世界的橱窗。

569 清宫祭祖时为何要用茶叶？

　　茶，自古以来寓意精行简德、清雅超凡，古人以茶为祭，有表明自身内心虔诚谦恭、清洁素雅之意。用茶作祭有三种方式：以茶水为祭；以干茶为祭；以茶具象征为祭。

　　在我国民间习俗中，茶与丧祭的关系十分密切。《南齐书》中有这样的记载，齐武帝萧颐在遗诏中称："我灵上慎勿以牲为祭，唯设饼果、茶饮、干饭、酒脯而已。"从长沙马王堆西汉古墓的发掘中已经知道，我国早在2100多年前已将茶叶作为随葬物品。皆因古人认为茶叶有"洁净、干燥"之功用，有利于吸收异味、保存遗体。

●图说

皇穹宇
　　位于北京天坛，此处供奉着清朝皇室祭天大典中所供的神位以及帝王列位祖先的牌位，不论功效或是寓意，茶都是古人祭祀中最佳、最得体的用品。

　　无论是皇宫贵族，还是庶民百姓，在祭祀中都离不开清香芬芳的茶叶。许多民族都保留着以茶祭祖、陪丧的风俗。清代的宫廷，在祭祀祖陵时必用茶叶，同治十年（1871）冬至大祭时祭品中就有"松罗茶叶十三两"的记载。

570 民间为什么用"三茶六酒"来做丧葬祭品？

　　在我国民间，百姓们常用"清茶四果"或"三茶六酒"来祭天祀地，期望能得到神灵的保佑。他们把茶看作是一种"神物"，用茶敬神即为最大的虔诚。因此，在中国古老的禅院中，常备有"寺院茶"，并将最好的茶叶用来供佛。

　　浙江绍兴、宁波等地在供奉神灵和祭祀祖先时，祭桌上除鸡、鸭、鱼、肉外，还要放置九个杯子，其中三杯是茶，六杯是酒。九为奇数之终，以此代表多的含义，象征祭祀隆重、祭品丰富。

●图说

　　古时人们将茶视为可沟通凡间与天界的灵物，以茶敬神是最大的虔诚。

供奉的神龛。

在空地搭建起的神坛。

跪倒在地，祈求神灵保佑来年风调雨顺的百姓。

571 湘西苗族怎样祭茶神?

以前的时候,湘西苗族有祭祀茶神的习俗。

祭茶神的仪式极为严肃安静,据说茶神穿戴褴褛,若听到嘻笑声,就不愿降临。因此,白天在室内祭祀时,不准闲人进入,甚至会用布围起来。若在夜晚祭祀,也要熄灯才行。

祭祀茶神	早晨	早茶神
	正午	日茶神
	夜晚	晚茶神

祭品以茶为主,辅以钱纸、米粑等物品。

572 云南傣族怎样祭茶树?

傣族在云南的大部分地区均有分布,他们喜欢聚居在大河流域、坝区和热带地区,大多数人信仰南传上座部佛教。傣族先民出自我国云南西南傣族聚居区,东南亚各国傣族都来源于此,如缅甸的掸族、老挝的佬族和泰国的泰族。"傣",意为酷爱自由与和平的人。

云南西双版纳傣族自治州基诺山区有祭祀茶树的习俗。祭祀仪式在每年夏历正月间进行,由各家男主人在清早带公鸡一只到茶树下宰杀,拔下鸡毛连血贴在树干上,边贴边说一些吉利话,以期来年茶树有好的收成。

▶图说

生活在云南地区的傣族人有祭茶树的习俗,在夏历正月间进行,祭茶树的目的是期望来年茶树能带来好的收成。

573 台湾茶工怎样拜祭茶郊妈祖?

妈祖娘娘,被奉为海神,是港、澳、台一带航海者心目中的保护神。清代之时,台湾的制茶师傅多从福建聘请。每年春季,大批制茶工从福建渡海去台湾,他们用茶祈求妈祖保佑平安,并将妈祖香火带到台湾后寄挂在茶郊永和兴的回春所内,秋季带回家乡。

后来,从福建迎去的妈祖,就被称为"茶郊妈祖",供在台湾回春所内。每年农历九月二十二日,当地茶人举行祭典仪式。祭典方式依照茶郊永兴主事惯例,轮流担任炉主。

除了每年定期的祭祀活动,台北市茶商业同业公会每月第2、4周的周六上午举办大稻埕找茶趣的活动,免费带民众了解台北茶叶发展史,活动内容有影片欣赏、茶叶景点实地探访、拜访茶庄,及买茶、品茶等。

574 道教与茶有什么关系？

道教与茶早就有联系，在早期的道教经典《抱朴子》中已有记载："盖竹山，有仙翁茶园，旧传葛元植著于此。"葛元是汉代炼丹士，相传他师从左慈，在浙江临海盖竹山苦炼金丹术，研究养生之道。辟山种茶是为养生之用。

南朝道教领袖陶弘景，著有《神农本草经集注》七卷。在《杂录》中说："苦茶轻身换骨，昔丹丘子、黄山君日常服用。"意思是说，汉代道人丹丘子、黄山君因饮茶而得道。

相传南朝道教奠基人陆修静曾"话茶吟诗"通宵达旦。历代道教名士，无不钟情于茶，以茶招待来客，向人推介名茶，将茶作为养生之道，为茶著书立说……凡此种种，无不对饮茶风尚的传播起到积极的作用。

唐代道家茶人的代表是女道士李冶，即李季兰。她与"茶祖"陆羽交情深厚，曾与陆羽、皎然在苕溪组织茶诗会。有学者认为：正是这"一僧、一道、一儒"三人，共同开创了盛唐的茶道格局。

图说
道家崇尚自然，常从茶道中的顿悟来寻求养生、得道之法。

575 佛教与茶有什么关系？

佛教在汉朝传入我国，从此便与茶结下了不解之缘。茶与佛教修身养性时的要求极为契合，僧人饮茶可助其静心除杂，当然会倍加喜爱。

唐宋时期，佛教盛行，寺必有茶。南方的寺庙，几乎庙庙种茶。

据《茶经》记载，僧人在两晋时即以敬茶作为寺院待客之礼仪。到了唐朝，随着禅宗的盛行，佛门尚茶之风更加普及。佛教提倡饮茶，在我国的很多寺院中还专门设有"茶堂"，用来品茶、专心论佛之用。寺院茶礼包括供养三宝、招待香客两方面。中晚唐时百丈怀海和尚创立《百丈清规》，从此寺院的茶礼已趋于规范。

自古名寺出名茶，我国的不少名山寺庙都种有茶树，出产名茶。无论在茶的种植、饮茶习俗的推广、茶宴形式、茶文化对外传播方面，佛教都有巨大贡献。

图说
茶可使人感到宁静、平和、自在、喜悦，从而荡除尘世之杂念。

佛教认为，茶有"三德"。
（1）坐禅时可提神不眠；
（2）满腹时可帮助消化；
（3）有欲望时可平心静气。

576 基督教与茶有什么关系?

　　16世纪时，在马丁·路德和加尔文等人的领导下，北欧和英国等地相继发生宗教改革运动，基督教新教脱离天主教而独立。此时，中国属于元代统治时期。

　　公元1556年，葡萄牙神父克鲁士（Cruz）到中国传播天主教。四年之后他回国时，将中国的茶叶以及饮茶知识传入欧洲，"凡上等人家，习以献茶敬客，此物味略苦，呈红色，可以煎成液汁，作为一种药草用于治病。"

　　在他之后，意大利牧师利赛（Ricci）等人相继来中国传教，回国后都曾介绍我国的饮茶风俗。如勃脱洛的《都市繁盛原因考》中说："中国人用一种药草煎汁，用以代酒，可以保健而防疾病，并可免饮酒之害"。葡萄牙神父庞迪峨（Pantoia）谈到中国饮茶习俗时说："主客见面，互通寒暄，即敬献一种沸水冲泡之草汁，名之为茶，颇为名贵，必须喝两三口"。

🔵图说

基督教远涉重洋，在世界范围内传播教义过程中，对中国的饮茶之道、饮茶风俗有着相当细致和全面的宣传。

577 为什么在我国茶与婚俗有密切的关系?

　　我国各民族地区婚俗中都有用茶的习惯，不同的民族有不同的茶婚俗，形成多姿多彩的茶文化。云南的拉祜族，男方去女方家求婚时，必须带一包茶叶、两只茶罐及两套茶具。女方则根据男方送来的"求婚茶"质量的优劣，判断男方劳动本领的高低。

　　贵州侗族，若姑娘不愿意父母包办的婚姻，可以用退茶的方式退婚：她悄悄包好一包茶叶，选择一个适当的机会亲自送到男方家中，对男方的父母说："舅舅、舅娘，我没有福分来服侍两位老人家，请另找好媳妇吧！"然后把茶叶放在堂屋的桌子上离开，此亲事就这样退掉了。

　　辽宁、内蒙古一带的撒拉族，男方要派媒人向女方家送"订婚茶"，订婚茶一般是2千克，分成两包，另外，还要加一对耳坠以及其他礼品。

🔵图说

古人误以为茶树栽种下即不可移植，因而风俗上多以"吃茶"作为下聘定礼的必用程序或信物。

　　藏族人把茶叶看作是珍贵的礼品。结婚时，主人必须熬出大量色泽红艳的酥油茶来招待宾客，并且由新娘亲自斟茶，以此象征幸福美满、恩爱情深。

　　云南西双版纳的布朗族，举行婚礼的当天，男方派一对夫妇接亲，女方则派一对夫妇送亲。女方父母给女儿的嫁妆中有茶树、竹篷、铁锅、红布、公鸡、母鸡等。但不管穷富人家，在给女儿的嫁妆中，茶树是必不能少的。

578 什么是"说茶"婚俗?

在云南省西北部的独龙族，在提亲时有"说茶"的风俗。若小伙子喜欢上了一个姑娘，就会请一个有口才且有威望的本寨已婚男子去说亲。媒人去提亲时要提一只茶壶，背着五彩袋子，袋子里装着茶叶、香烟和一个茶缸。到了姑娘家后，无论女方态度如何，媒人要麻利地把茶壶灌上水，把炉火烧旺，泡好茶水。这时，女方家人会围到火塘边。媒人依照顺序为大家斟茶，接着谈婚事。

肩负重任的媒人必须能说会道。

被说动的人则会喝光茶水。

女方没有喝茶的人表明仍没被说动。

若在谈论的过程中，女方家人喝光了茶水，说明亲事说成了。如果说到深夜，茶水一直没人动，那么第二天晚上媒人还会再来。若接连三个晚上，依然没人喝茶，男方只能放弃。若还不死心，也只能等到一年以后再提亲。

579 什么是以茶为媒?

生活在滇西深山区的德昂族，是以茶叶为图腾的民族。德昂族的传统习俗，14岁时会举行"成年礼"，之后便可以谈恋爱"串姑娘"了。

德昂族的未婚男女是分开的，他们有各自的组织。男性团体的头目称为"叟色离"，女性团体的头目叫"叟色别"。头目的职责是负责组织未婚男女的社交活动，通常是利用节日、婚礼或公共活动时，组织一群少男与一群少女集体对歌，寻找意中人。

若某小伙子钟情某姑娘时，便会在月色之夜到姑娘家的竹楼前，弹拨小三弦，低声吟唱。如两人情投意合，姑娘的家人会避开，留下这对有情人，直到鸡啼方散，这便是以茶为媒。

姑娘若无意，便不搭理；反之便会打开门，请小伙子进屋喝茶、嚼烟。

年轻男子在心上人的窗前低唱以示爱慕。

580 什么是"三茶礼"?

旧时，在江南扬州一带的婚嫁风俗中，有"三茶礼"之说。双方定亲之后，男方会到女方家去"催妆"，女方也会送嫁妆到男方家"铺房"。"催妆"，即请媒人到女方家催促姑娘置妆，以便及时迎娶。"铺房"，即女方把妆妆送到男方家里，逐一布置安顿。这两项仪式是互访性质，有相互视看的意思在内，多为大户人家所为。普通百姓平时走动多，相互情况早已了解。

媒人带新郎前往女方家接嫁妆，是在婚期的前一天。接嫁妆时，女方家中要行"三茶礼"。其中前两道茶，新郎不能吃下去，只要嘴唇轻触汤水即可。第三道茶，新郎才可以随意饮用。

古时扬州的"三茶礼"分为三道茶

第一道	"果子茶"，茶中有枣子、莲子、百果等；红枣寓意婚姻甜蜜，莲子寓意子孙满堂，百果寓意吉祥多福。
第二道	"甜点茶"，是四喜汤圆；四喜取福禄寿喜，汤圆寓意美满团圆。
第三道	"清心茶"，是龙井、碧螺春等绿茶；绿茶有表明新郎心正专一之意。

581 什么是"吃蛋茶"?

浙南地区的畲族，在娶亲日有"吃蛋茶"的风俗。新娘到了男家，鸣放鞭炮，并派"接姑"二人将新娘接入中堂。这时，婆家会挑选一位父母健在的姑娘，端上一碗甜蛋茶递给新娘吃。

按照习俗，新娘只能低头饮茶，不能吃蛋。若吃了蛋，则认为不稳重，会受到丈夫和他人的歧视。等陪送之人都吃过蛋茶后，新娘会把事先备好的红包放到盘上，这称为"蛋茶包"，是对端茶人的一种谢意。

蛋茶主要是以加糖的茶汤、鸡蛋、莲子熬煮而成。

注意事项：具体吃蛋茶时，吃的人不能将碗中的蛋全部吃光，这里有祝愿主人家"有吃有存，好事成双"之意。

▲图说
　　每逢贵客登门，畲族人也会奉上甜润的以糖水煮制的蛋茶。

582 什么是"喝宝塔茶"？

福建福安一带的畲族，在婚嫁礼仪之中，有"宝塔茶"的风俗。

畲族青年在结婚的前两天，男方必须挑选一位能歌善舞的男子作为亲家伯，他全权代表男方，要挑上猪肉和禽蛋等聘礼前往女方迎亲。女方看到"亲家伯"，会鸣炮迎接。"亲家嫂"会搬一张板凳放在厅堂的左首请他入座，而"亲家伯"须懂得谦让，把板凳挪到右边就座。接着，"亲家嫂"向他敬烟，而"亲家伯"要拿出自己的烟，先敬"亲家嫂"及在场各人。若礼节不当，会被视为无礼，会扔鞭炮到他脚边，取笑于他。

压上最上的一碗。

中间三碗围成梅花状。

一碗垫底。

▲图说

层层垒砌的茶碗代表着女方对喜日登门的深切盼望。

男方送来的礼品要摆在桌上展示，"亲家嫂"会把猪肉和禽蛋一一过秤，亲家伯一语双关地问道："亲家嫂，有称（有亲）无？"亲家嫂连声答道："有称（有亲）！有称（有亲）！"

接着，"亲家嫂"用樟木红漆八角茶盘捧出5碗热茶，呈宝塔形，请"亲家伯"品饮。"亲家伯"品饮时，要用牙齿咬住宝塔顶上的那碗茶，以双手挟住中间那3碗茶，连同底层的那碗茶，分别递给4位轿夫，他自己则一口饮干咬着的那碗热茶。这种高难度的表演，若出现失误，还会遭到"亲家嫂"的奚落。

在敬宝塔茶时，通常会有对歌习俗，由"亲家嫂"和"亲家伯"以歌相对。对歌完毕，才会接饮宝塔茶。

583 什么是"合枕茶"？

古人认为，茶树不能移植，把它当作坚贞不移的象征，象征爱情之纯洁；茶树多子，象征子孙繁盛；茶树四季常青，寓意爱情常青，白头偕老。因此，古人婚俗离不开茶。

在我国某些地方，有"合枕茶"的婚俗。一对新人在临睡之前，夫妇要共饮"合枕茶"。由新郎捧着一杯清茶，双手递给新娘喝一口，然后自己再喝一口，这就完成了人生大礼。

婚后第二天，新郎新娘要捧着盛满香茶的茶盘，向长辈们"献茶"行拜见礼。长辈们喝了茶，就会拿出红包放在茶盘上作为"见面礼"。

▲图说

同房之前的合枕茶预示新人爱情如茶般坚贞不移、长青多福。

584 什么是"婚房闹茶"？

婚房闹茶，指的是婚茶习俗中最热闹的"闹茶"，旧时在我国鄂南地区要连续上演三夜。

当主婚人宣布"闹茶"开始时，新人一起抬一茶盘，盘中有一支红烛和四杯香茶。茶抬到谁面前，他就必须说一段茶令才能喝茶。村里年轻人的茶令往往不雅而荤，多是有关性的隐语。通过三个大半夜的抬茶闹茶，不但让新娘认识了村中大多数男青年，也让新人之间增进了解和交流，对日后夫妻感情有很大帮助。

旧时，湖南安化有"吃闹房擂茶"的习俗。在新婚之夜闹洞房正高兴时，大伙会嚷着要打擂茶。大嫂们把擂钵端出来，塞到新娘手里，又把她按坐在椅子上。小伙子们则抓住新郎，塞给他一个擂槌，公爹把茶叶、花生、红枣等放进擂钵里，大家七手八脚推搡着新郎让他把擂槌伸进擂钵里去擂，有的人还不时往擂钵里添水。只见新郎双手握擂槌，在众人的捉弄下，东一槌西一槌地一顿乱戳，水浆四溅，非常滑稽，引起一阵又一阵的哄笑。等嬉闹完毕，婆婆会把擂钵抱进厨房，加工好擂茶，请大伙吃个畅快。

▲图说

闹茶是在闹新房时所行的茶礼，在此期间新人双方可增进了解，并将婚礼的气氛推向高潮。

585 什么是"新媳妇油茶"？

在广西三江林溪河一带，侗家人往往在春节前后办婚事。新娘过门后，要在婆家住上三五夜（住单不住双）再转回娘家。在回门前一天要吃喜酒，还有"闹新媳妇油茶"的习俗。

当天晚上，村里的年轻人纷纷到新娘屋。与同辈宾客说一些诙谐的笑话，羞得新娘躲进洞房。宾客们便要新郎一次次去叫开洞房门，民间认为洞房门难开，使新郎为难，夫妻恩爱便深厚。新娘出洞房门后，献茶正式开始，长辈们届时出席。爱逗乐的宾客要等新娘说出敬的是"新娘茶"，才肯接受。新娘也设法取乐宾客，如：用茶水米花盖着大块的糯粑和整条香肠，使吃者无从下口，狼狈不堪，引得哄堂大笑。双方的逗趣，不会也不能生气，从而增添了婚礼的欢乐气氛。

后生们会用各种办法使躲入洞房的新媳妇走出来，如踏楼板、放鞭炮、烧干锅等。

新媳妇会以热油茶"报复"调皮的后生。

滚烫的油茶。

586 什么是"喝喜茶"？

在一些地区，婚后第二天有"吃喜茶"的习俗。比如：在四川西部，旧时的"吃喜茶"习俗是这样的：婚后第二天，新娘要拿出从娘家带过来的甜食、糖果、瓜子、咸菜、茶叶等，招待男方的亲友和来客，这俗称"摆茶宴"。

云南大理白族的吃喜茶又有所不同，新郎与新娘第二天早上，先向长辈敬茶，接着拜父母、祖宗，然后夫妻共吃团圆饭，至此才撤去婚棚，宣告婚礼的结束。

陕南巴山地区，新婚第二天清晨，要摆出嫁妆菜，沏上巴山香茶，让宾客围桌而坐，一起品茶，并唱歌助兴。

甘肃肃南裕固族婚后第二天，新娘要在天亮前到厨房点燃灶火，俗称"生新火"。然后用新锅熬一锅新茶，称为"烧新茶"。茶烧好后，由新郎请来全家老少，新娘则为全家每人舀一碗茶。若怀中有婴儿者，新娘须喂一小块酥油，以示新娘的贤惠。

🔵图说

在我国，各地敬献喜茶的方式虽有不同，但其内涵都是为了表达新人对长辈的尊敬以及对宾朋的谢意。

587 什么是"挂壶认亲"？

挂壶认亲，实际上是青年男女在追求幸福的过程中，通过自由恋爱打破旧有习俗而做出的无奈之举。

传说，以前我国南方某山区的农历三月三晚上，青年男女都燃起篝火上山对歌，对上后女的便跟随去男家睡一夜再返家，次年三月三可抱着孩子到男家成婚。如不怀孕，第二年三月三要再找另外的男子对歌。若连续对歌三年还没有生子的，只能进寡女村，终身不能再嫁。

有个茶姑既美貌又聪明，她爱上了小伙子夯宝，对上了歌，却不肯进男家门。她担心万一不能怀孕，就可能一辈子受苦。于是她与夯宝订下了计策。一天，艳阳高照，采茶姑娘们又渴又累，茶姑说："现在有壶茶该多好！"众人笑她异想天开，说除非神仙下凡！说笑着，茶姑忽叫有水了，果见树上有壶。姑娘们高兴地聚拢起来，"大家快来尝尝茶姑的喜茶！"茶姑故意说："喝吧，神仙敢来娶，我就嫁给他。"说罢，夯宝就从树林里走了出来，大叫道："谁拿我的壶，吃了我的茶？"大家都说："这是天意，夯哥快娶茶姑吧！"老人们也认为这是老天做媒，就让他俩结了婚，婚后两人过上了幸福的生活。

预先藏在树上的茶壶。

🔵图说

夯宝的适时出现成就了一起"天定"情缘。

588 什么是"退茶"?

以前，在我国贵州三穗、天柱和剑河一带，侗族姑娘有一种退婚方式，叫作"退谢"。据说，这是旧时女孩子们反抗父母包办婚姻的一种方式。传说具体做法是：姑娘用纸包一包普通的干茶叶，选择一个适当的机会，亲自带着茶叶到男方家去，跟男方父母说："舅舅、舅娘啊！我没有福分来服侍你们老人家，你们另找一个好媳妇吧！"说完，将茶叶包放在堂屋桌子上，转身就走。如果在男方家里不顺利，如被男子或其他族人碰到且被抓住，男方就可以马上举行婚宴，而对于那些"退茶"成功的姑娘，是被众人所敬佩的。

女子要具备一定的勇气和智慧。

🔵图说

"退茶"女子要做好周详的计划，并只能选在对方父母独自在家时前往。

589 茶与丧俗有什么关系?

在我国的民间习俗中，茶与丧祭之事关系密切，可谓"无茶不成丧"。史书上最早关于祭祀用茶的记载，是在《南齐书》中，齐武帝萧颐在遗诏中要求祭祀只设饼果、茶饮等素食。自古以来，我国都有在死者手中放置茶叶的习俗。无论是汉族，还是少数民族，都有以茶祭祀、陪丧的古老风俗。

地 区	风 俗	传 说
安徽寿县地区	茶叶拌以土灰置于死者手中	让灵魂在过孟婆亭时不饮孟婆汤
浙江地区	死者衔银锭，陪以甘露叶和茶叶	灵魂口渴时不会饮下孟婆汤
湖南某些地区	棺木土葬时，死者要以茶叶枕头	让灵魂免饮孟婆汤，更可消除异味
江苏某些地区	死者入殓时在棺底撒上一层碎茶	起干燥、除味作用

590 中国古代有哪些墓葬茶画?

中国古人认为，人的肉体死后，灵魂将以鬼神的形式继续生活。于是，专门为死者修建地下墓室，里面摆放生活器具，以供鬼神享用。因此，墓葬茶画的出现也不意外。

1972年，长沙马王堆出土的西汉墓葬茶画《仕女敬茶图》，为我国古代饮茶文化之久远提供了新的依据。宣化辽墓茶画，画中对碾茶、煮浆、点茶工序和各种茶事用具都有详细刻画，对研究中华茶文化很有助益。

🔵图说

古代墓葬茶画生动地再现了各段历史时期的饮茶文化。

591 宋人举丧时怎样以茶待客?

茶叶有一股清香沁人心脾,具有提神清心、清热止渴、降火明目之功效,因此古人把它作为祭品,祭天、祭地、祭祖宗。中国以茶为祭,以茶待客,大约是在两晋以后才逐渐兴起的。在一些正式的庆典,如婚丧仪式之中,也会用到茶叶。在宋代,丧事期间以茶待客,但是不能用茶托,茶托即用来衬垫茶杯的碟子。《齐东野语》中说:"有丧不举茶托",就是此意。

朱红色的漆器难免有喜庆之嫌,故不宜用于丧事。

▲图说

宋时举丧以茶待客从不用垫杯的茶托,主要是因其材质多为红木漆器。

592 古代人用茶叶随葬吗?

中国以茶待客,以茶为礼品相赠,最初流行于三国两晋时期的江南地区。南朝统治者齐武帝萧颐崇尚节俭,其遗嘱中嘱咐祭祀时只设饼、茶之类即可。真正在丧事中用茶作祭品,应当首创于民间。唐代时,北方饮茶之风盛行,而专门进奉宫廷御用的茶叶,有一部分就是用于祭祀的。

古时福建福安一带丧葬之时,坟穴里要铺红毯,撒上茶叶、麦豆、芝麻、钱币等物;湖南丧葬之时,为死者做茶枕,里面塞满粗茶,随死者放入棺木;云南德昂族在安葬亡者时,用竹子编制三所小竹房,称为"合帕",内放茶叶、烟草等供物。

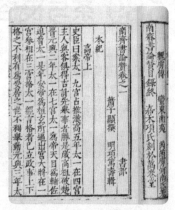

▲图说

以茶为祭品的正式记载最早见于《南齐书》。

593 什么是龙籽袋?

在中国丧葬习俗中,陪葬所用的茶叶,通常为死者而备,随死者下葬土中。而在我国福建福安地区,丧葬所用的茶叶却为活人而备,称之为"龙籽袋"。

在旧时福安地区,死者墓穴选定并开挖完毕后,棺木入穴前,风水先生会在地穴里铺上地毯,作法一番,将茶叶、豆子、谷子、芝麻及竹钉、钱币等撒在地毯上。然后由亡者家属将撒在地毯上的东西收集起来,用布袋封好,悬挂在家中楼梁式木仓内长久保存,取名为"龙籽袋"。

龙籽袋象征死者留给家属的财富

茶叶	吉祥之物,能保佑子孙兴旺。
谷物	象征五谷丰登、六畜兴旺。
钱币	象征财源茂盛。

594 什么是畲族茶枝？

畲族老人去世后，要经过洗浴、更衣的程序，然后停放于后厅。在举行告别仪式时，死者右手中要拿一根茶枝，以供他魂归阴府时开路之用。茶枝一拂，能使黑暗变成光明，可让逝者快速通过阴府归途，得以早日投胎转世。亲人为死者的坟墓破土奠基时，也要用茶叶与铜钱、大米、小麦、稻秆、灯芯等"七宝"埋到墓基底下，意为"地能生财"。

▶图说

畲族人相传神龙幻化为茶枝，能帮死者趋利避害。

595 为什么死者要枕茶叶枕头下葬？

在我国湖南地区，旧时盛行棺木葬时，死者的枕头要用茶叶作为填充料，称为"茶叶枕头"。死者枕茶叶枕头，有几种寓意：一是死者到阴曹地府要喝茶时，可随时取出泡茶；一是茶叶放置棺木内，可消除异味。在我国江苏的有些地区，则在死者入殓时，先在棺材底撒上一层茶叶、米粒。至出殡盖棺时再撒上一层茶叶、米粒，其用意也是起干燥和除味作用，有利于遗体的保存。

◀图说

茶叶枕头的作用主要是干燥和除味。

596 纳西族怎样"纱撒坑"？

纳西族，主要聚居地在云南丽江一带，人口为 30 万左右。纳西族与我国古代游牧民族氐羌支系有渊源关系，古文中的"牦牛夷""摩些蛮""摩沙夷"就是纳西族的先民。

纳西族有一种含殓丧葬习俗，流行于云南丽江地区，纳西语称之为"纱撒坑"。纳西族人即将去世时，由其子将包有少量茶叶、碎银和米粒的小红布包放置病者口内，边放边嘱咐："您老安心去吧，不要牵挂家里。"病人去世后，则将红布包取出挂于死者胸前，寄托家人的哀思。

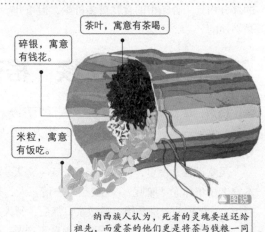

茶叶，寓意有茶喝。

碎银，寓意有钱花。

米粒，寓意有饭吃。

▲图说

纳西族人认为，死者的灵魂要送还给祖先，而爱茶的他们更是将茶与钱粮一同作为死者回归故土的必备物资。

597 纳西族怎样"鸡鸣祭"？

鸡鸣祭，是纳西族一种丧俗，流行于云南丽江纳西族聚居区。

吊唁时，家人准备好米粥、糕点等食物供于灵桌前。由近亲中较擅长哭灵的妇女主祭，叙述死者生前的功德。死者的子女还要用茶罐泡茶，再倒入茶盅中，来祭祀亡者。纳西人有喝早茶的习惯，尤其是年老者，不可一日无茶，"鸡鸣祭"正是通过茶祭表达家人对逝者的怀念。

图说
当地办丧事通常是在吊唁当天的五更鸡叫时分进行，因此得名。

598 什么是德昂族葬礼茶？

德昂族，原名崩龙族，1985年正式改名为德昂族，是西南边疆最古老的民族之一，主要聚居于亚热带雨林山区。相传自远古时期即开始种茶、饮茶，这种谷茶味酸涩而回甘，能解暑清毒。

德昂族在丧葬之时有"葬礼茶"之说。在安葬死者时，家人用竹子编制三所小竹房，称为"合帕"，上面用五种颜色加以涂饰。其中一个合帕罩在棺木上，里面放有茶叶、烟草、芭蕉、米粒、水酒等供物，以及死者生前用过的部分用具。合帕中的食物可多可少，但茶叶是必须的。

草排覆顶。

上层居住、生活、贮藏。

干栏式竹木结构。

下层圈养牲畜。

图说
典型的德昂族民居。

599 什么是土族"格茶"？

格茶，是土族一种丧葬习俗，流行于青海一带。土族的葬俗因地而异，有天葬、火葬、土葬、水葬等多种形式；但丧葬仪式则大同小异。老人去世后，当天即派人去向喇嘛占卜葬期。

灵堂设在堂屋里，一般在家停放5～7天。要请喇嘛诵经超度，并由喇嘛主持；每晚请本家老少集体念"嘛呢"。一般是每户请一人，每晚念毕"嘛尼"（超度），丧家都要请吃一顿饭。先敬馒头、油炸馍，后敬茶，然后，每人一碗"托斯塔力嘎"油炒面，最后才吃饭。

饭后仪式即告结束。由于西北地区不产茶，因此茶叶在当地是贵重之物。土族语把这种茶饭形式称作"格茶"，汉字意思为"善茶""舍施茶"。

600 古代陕西有哪些丧事茶礼?

旧时,陕西汉中地区的百姓热情好客,待人厚道。无论是过生日、满月,还是结婚、丧葬等事,都要设宴待客。其中办丧葬宴席时,讲究饭菜从简,还不备酒。他们认为,家有丧事为不幸,不宜饮酒。

陕西渭北等地,大凡会将丧葬之事择于吉日,每月的三六九被认为是吉日。渭北丧事很有讲究,亲人去世之后,家人要委托好友前往亲戚家去报丧。死者去世三天后即开始吊唁,村人和亲戚好友陆续前去吊丧。吊唁者到达后,主人会盛情款待,除每晚招呼烟茶外,午夜后仍要提供饭菜。

旧时,出殡之前还要有"三献礼"的习俗,由死者的众位亲属按照辈分、年龄依次将祭品献于死者的灵前,并诵读献文,而三献之首礼均为茶。

"三献礼"的次序与内容

初献礼	孝子进献菜品、饭食与香楮。
亚献礼	侄儿进献玉帛、三牲。
终献礼	孙辈进献茶品、水果。

601 什么是江南清饮品绿茶?

清饮,即饮用单纯的茶汤,这是古时流传下来的饮茶的一种方式。古代人们饮茶时,最初会加入许多作料加以煮煎,如食糖、柠檬、薄荷、芝麻、葱、姜等。到了后来,才发展出用沸水冲泡茶叶,然后加以清饮品味的方式,为历代清闲的上层阶级所推崇。而在许多少数民族地区,仍保留着煮茶而食的习惯。

清饮有喝茶和品茶之分。喝茶无情趣,品茶有意境。凡品茶者,细啜缓咽,注重精神享受。清饮最能保持茶之本色,人们常说"品龙井、啜乌龙、吃盖碗茶、泡九道茶和喝大碗茶",均为清饮。

清饮绿茶,多用玻璃杯。泡饮前,先赏茶,看茶叶色泽,或碧绿、或深绿、或黄绿、或多毫;再闻香气,有奶油香、板栗香或锅炒香;最后观形,或条索状、或针状、或螺状、或扁状等。观赏茶在水中的缓慢伸展、游动、变幻过程,叫"茶舞"。品饮绿茶以三杯为度,之后如续泡,茶汤淡薄无味。

品茶以自娱自乐为目的。

炎夏暑热。

以清凉、消暑、解渴为目的。

图说 鉴别茶香与滋味,欣赏茶姿与茶汤,观察茶色与茶形,这谓之品茶。

图说 汗流浃背的人在炎热的夏日饮用凉茶是为了消暑解渴。